Diana Jaffé

Der Kunde ist weiblich

Diana Jaffé

Der Kunde ist weiblich

Was Frauen wünschen und
wie sie bekommen, was sie wollen

Econ

Econ ist ein Verlag der Ullstein Buchverlage GmbH
Originalausgabe
1. Auflage 2005
ISBN 3-430-15003-5
© Ullstein Buchverlage GmbH, Berlin
Gesetzt aus der Minion bei der LVD GmbH, Berlin
Druck und Bindearbeiten: Clausen & Bosse, Leck
Printed in Germany

Inhalt

Inspektor Craddock: »*Ich glaube, bloß ein Weibergehirn und bestimmt auch nur Ihres konnte auf so was kommen.*«
Miss Marple: »*Es mag Sie ja irritieren, Inspektor, dass weibliche Gehirne manchmal den männlichen überlegen sind, doch Sie müssen sich nun leider damit abfinden.*«

Agatha Christie
»16 Uhr 50 ab Paddington«
Verfilmung von 1961

Danksagung

Ich bin froh, dieses Buch geschrieben zu haben. Es hat mir die Behandlung eines unvergleichlich spannenden Themas ermöglicht: die Entdeckung der Frauen als Käuferinnen. Dabei fühle ich mich, als ob ich den Fund einer neuen Spezies verkünden darf. Ich genieße das Privileg, bei der Erforschung des Themas, der Verbreitung neuer Erkenntnisse, aber auch bei der Vermittlung zwischen Unternehmen und den Konsumentinnen in Deutschland von Anfang an dabei zu sein. Dabei werde ich von meinen Mitarbeitern, unseren Partnern und vor allem von vielen Frauen außerhalb unseres Unternehmens unermüdlich unterstützt. Sie beantworten meine unzähligen Fragen mit einer Engelsgeduld und sind sogar froh, dass ihnen endlich jemand zuhört. Ich habe von allen viel gelernt und bedanke mich an dieser Stelle sehr herzlich dafür.

Ohne meine Familie hätte ich »Der Kunde ist weiblich« nicht schreiben können, denn sie hat mir den Rücken in der Entstehungszeit soweit wie irgend möglich frei gehalten. Im Verlauf der Entstehung hat mir Jennifer Stoll zur Gewinnung gänzlich neuer Perspektiven auf das Gender-Thema verholfen, die ich als unbeschreiblich wertvoll empfinde. Ich danke auch allen Unternehmen und Institutionen, die meinen Anfragen nach Informationen so freundlich und zuvorkommend nachgekommen sind. Ohne ihr Zahlenmaterial und ihre Studien, die sie mir großzügig zur Verfügung gestellt haben, wäre dieses Buch unvollständig. In diesem Zusammenhang möchte ich Frau Professor Dr. Uta Brandes herausstellen, die mit ihrer so interessanten Forschung zu geschlechtsspezifischen Aspekten im Design Pionierarbeit leistet und mir hervorragendes Material zur Verfügung gestellt hat.

Und selbstverständlich möchte ich unbedingt Jürgen Diessl und Jens Schadendorf vom Econ Verlag erwähnen. Diese beiden haben sich nicht nur als ausgesprochen fortschrittlich denkende Männer erwiesen. Sie haben die Entstehung dieses Buches mit großer Begeisterung und Engagement begleitet und sich in unseren gemeinsamen Diskussionen nicht ernsthaft aus der Ruhe bringen lassen. Respekt, meine Herren.

Im selben Sinne denke ich an all die anderen Mitarbeiterinnen und Mitarbeiter des Econ Verlags, die mit dem größten denkbaren Engagement halfen, dieses Buch zu Ihnen zu bringen.

Mein ganz besonderer Dank geht an Dr. Karin Rasmussen. Sie ist nicht »nur« eine erfahrene Trainerin und der für mich denkbar beste Coach, sie hat mich auch beim Schreiben dieses Buches in einem unbeschreiblichen Maß unterstützt. Ihr immenses Wissen über die Natur von Frauen und Männern war und ist mir von unschätzbarem Wert. Ihre unendliche Geduld versagte selbst dann niemals, wenn ich sie zu jeder beliebigen Tages- und Nachtzeit mit Fragen und Gedanken bombardierte. Karin, ich danke dir – als meiner Lehrerin, Sparringspartnerin und Freundin.

Berlin, im Januar 2005

Einleitung

Stellen Sie sich vor, es gäbe eine riesige Zielgruppe, die über ein Vermögen verfügt, es mit größtem Vergnügen ausgibt und die unersättlich zu sein scheint. Das Problem ist lediglich: Sie ist unsichtbar, niemand erkennt sie und niemand weiß, wie man sie erreicht. Nur Phantasie? Keineswegs. Es gibt diese Zielgruppe wirklich. Ein bestimmter Zweig der chemischen Industrie macht mit ihr alljährlich weltweite Umsätze in Höhe von 50 Billionen Dollar[1]. Das Unternehmen Hugo Boss hat sich in der Vergangenheit die Zähne an ihr ausgebissen und letztlich mit 50 Millionen Euro für seine Fehler bezahlt[2]. Sie kauft 60 Prozent aller Bücher in Deutschland[3], gab im Jahr 2003 in Westeuropa und Nordamerika zusammen genommen 405 Millionen Euro für Computerspiele aus (das entspricht rund der Hälfte des Gesamtmarkts) und gilt als Wachstumsmotor für den gesamten Geschäftszweig. Schnürt diese Zielgruppe ihre Geldbeutel zu, zittern ganze Branchen und Handelsketten.

Wir sprechen von den Frauen. Ohne jeden Zweifel sind sie die heimliche Wirtschaftsmacht der westlichen Welt. Obwohl keine einzige Frau an der Führung eines Dax-notierten Unternehmens beteiligt ist, lenken letztlich doch Frauen die Geschicke dieser Unternehmen – als Kundinnen! Die Frage ist nur, *wessen* Kundinnen sie sind – und wen sie verschmähen. Sie stimmen mit dem Geldbeutel und den Füßen ab. So sehr sie die Kommunikation lieben, so wenig führen sie lange Diskussionen, wenn es um schlechte Produkte, ein schlechtes Preis-Leistungs-Verhältnis, unfreundliche Verkäufer und mit Klischees behaftete Werbung geht. Frauen wissen entgegen allen Eindrücken, die männliche

Verkäufer und Hersteller von ihnen haben mögen, sehr wohl, was sie wollen. Und genau darum geht es in diesem Buch.

Die Zukunft vieler Unternehmen hängt konkret davon ab, ob sie sich auf die weibliche Kundschaft einstellen können, denn die Macht der Konsumentinnen wird in den kommenden Jahren weiterhin rasant steigen. Wer mit ihren Bedürfnissen nicht Schritt hält, verliert – Kundinnen! Eine verlorene Kundin zurückzugewinnen ist aber der schwierigste und teuerste aller Aufträge, manchmal gar unmöglich, ihn auszuführen. Dagegen ist die Loyalität von Verbraucherinnen im wahrsten Sinne des Wortes unbezahlbar. Eine zufriedene Kundin tut viel mehr, als nur ihr Leben lang Geld zu Ihnen zu tragen, statt Ihren Wettbewerber zu stärken. Sie betreibt für Sie mehr Werbung, als Sie jemals bezahlen könnten, und ist dabei glaubwürdiger als alles, was Sie jemals über sich selbst zu sagen in der Lage wären. Mehr noch: Sie sorgt dafür, dass die ihr nachfolgenden Generationen bei Ihrer Marke bleiben. Jede Frau ist ein personifiziertes Schneeball-System. Sie beeinflusst die sie direkt umgebenden Menschen, die wiederum Empfehlungen an ihr Umfeld weitergeben. Auf diese Weise verbreiten sich positive Erfahrungen schnell und effizient, Unzufriedenheit allerdings noch schneller und noch effizienter.

Es hängt ganz von Ihnen ab, ob Frauen den Aufstieg oder Untergang Ihrer Marke oder gleich des gesamten Unternehmens beschließen. Dass das keineswegs übertrieben ist, zeigen die Insolvenzen und Unternehmenskrisen der letzten Jahre, die zu einem großen Teil hausgemacht sind: Herlitz, Grundig und Comtech, Parmalat in Italien, Schwierigkeiten bei Opel, Volkswagen, Philips, Karstadt und vielen Banken, die geplante Rückintegration von T-Online und T-Mobile in die Konzernstruktur. Als Anklagepunkt wird stets und pauschal »Missmanagement« vorgebracht. Doch worin besteht es eigentlich? Ich behaupte: Diese und viele andere Unternehmen vergessen schlichtweg ihre Kundinnen.

Die weibliche Wirtschaftsmacht ist beinahe unbemerkt über wenige Jahrzehnte herangewachsen. Frauen sind besser gebildet als je zuvor, ihre Erwerbsquote steigt von Jahr zu Jahr, ebenso wie ihr Lohnniveau. Liegt es im Bevölkerungsdurchschnitt bei circa 80 Prozent der männlichen Einkünfte, weisen einige Altersklassen in ausgewählten Berufsgruppen sogar einen Gleichstand aus. Inzwischen bringt jede siebte Frau sogar ein höheres Einkommen nach Hause als ihr Partner, und seit 2001 liegt die Arbeitslosenquote bei Frauen im Bundesdurchschnitt unter der der Männer. Frauen sind so selbständig wie noch nie. Sie verzichten sogar immer häufiger auf Partnerschaften und lassen sich viel Zeit bis zur Geburt ihres ersten Kindes, was nicht zuletzt auf ihre gestiegenen Ansprüche zurückzuführen ist. Immer mehr Frauen entscheiden alleine über Anschaffungen und Investitionen – mit ihrem eigenen Geld und selbstverständlich auch dem des Partners. Sie kaufen für sich selbst, für die gesamte Familie und für ihre Freunde.

Wie können Unternehmen, die überwiegend von Männern geleitet werden, ihre Kundinnen verstehen – um sie für sich zu gewinnen und dauerhaft zu behalten? Genau darum geht es in diesem Buch. Im ersten Kapitel zeige ich zunächst, was Gender Marketing, das heißt nach dem Geschlecht differenzierendes Marketing, überhaupt ist und warum es einen wesentlichen Schlüssel zum Unternehmenserfolg darstellt. Im zweiten Kapitel befasse ich mich mit der grundsätzlichen Frage, wie sich Unternehmen auf ihre Kundinnen einstellen müssen, insbesondere da die Manager und Produktentwickler fast immer Männer sind. Das dritte Kapitel enthält für das Marketing relevante statistische Daten zur Entwicklung der weiblichen Zielgruppe. Während das vierte Kapitel näher auf die biologischen Merkmale von Frauen eingeht, die großen Einfluss auf ihre Rolle als Verbraucherin haben, und dabei neueste Erkenntnisse aus der Hirnforschung berücksichtigt, betrachte ich im fünften Kapitel ausführlich ihre Verhaltensweisen, Umwelteinflüsse, ihre Vorlieben und Abneigungen und das damit verbundene enorme Risikopotenzial für Unternehmen. Das sechste Kapitel beschäftigt sich mit der Marktforschung und regt zu dringend notwendigen Modifizierungen in der Untersuchungsmethodik an, um die Wünsche von Frauen künftig zuverlässiger erfassen zu können. Hier wird auch die von der Bluestone AG entwickelte Gender Specific Need Matrix (GSNM-Modell) erläutert. Das siebte Kapitel gibt konkrete Antworten auf die Frage, welche Veränderungen das Marketing für Frauen mit sich bringt, indem es auf Produktentwicklung, Preisgestaltung, Vertriebsorganisation, Kommunikation, Service und selbstverständlich auch die Markenführung eingeht. Das Buch ist zudem voller Beispiele von Unternehmen, die es geschafft haben, Frauen zu treuen Kundinnen zu machen – oder sie zu verlieren.

1. Gender Marketing – Marketing für Männer und für Frauen

Warum Gender Marketing nützlich ist

Gender Marketing ist die grundsätzliche Betrachtung von Märkten aus der Sicht weiblicher oder männlicher Konsumenten. Diese schlichte Aussage enthält zwei entscheidende Unterschiede zur landläufigen Auffassung vom Marketing. Die nach wie vor überwiegende Anzahl der Firmen versteht den Begriff Marketing als Synonym für Vermarktung. Diese Unternehmen sind dadurch gekennzeichnet, dass die Entwicklungsabteilungen Produkte und/oder Dienstleistungen kreieren, die die Vertriebsmitarbeiter im Anschluss an den Entwicklungsprozess verkaufen sollen. Wenn überhaupt eine Marketingabteilung existiert, dann wird sie flankierend zu den Vertriebsbemühungen beauftragt, den Bekanntheitsgrad zu steigern. Nicht selten sind die so genannten Marketingmitarbeiter dazu abgestellt, Vertriebsunterstützung in Form von Broschüren, Ausrichtung von Events und bestenfalls noch Pressearbeit sowie Agenturenkoordination zu betreiben. Die strategischen Aufgaben bleiben ihnen in aller Regel vorenthalten. Rechtzeitige Marktanalysen als Vorbereitung für Unternehmensentscheidungen bleiben bestenfalls auf marginalem Niveau.

Nun ist es keineswegs eine neue Idee, die Bedürfnisse von Konsumenten in die Marketingplanung einzubeziehen. Doch selbst bei den fortschrittlichsten Ansätzen wie dem Modernen Marketing und dem Ganzheitlichen Marketing[4] bleibt eines bestehen: die Sezierung von Kunden und ihren Bedürfnissen unter den Mikroskopen von Unternehmen. Der Kunde bleibt immer ein Objekt, während den betreffenden Herstellern oder Anbietern weiterhin die Rolle des Subjekts zukommt. So bleibt immer ein Graben zwischen »uns« und »denen« bestehen, der ein echtes Verständnis, eine wahre Beziehung verhindert.

Das Gender Marketing beseitigt den trennenden Graben, indem es den Kunden an verschiedenen Stellen in Unternehmensprozesse integriert. Die größte Voraussetzung stellt die Bereitschaft seitens des Managements und der Mitarbeiter dar, Verbraucher ernst zu nehmen und ihnen wirklich zuzuhören. Charles Revson, dem Gründer der legendären Kosmetikfirma Revlon, wird nachgesagt, dass er für seine Manager häufig nicht zu sprechen war. Rief jedoch eine Kundin an, um ein Produkt zu kommentieren, ließ er die Anruferin stets zu sich durchstellen, weil er selbst aufs Genaueste wissen wollte, was seine Geldgeberin dachte. Bis zu seinem Tod 1975 hat er seine Firma auf diese Weise zu einem unglaublichen Markterfolg geführt. Seine Management-Nachfolger haben diese Praxis nicht beherzigt und schon bald setzte der Niedergang der Marke ein. Heute befindet sich Revlon in einer seit Jahren andauernden, ernsthaften Krise.

Genau hier setzt das Gender Marketing an. Es konzentriert sich darauf, was Kunden wirklich denken und wünschen, statt sich damit zu befassen, was Unternehmen glauben, von ihren Kunden wissen zu müssen. Man stelle sich nur die folgende Gesprächssituation vor:

Zwei alte Bekannte begegnen sich auf der Straße.
Person Nr. 1 (P1): »Hallo. Schön, dass ich dich treffe. Mir geht es heute gut.«
Person Nr. 2 (P2): (leicht irritiert) »Ja, hallo. Äh, ich freue mich, dass es dir gut geht. Willst du auch wissen, wie es mir geht?«
P1: »Nein, eigentlich nicht. Was ich aber von dir wissen wollte: Welche Sockenfarbe trägst du bevorzugt, hast du vor, dir innerhalb der kommenden zwölf Monate ein neues Auto anzuschaffen, welche Zeitung liest du, liest du sie täglich/mehrmals pro Woche/einmal pro Woche/seltener und wie hoch ist dein Haushaltsnettoeinkommen?«

P2: »Ahhh … Na, wenn dir das hilft: Rot, vielleicht, FAZ seltener und 2400 Euro. Übrigens ist meine Frau jetzt schwanger und …«
P1: »Du, das interessiert mich aber gerade überhaupt nicht.«
P2: »Ja, aber … Ich wollte dich doch nur fragen …«
P1: »Da bist du bei mir ganz falsch. Ruf doch bitte meine Schwiegermutter unter der Nummer 1234567 an. Sie ist für Fragen zuständig. Übrigens ist die Nummer kostenpflichtig. Aber ich möchte, dass du mir meinen Gummibaum abkaufst. Und darf ich dich demnächst noch einmal anrufen, wenn ich weitere Fragen habe? Mich interessiert nämlich deine Meinung.«

Das Verhalten von P1 würde, fände es wirklich so statt, als ausgesprochen rüde bewertet werden. Wahrscheinlich aber kann sich niemand vorstellen, dass sich eine solch absurde Unterhaltung zwischen zwei Menschen jemals abspielen würde. Doch das ist falsch, denn sie verdeutlicht, wie viele Unternehmen heute tatsächlich mit ihren Kunden umgehen.

Kein Manager, Produktentwickler oder Marketingmitarbeiter einer Firma wird die Konsumenten jemals besser kennen als diese sich selbst, insbesondere dann nicht, wenn er ihnen nicht zuhört. Die weit verbreitete Praxis besteht heute darin, das Zuhören anderen zu überlassen: Marktforschern, Beschwerdeabteilungen, Vertriebsmitarbeitern und gering bezahlten Angestellten externer Callcenter. Diese professionellen Zuhörer sind zudem mit vorgefertigten Fragebögen und standardisierten Handlungsanweisungen ausgestattet, die den Kunden unterschwellig klar machen, wie wenig Wert das Unternehmen tatsächlich auf sie legt. Und am verheerendsten ist dabei, dass Unternehmen sich niemals mit den Verbrauchern auseinander setzen, die nicht zu ihrem Kundenstamm gehören. Die Frage aber, weshalb jemand eine Marke oder ein Produkt nicht kauft, ist mindestens ebenso wichtig wie die Erkenntnisse über die Ursachen, die andere zu treuen Kunden werden lassen.

Der erste der wesentlichen Unterschiede des Gender Marketing zu anderen Konzepten besteht also darin, den Markt nicht aus Sicht des Unternehmens, sondern aus der Position der Konsumenten zu betrachten. Dieser Ansatz enthält folglich den Blick der Verbraucher auf das Unternehmen selbst auf seine Produkte, seine Marke, seine Wettbewerber.

Der zweite wesentliche Unterschied liegt in der Art, wie die Zielgruppe ermittelt und definiert wird. Die Segmentierung nach weiblichen und männlichen Kunden ist an sich auch noch nichts Neues. Seit Anbeginn der Marktforschung gehört die Feststellung des Geschlechts zu den grundsätzlichen Erhebungsdaten. Doch welche Erkenntnisse werden in der Praxis aus der Feststellung des Geschlechts gezogen? Was wir viel zu häufig beobachten müssen, sieht doch so aus: Das Ergebnis von jahrzehntelanger Arbeit sind klischeebehaftete und (bestenfalls) Unisex-Produkte.

Wie wäre es sonst zu erklären, dass Gartengeräte für die Größe von Männerhänden und auf den männlichen Körperbau abgestimmt sind? Alle Untersuchungen zeigen, dass die Gartenarbeit vor Eintritt des Rentenalters überwiegend von Frauen erledigt wird. Ab dem 60. Lebensjahr übernehmen Männer die Gartenarbeit häufiger, vornehmlich von der Motivation getrieben, sich damit fit zu halten. Das in Deutschland erhältliche Gartengerät ist groß und nicht nur schwer, sondern auch schwergängig. Die Produzenten vernachlässigen die Tatsache, dass die intensive Benutzung die schwächeren Handgelenke von Frauen übermäßig belastet. Darüber hinaus macht sich keiner der Hersteller Gedanken über Gesundheitsschäden, die aus der körperlichen Anstrengung in dauerhaft gebeugter Haltung entstehen können. Und elektrisch getriebene Gartengeräte wie Motorrasenmäher und -sägen mögen auf Grund ihrer Lautstärke den männlichen Käufern Kraft und Leistung suggerieren, Frauen würden jedoch generell leisere Geräte bevorzugen, was technisch schon längst umsetzbar ist.

In den USA gibt es inzwischen zahlreiche Hersteller, die sich auf Gartengeräte für Frauen spezialisiert haben. Hersteller wie Vertex[5], Ames True Temper[6], Oxo[7] und so einige andere bieten Produkte an, die sich durch ein leichtes Gewicht auszeichnen und für einen zarteren Körperbau bei gleicher Produktlebensdauer konzipiert sind. All diese Geräte verfügen über ergonomische, teilweise mit Gel gefüllte Griffe. Die Besonderheit dieser Marken besteht darin, körperliche Nachteile von Frauen zu beseitigen, die die Leistungsfähigkeit bei der Gartenarbeit beeinträchtigen. Dazu gehören auch zusätzliche Griffmanschetten, die über den Unterarm gelegt werden, um mittels Kraftübertragung aus dem Arm Finger und Handgelenke zu entlasten. Garten- und Heckenscheren sind besonders leichtgängig und erlauben Schnitte bei geringerem Kraftaufwand. Und einige Hersteller legen sogar Wert auf ein gutes visuelles Produktdesign. Inzwischen gibt es unzählige Internet-Shops, die sich auf den Vertrieb dieser Geräte spezialisiert haben. Internet-Communities für Gartenfreundinnen bieten zahlreiche Tipps und Austauschmöglichkeiten. Besonders sticht www.yougrowgirl.com heraus, eine Website, die über das Informationsangebot hinaus witzige Garten-Bekenner-T-Shirts und anderen Schnickschnack anbietet, mit dem sich Gartenfreunde öffentlich outen können.

Ganz nebenbei: In Deutschland gibt es 36,2 Millionen Gartenbesitzer[8]. Damit sollte der Markt eine wahrlich ausreichende Größe besitzen, um einmal ernsthaft über die Hobbygärtner nachzudenken.

Andere, ganz entsetzliche Klischees finden sich tagtäglich in jedem Werbeblock. Nehmen wir nur die Autowerbung. Geht es nach den Herstellern, fahren Männer die großen und Frauen ausschließlich die billigen Autos. Vor einigen Jahren bewarb ausgerechnet Volvo einen seiner Kombis mit einem männlichen Fallschirmsegler. Während er seinen Flug genoss, kam seiner Frau die Rolle zu, ihm hinterherzufahren und pünktlich vor seiner Landung am Zielort einzutreffen, um ihm stürmisch um den Hals zu fallen. Das steht nicht nur konträr zu der Volvo Konzeptstudie YCC (Your Concept Car), die von einem reinen Frauenteam entwickelt wurde und große Beachtung bei ihrer Vorstellung auf dem Genfer Autosalon im Frühjahr 2004 fand. Vielmehr riskiert Volvo auch seinen guten Ruf bei allen Frauen, die Volvo als sicheres Transportmittel für sich und ihre Kinder sehr schätzen. In den USA waren im Jahr 2003 60 Prozent aller Volvo-Neuwagenkäufer Frauen.

Die Autowerbung strotzt nur so vor Stereotypen: Sportler, die für ihr Sportgerät ein großes Auto benötigen, sind grundsätzlich immer männlich. BMW-, Mercedes- und Sportwagenfahrer sind Männer. Sind doch einmal Paare oder Familien gemeinsam unterwegs, sitzt in aller Regel er am Steuer. Frauen dürfen dafür mit Kleinwagen zum Shopping fahren.

Das mit Augenrollen vorgetragene »Frauen und Technik ...« findet sich neben überkommenen Rollenbildern von Müttern, putzenden Hausfrauen, Blondinen, Huren und Heiligen, die allesamt unfähig zum logischen Denken sind, dafür aber über eine schier unendliche emotionale Intelligenz verfügen, mit 50 Jahren faltenfrei sind wie Zwanzigjährige, deren Leben sich um Hygieneartikel, weiße Wäsche und Inkontinenzprävention dreht. Männer sind auf ihr Geschlechtsteil, Frauen, Autos, Fußball, Computer und Steaks fixiert, sind gefühlsarm, hassen ihre Schwiegermutter, sind Karrieremenschen, spielen mit Carrera-Bahnen, trinken mit ihrem Kumpel Bier, wollen Frauen beeindrucken, die Fett reduzierten Joghurt löffeln, sind analytisch, liebende Familienväter von Söhnen und bevorzugen es neuerdings, nur mit Parfum bekleidet durch ihre Wohnung zu turnen. Sieht wirklich so das Bild aus, das Unternehmen von ihren Kunden haben?

Respekt ist ein wesentlicher Bestandteil des Gender Marketing. Die Konsumentinnen und Konsumenten verdienen es, mit Hochachtung behandelt zu werden. Der Preis, den sie für ein Produkt bezahlen, ist nur vordergründig monetärer Natur. Dahinter steht die Lebenszeit, die sie aufgewendet haben, um das Geld für den Konsum zu verdienen. Dafür steht Ihnen ein Gegenwert zu, der diesen Preis aufwiegt. In aller Konsequenz bedeutet das für Unternehmen die adäquate Konzeption und Gestaltung von Produkten, die die Kunden auf angenehme Weise zu einem fairen Preis erwerben können. Weitere Bestandteile sind ein angemessener Service und eine respektvolle Kommunikation.

Nur wenige Unternehmen waren bislang imstande, diesen Idealzustand zu erreichen. Der größte Fehler liegt in der Herangehensweise der traditionellen Marketing-Methoden begründet. Die Analyse des Konsumentenverhaltens beschränkt sich stets auf die Ebene gesellschaftlicher Trends. Natürlich sind Menschen Bestandteil ihres sozialen Umfelds, doch ein viel stärkerer Einfluss geht von ihrer Herkunft aus.

Der Mensch hat sich über Jahrmillionen entwickelt. Die Evolution hat ihn hinsichtlich seiner Fähigkeiten und Bedürfnisse geprägt. Wer Konsumforschung betreibt, darf nicht bei der Frage stehen bleiben, welche Vorlieben Kunden haben mögen. Viel wichtiger ist die Frage, über welche Fähigkeiten sie verfügen und welche natürlichen Bedürfnisse befriedigt werden müssen. Diese grundlegenden Bedürfnisse sind keinesfalls mit Wünschen zu verwechseln. Während Bedürfnisse Themen wie das Stillen von Hunger und Durst, die Fortpflanzung zur Weitergabe des eigenen genetischen Materials, Zugehörigkeit zu einer Gruppe zum Zweck der eigenen Existenzsicherung etc. beinhalten, bewegen sich Wünsche auf einer oberflächlichen Ebene. Der Wunsch ist mit dem Willen verwandt, jedoch deutlich schwächer. Der Wille enthält die Bereitschaft zu aktivem Engagement und stellt meist eine lang anhaltende Geisteshaltung dar. Der Wunsch dagegen basiert auf einer passiven Geisteshaltung, die nicht auf die Um- beziehungsweise Durchsetzung konzentriert ist. Außerdem bezieht sich der Wunsch auf ein einzelnes Ereignis oder einen bestimmten Gegenstand.

Während Bedürfnisse also die treibende Kraft des Menschen darstellen, definieren die Fähigkeiten seine individuellen Möglichkeiten. Fähigkeiten sind stets angeborene Attribute. Die Fähigkeit zum aufrechten Gang und zur differenzierten Sprache unterscheidet den Menschen von anderen Säugetieren. Einige Menschen kommen farbenblind auf die Welt, andere haben das perfekte Gehör, manche verfügen über eine überdurchschnittliche Intelligenz und wiederum andere zeichnen sich durch eine besondere körperliche Stärke oder Größe aus. Solche Fähigkeiten unterscheiden Individuen. Und es gibt Fähigkeiten, die Frauen von Männern unterscheiden. Dazu gehört auch, dass Frauen Kinder gebären und aufziehen können, während Männer faszinierende Fähigkeiten für die Jagd und den Schutz des Nachwuchses besitzen.

Die Entwicklung der Spezies Mensch enthielt die unterschiedliche Ausprägung von Fähigkeiten bei Männern und Frauen, weil ihre Aufgabenfelder unterschiedlicher Natur waren. Die Geburt und Aufzucht von Kindern hat Frauen auf bestimmte Tätigkeiten begrenzt. Sie konnten sich unmöglich mit Kleinkindern im Schlepptau auf die gefährliche Jagd begeben. Ihr Wirkungsfeld beschränkte sich auf das nähere Umfeld der Höhle und die Gemeinschaft mit anderen Frauen und Kindern. Sie waren in hohem Maße abhängig von den Männern, deren Aufgabe darin bestand, ihren Nachwuchs und dessen Mütter mit Nahrung und Schutz zu versorgen. Frauen und Männer entwickelten so über Tausende von Jahren die auf diese Aufgaben spezialisierten Fähigkeiten. Diese Fähigkeiten wiederum haben nicht nur den unterschiedlichen Körperbau von Männern und Frauen ausgeprägt, sondern auch ihre Gehirne. Das Gehirn ist der Sitz des Denkens, des Bewusstseins, der Individualität, der Identität.

Die Voraussetzung für die Anwendung natürlicher Fähigkeiten ist das Vorhandensein eines natürlichen Bedürfnisses. Würden Menschen nicht einsetzen wollen, wozu sie in der Lage sind, wäre nicht nur das Überleben der gesamten Spezies bedroht, es wäre auch eine unglaubliche Verschwendung der Natur. Doch die Natur ist logisch, effizient und gründlich. Daher hat sie den Fähigkeiten eben das Bedürfnis zugeordnet, diese Fähigkeiten auszuleben.

Die Fähigkeiten des Menschen und seine evolutionär geprägten Bedürfnisse sind der vom Marketing bislang vergessene Aspekt. Wie im fünften Kapitel näher ausgeführt wird, ist der Mensch aber ein Produkt sowohl seiner Gene wie auch des gesellschaftlichen Einflusses. Deswegen muss das Marketing die Kombination beider Faktoren betrachten.

Wer diesen Weg beschreitet, wird unweigerlich feststellen, dass Frauen und Männer hinsichtlich ihrer evolutionären Prägung kolossale Unterschiede aufweisen. Daran kann auch die Gesellschaftsentwicklung nichts ändern, wiewohl für viele zunächst der Anschein entsteht, Frauen und Männer würden sich immer weiter angleichen. Die westlich geprägte Gesellschaft erlaubt ihren Mitgliedern zunehmend, das traditionelle Rollenverständnis zu hinterfragen und gelegentlich gar aufzubrechen. Das Vorhandensein und Weitertragen von Klischees ist jedoch immer ein Indiz dafür, wie wenig wir uns tatsächlich von unserer Vergangenheit gelöst haben. Obwohl die Berufstätigkeit von Frauen inzwischen allgemein akzeptiert wird, kursieren nach wie vor Witze, in denen Frauen wieder an den heimischen Herd verbannt werden. Gleichermaßen gilt es als selbstverständlich, dass Frauen neben ihrer Berufstätigkeit weiterhin die Kinder ausreichend versorgen und den Haushalt führen. Die paritätische Arbeitsteilung im gemeinsamen Heim hat sich noch nicht wirklich durchgesetzt, selbst wenn beide in Vollzeit beschäftigt sind.

Gehen Frauen einer Erwerbstätigkeit nach, dann sind sie überwiegend in Bereichen tätig, die ihren evolutionär bedingten Fähigkeiten entsprechen. Aus diesem Grund sind sie häufig in Berufen zu finden, in denen hohe sprachliche, kommunikative, soziale und Multitasking-Fähigkeiten erforderlich sind. In ihrer Freizeit leben sie vorzugsweise weitere Bedürfnisse aus, die in direktem Zusammenhang mit ihren natürlichen Begabungen stehen. Das gleiche Bild zeigt sich bei den Männern. Nur bevorzugen sie Berufe, die mit hierarchischen Strukturen, Wettkampfsituationen, Technik, Orientierungsvermögen, aber auch mit Gefahren verbunden sind. Ihre Freizeit besteht aus sportlichen Aktivitäten oder dem Übergang in den Ruhemodus. Überall, wo man einmal wirklich hinsieht, offenbaren sich die Spuren der Evolution.

Und genau hier setzt das Gender Marketing an. Es berücksichtigt die natürlichen Fähigkeiten und die damit in Zusammenhang stehenden Bedürfnisse von Frauen und Männern gleichermaßen, indem es auf die Unterschiede Rücksicht nimmt. Ab sofort bedeutet das, dass Unternehmen sich nicht länger die Frage stellen, ob sie B2B oder B2C betreiben. Das ist jetzt zu einer Frage von B2W und/oder B2M[9] geworden.

Business to Business - Business to Consumer

Die lukrativen Nebeneffekte des Gender Marketing

Kehren wir noch einmal zum obigen Beispiel mit dem Gartengerät für Frauen zurück. Wer den Gedanken zu Ende denkt, der sich hinter solchen Gartengerät-Konzepten verbirgt, landet unweigerlich auch bei anderen Zielgruppen, etwa bei Senioren und bei Menschen mit körperlicher Behinderung (beiderlei Geschlechts). Wenn die Männer im Rentenalter die Gartenarbeit übernehmen, haben sie bereits ein langes Leben voller körperlicher Über- oder Unterforderung hinter sich. Entweder hat schwere körperliche Arbeit ihre Gelenke unwiderruflich geschädigt oder ihre Muskulatur ist durch die lange Büroarbeit degeneriert. Mit zunehmendem Alter verschlechtert sich der Gesundheitszustand von älteren Menschen durch Arthritis, Gicht, Bandscheibenvorfälle oder andere natürliche Abnutzungserscheinungen weiter. Irgendwann setzen die Alterserscheinungen dem geliebten Hobby ein Ende. Dieses Ende kann mit dem richtigen Gerät hinausgezögert werden. Die Verlängerung der aktiven Zeit bei Senioren bewirkt einerseits, dass sie einige Jahre länger in ihren Garten investieren und die Branche damit ihre Umsätze steigern kann. Andererseits trägt diese Aktivität zur Verbesserung der Gesundheit bei, was zur Entlastung des Gesundheitswesens beiträgt. An der Gesundheit ihrer Mitmenschen sollten alle Unternehmer aus dem ganz pragmatischen Grund interessiert sein, dass ein geringer Krankheitsstand in der Bevölkerung zur Senkung der Lohnnebenkosten führt.

Das »richtige« Gartengerät ist nur ein Beispiel. Es gibt unzählige Bereiche, in denen die Ausrichtung auf die weiblichen Fähigkeiten und/oder Bedürfnisse auch für andere Zielgruppen einen Gewinn darstellt. Frauen gelten als besonders anspruchsvoll, wiewohl sie sich häufig mit weniger zufrieden zu geben scheinen. Es heißt, dass Produkte, die von Frauen als gut befunden werden, häufig auch die besseren Produkte für Männer sind. Diese Annahme beweist sich ausgerechnet, aber nicht nur in technischen Bereichen, wie später noch gezeigt wird.

Wie Gender Marketing funktioniert

Gender Marketing funktioniert nicht nur, es revolutioniert das bisherige Marketing-Verständnis von Grund auf. Es ist weder eine Mode, noch entspringt es irgendeinem Trend. Wie so häufig in der Wirtschaft, sind die USA Europa einige Nasenlängen voraus. Anfang der neunziger Jahre begannen einige wenige innovative Berater, US-amerikanische Unternehmen auf das neue Marketing-Prinzip aufmerksam zu machen. Seither hat sich in den USA viel getan. Die Produkte der Hersteller, die sich überzeugen ließen, konnten deutlich besser an die geschlechtsspezifischen Bedürfnisse angepasst werden.

Ein sehr interessantes Beispiel ist ausgerechnet der Hummer, ein Mehrzweckfahrzeug, das in den achtziger Jahren von AM General Devision (heute AM General Corporation) als Nachfolger des Jeep für die US-Armee entwickelt wurde. Der ursprüngliche Zweck des Hummer oder Humvee bezog sich auf den Einsatz in Kampf- und Kriegsgebieten und beinhaltete 15 militärische Ausführungen. In den neunziger Jahren entdeckte der Hollywood-Jet-Set, allen voran Arnold Schwarzenegger, den Hummer als Modefahrzeug. Seither vertreibt General Motors eine zivile Variante unter der Bezeichnung Hummer 1. Der Hummer 1 ist dem militärischen Modell sehr ähnlich geblieben. Es gibt ihn in dunklen Innen- und Außenfarben, wobei die Lackierung auch hellere, aber dennoch männliche Nuancen bietet. Als sich herausstellte, dass Frauen den Wagen auch sehr mögen, weil er allein auf Grund seiner Größe ihr subjektives Gefühl von Sicherheit verstärkt, wurde der Hummer 2 auf den Markt gebracht. Zwar sieht er dem Hummer 1 auf den ersten Blick recht ähnlich, jedoch basiert er auf dem Chassis des Chevrolet Tahoe, hat einen verchromten Kühlergrill, ist deutlich weniger geländegängig und in »weiblichen« Farben für innen und außen erhältlich. Dieses Fahrzeug spottet jedem Versuch, sich umweltgerecht zu verhalten. Der Kraftstoffverbrauch ist unerhört[10] und niemand möchte, in einem Kleinwagen sitzend, mit dem Hummer kollidieren. Das alles hält die Amerikanerinnen aber nicht davon ab, den Wagen zu lieben. Die Bewerbung dieses Wagens ist trotz seines imposanten Äußeren zweifellos subtiler angelegt. Gern wird er im Zusammenhang mit weiblichen Werten präsentiert. Dazu gehört auch, dass er als Dienstwagen in der beliebten TV-Serie »CSI: Miami« eingesetzt wird, deren Hauptcharaktere starke weibliche Züge tragen, selbst wenn es sich dabei um Männer handelt. Dieser Wagen widerspricht mit aller Macht dem in Deutschland gängigen Bild eines Frauenautos. Inzwischen hat General Motors ausgerechnet in Zusammenarbeit mit dem Sportbekleidungshersteller Nike den Hummer 3 für Familien entwickelt, ein etwas kleineres Fahrzeug im typischen Hummer-Design, das den kritischen Rufen nach geringerem Benzinverbrauch und gesenkten Schadstoffemissionen folgt[11].

Nun sind amerikanische und deutsche Konsumenten nur bedingt miteinander vergleichbar, weil die Kulturen gewisse Unterschiede aufweisen. Die grundlegenden physiologischen Merkmale und die »Baupläne« für das Gehirn sind jedoch identisch. Daher kann man sich getrost darauf verlassen, dass das Gender Marketing diesseits des Atlantiks ebensolche unumkehrbaren Entwicklungen mit sich bringt wie jenseits des großen Teichs.

In den USA haben sich sogar neue Produkte und Produktgruppen aus dem Gender-Ansatz entwickelt, die vorher undenkbar waren. Die French Meadow Bakery[12] aus Minneapolis, die wiederholt von Fachzeitschriften zu einer der besten Bäckereien des Landes gekürt wurde, hat ein Brot für Frauen kreiert. Es enthält aus Soja gewonnene Isoflavone. Das sind Phytoöstrogene, also aus Pflanzen gewonnene Östrogene. Durch den Verzehr dieses Brotes können Beschwerden im Zusammenhang mit dem Eintritt und dem Ende der Wechseljahre auf natürliche Weise gelindert werden. Zu diesen Beschwerden gehören die berüchtigten Hitzewallungen, Stimmungsschwankungen, Gewichtszunahme und Störungen im Verdauungstrakt. Darüber hinaus wirkt dieses Brot vorbeugend im Hinblick auf Osteoporose sowie Brustkrebs und es unterstützt den gesamten weiblichen Hormonhaushalt. Isoflavone stehen zu alledem noch im Verdacht, das Risiko von Herz- und weiteren Krebserkrankungen zu senken. Selbstverständlich ist das »Frauenbrot« für Allergiker in einer glutenfreien Variante erhältlich.

Auch in den USA ist noch ein weiter Weg zu gehen, bis sich Gender Marketing auf ganzer Breite durchgesetzt hat. Wie man sieht, sind US-amerikanische Konzerne allerdings deutlich weiter als Unternehmen in Deutschland. Gender Marketing ist unvermeidlich. Wer sich frühzeitig diesem Prinzip anschließt, hat größte Chancen, den Markt geradezu an sich zu reißen. Deshalb riskiert der, der zu spät kommt, seine Zukunft.

Gleichberechtigung und Geschlechtsunterschiede sind kein Widerspruch

Eine von Männern häufig gestellte Frage lautet, ob der geschlechtsspezifische Marketing-Ansatz nicht der Gleichberechtigung widerspricht. Dabei haben sie häufig die Forderungen nach Gleichbehandlung von Frauenrechtlerinnen und Feministinnen im Sinn.

Tatsächlich findet sich hier kein Widerspruch. Die Kulturgeschichte weiß von vielen Kämpfen um die Frage von Gleichheit oder Unterschiedlichkeit zu berichten. Unterschiede zwischen den Geschlechtern wurden bei den bisherigen Auseinandersetzungen häufig als Argument missbraucht, um zumeist Frauen zu diskriminieren. Gedanken zur angeborenen Gleichheit wurden vornehmlich von denjenigen vertreten, denen an der Durchsetzung politischer oder gesellschaftlicher Rechte von Frauen gelegen war. Erich Fromm untersucht das anscheinende Dilemma in seinem Aufsatz »Geschlecht und Charakter« bereits 1943. Darin heißt es:

Die Tendenz, alle charakterologischen Unterschiede der Geschlechter zu leugnen, kann durch die stillschweigende Annahme einer Prämisse der anti-egalitären Philosophie verursacht sein: Um Gleichheit zu fordern, muss man beweisen, dass es keine anderen charakterologischen Unterschiede der Geschlechter gibt als jene, die unmittelbar durch bestehende gesellschaftliche Bedingungen verursacht werden. Die ganze Diskussion ist verworren, weil die einen von Unterschieden sprechen, während die Reaktionären in Wirklichkeit Unzulänglichkeiten meinen – genauer gesagt, jene Unzulänglichkeiten, die es unmöglich machen, volle Gleichheit mit der herrschenden Gruppe zu erreichen. So wurde die angeblich beschränkte Intelligenz der Frau, ihre mangelnde Fähigkeit zur Organisation und Abstraktion oder zu einem kritischen Urteil vorgebracht, um die volle Gleichstellung mit dem Mann auszuschließen. (…) Obgleich die Liberalen [Denker] bewiesen, dass es keine Unterschiede gibt, die eine politische, wirtschaftliche und soziale Ungleichheit rechtfertigen, ließen sie sich doch in eine strategisch ungünstige Defensive drängen. Wenn man es als erwiesen ansieht, dass es keine sozial nachteiligen Unterschiede gibt, so muss man deshalb noch nicht annehmen, es gebe überhaupt keine Unterschiede. Die Frage muss dann vielmehr lauten: Welcher Gebrauch wird von bestehenden oder mutmaßlichen Unterschieden gemacht, und welchen Zwecken dienen sie?[13]

Fromm zeigt sich als früher Vertreter des heute aktuellen Diversity-Ansatzes. Er warnt davor, Unterschiede hinsichtlich des Geschlechts, der ethnischen Herkunft oder religiöser Wurzeln mit einer Wertung zu versehen. Er beobachtete allerdings in den politischen Strömungen seiner Zeit wie auch in gesellschaftlichen Entwicklungen auf der Basis der vorzeitlichen sowie jüdisch-christlichen Religionen Verhältnisse von Überlegenheit und Unterlegenheit. Er betont daher:

Obwohl eine Überlegenheit-Unterlegenheits-Beziehung zumindest eine augenblickliche Verschiedenheit impliziert, ist Verschiedenheit keineswegs mit Überlegenheit und Unterlegenheit verbunden oder mit ihr identisch.

Zu den Prinzipien des Gender Marketing gehört die völlig wertfreie Feststellung, dass es Unterschiede zwischen Männern und Frauen gibt. Diese Unterschiede sind begrüßenswert und sollten als das gesehen werden, was sie sind: die natürliche Voraussetzung zur gegenseitigen Ergänzung.

Aber: Vergraule ich mir nicht meine männlichen Kunden, wenn ich mein Marketing an Frauen orientiere?

Keineswegs. Untersuchungen in den USA haben gezeigt, dass Männer eine geschlechtsspezifische Orientierung von Unternehmen sehr wohl zu schätzen wissen. Tatsächlich stieg der Umsatz bei männlichen Käufern signifikant an, sobald Unternehmen erfolgreich an Frauen verkauften.[14]

Die Vorteile des Gender Marketing für Kunden und Unternehmen

Natürlich bietet das Gender Marketing für die Unternehmen genauso wie für die Konsumenten nur Vorteile.

Den Gender-Ansatz im Marketing zu forcieren bedeutet gleichzeitig eine Abkehr von der zunehmend feineren Segmentierung von Zielgruppen. Reine demografische Daten wie Alter, Bildung, Beruf, Einkommen, Familienstand etc. reichen schon lange nicht mehr aus, um potenzielle Käufer eindeutig zu identifizieren. Die Beschreibungen von Lebenswelten und Wertestrukturen (zum Beispiel Sinus-Milieus® von Sociovision[15]) bieten nur marginale Verbesserungen. Das Problem wird auf Grund der durch immer detaillierter definierte Eigenschaften schrumpfenden Zielgruppen eher vergrößert.

Aus Zielgruppen kleiner Marktsegmente ergibt sich eine Menge an Folgeproblemen für Unternehmen, insbesondere wenn sie direkt für Endverbraucher produzieren. Je kleiner die Zielgruppe, desto kleiner sind auch die Produktionsmengen. Die heute übliche Massenfertigung ermöglicht günstige Verkaufspreise aber erst bei großen Stückzahlen. Geringere Produktionsmengen sind teurer in der Erzeugung, schwieriger im Verkauf zu handhaben und aufwändiger in der Werbung. Je größer also die Zielgruppe und die daraus resultierenden realen Verkäufe, desto rentabler kann das Unternehmen wirtschaften. Je größer die Zielgruppe, desto größer ist das damit verbundene Marktpotenzial, die Chance auf hohe Verkaufszahlen, die Auslastung von Produktionskapazitäten, die gesamte Planbarkeit des Vorhabens etc. Kurz gesagt, eine große Zielgruppe dient der Gewinnmaximierung bei gleichzeitiger Kostenreduktion. Gender Marketing orientiert sich an den zwei denkbar größten Zielgruppen: Frauen und Männern.

Es gibt zweifellos geschlechtsspezifische Unterschiede, die sich auf die Konsumbedürfnisse sowie das Konsumverhalten auswirken. Das Gender Marketing erforscht Fragen, auf welche Weise Produkte von Männern und Frauen bevorzugt genutzt, auf welchen unterschiedlichen Prämissen basierend die Kaufentscheidungen getroffen, welche Vertriebswege favorisiert, wie das Preis-Leistungs-Verhältnis bewertet und welche Ansprachen bevorzugt werden. Es umfasst somit den gesamten Marketing-Mix. Mehr noch: Das grundlegende Verständnis des Wertes unterschiedlich vorhandener Eigenheiten und Fähigkeiten eignet sich vorzüglich als Basis für

- die Personalentwicklung, um das Personalmarketing und die Entwicklung von Mitarbeitern genauer zu analysieren und optimal zu steuern;

- die Bindung wertvoller Mitarbeiter durch die Steigerung der Zufriedenheit und des Wohlbefindens wie auch der Identifikation mit dem eigenen Unternehmen;
- Unternehmensleitbilder, die von Mitarbeitern, Management und Kunden wirklich mitgetragen werden;
- das Change Management, weil Potenziale besser erkannt und Ressourcen gezielter eingesetzt werden;
- die Gewinnung loyaler (Neu-)Kunden sowie den Aufbau dauerhafter, nachhaltiger und echter Beziehungen zu ihnen.

Hinter dem Gender Marketing verbirgt sich ein ganzheitliches und daher komplexes Konzept. Es erstreckt sich parallel auf viele Ebenen und schafft so eine Win-Win-Situation für alle Beteiligten: Kunden, Management, Mitarbeiter und Shareholder. Voraussetzung ist jedoch die permanente Aufmerksamkeit jedes einzelnen Mitarbeiters des Unternehmens.

Niemand kann jede Einzelheit nachvollziehen, die zum Abbruch der Beziehungen seitens der Kunden führen kann. Frauen besitzen wesentlich feinere Antennen für Unstimmigkeiten als Männer. Kundinnen nehmen eine wesentlich größere Anzahl von Informationen wahr als Kunden. Jedes Detail kann daher leicht zum K.-o.-Kriterium werden. Selbst wenn das Produkt über hervorragende Eigenschaften verfügt, kann ein schlecht gelaunter Verkäufer zur Ablehnung führen. Eine Unfreundlichkeit am Telefon oder allein die Tatsache einer kostenpflichtigen Hotline kann das günstigste Preisangebot zunichte machen. Eine unbedachte Äußerung eines Vorstandsmitglieds in der Presse kann schnell teurer werden als alle Werbeinvestitionen.

Umso effektiver ist die präventive Taktik. Wenn jeder Mitarbeiter das Prinzip des Gender Marketing kennt, versteht und lebt, dann erst orientiert sich das Unternehmen wirklich am Kundenbedürfnis. Diese Leistung kann nur vom gesamten Team vollbracht werden. Der Finanz-Controller ist ebenso für den Dienst am Kunden zuständig wie der Techniker, das Reinigungspersonal, die Marketing-Mitarbeiter und selbstverständlich die Unternehmensführung. Nur durch die Marktorientierung aller Beteiligten lassen sich alle Bereiche optimieren, mögliche Fallen eliminieren und ein stimmiges Konzept etablieren. Wer das geschafft hat, genießt einen unbezahlbaren Umkehreffekt: Das höchste Lob und die stärkste Motivation erhalten Mitarbeiter nicht von ihrem Vorgesetzten, sondern von vielen zufriedenen Kunden.

2. Warum es in den Unternehmen so schlechte Voraussetzungen für die Wahrnehmung von Frauen als Kundinnen gibt

Stellen Sie sich einmal vor, die Geschäfte sind geöffnet und keine Frau geht hin. Sie halten das für unmöglich? Sie denken, Frauen würden niemals auf ihr geliebtes Shopping verzichten können? Es ist passiert. Sie haben verzichtet. Im Jahr 2004 rief ein Frauennetzwerk in den USA, dem Konsumland schlechthin, zum »Buycott« auf. Und viele Frauen folgten diesem Aufruf, in den USA und sogar in einigen Ländern Europas.

Der Buycott (zusammengesetzt aus *to buy* – kaufen – und Boykott) kam aus sehr pragmatischen Gründen zustande. Das Frauennetzwerk 85 Broads forderte Frauen dazu auf, am 19. Oktober 2004 im Rahmen eines symbolischen Akts die Geldbörsen festzuhalten und den Konsum für einen Tag auszusetzen. 85 Broads[16] ist ein Zusammenschluss derzeitiger und früherer Mitarbeiterinnen von Goldman Sachs & Co., einer der weltweit führenden Investmentbanken. Der Name des Netzwerkes bezieht sich auf die Adresse des Stammhauses in New York, 85 Broad Street. Das primäre Ziel der Aktion bestand darin, männlichen Entscheidern in Unternehmen einen deutlichen Warnschuss vor den Bug zu setzen. In einem Interview mit CBS.MarketWatch.com sagte eine der Verantwortlichen für die Aktion, Melissa Hayes:

Wir wollten eine symbolische Geste machen und sagen »Das kaufen wir euch nicht ab« [Im Sinne von »das akzeptieren wir nicht«]. Wir akzeptieren nicht, dass Frauen fast vier Billionen [US-]Dollar

der jährlichen Konsumausgaben [im Privatbereich] kontrollieren,
zwei von drei Autos kaufen, 50 Prozent aller Geschäftsreisen unter-
nehmen und die Hälfte des Privatvermögens des Landes besitzen,
dass gleichzeitig aber nur acht Vorstandsvorsitzende in den Fortune-
500-Unternehmen Frauen sind und dass sie weniger als 15 Prozent
der Vorstandssitze dieser Unternehmen besetzen.[17]

Der Grund, weswegen 85 Broad mehr Frauen in Führungsspitzen namhafter Unternehmen fordert, liegt nicht im politischen, sondern im Machtbestreben. Sie wollen, dass mehr Frauen die Geschicke von Unternehmen beeinflussen, um eine bessere Firmen- und Angebotspolitik durchzusetzen. Die Investment-Bankerinnen fordern frauengerechte Angebote. So einfach ist das. Und dafür wählen sie zwei männliche Mittel: Druck und die Demonstration von Macht.

85 Broad hat bereits angekündigt, dass 2004 erst der Anfang war. Die Aktion soll künftig in einem wesentlich größeren Rahmen wiederholt werden. Schon 2004 waren ihnen viele Frauen gefolgt. Dr. Susanne Weingarten berichtet von einer Viertelmillion Konsumentinnen, die für Mindereinnahmen von 13 Millionen US-Dollar verantwortlich sind[18]. Für die Verbreitung der Aktion nutzten die Frauen weibliche Mittel: Mundpropaganda über Frauennetzwerke und das Internet. Bereits 2005 soll die Aktion gezielt auf Europa ausgeweitet werden.

Im ersten Jahr mögen viele Männer den Buycott noch nicht wirklich ernst genommen haben, was sich aber in absehbarer Zeit ändern dürfte. Frauen in den westlichen Industrieländern werden bald beginnen zu verstehen, welche Macht sie tatsächlich haben. Sobald sie nicht mehr bereit sind, die Gegebenheiten länger einfach nur zu akzeptieren, werden sie anfangen, sie gezielt zu bekämpfen. Sie werden sich viel genauer anschauen, welche Firmenpolitik die Unternehmen verfolgen und was sie zu bieten haben. Danach werden Frauen entscheiden, wen sie mit ihrem Geld belohnen oder abstrafen. Das ist eine Sprache, die Männer verstehen dürften.

Dass es Unternehmen ausgesprochen gut täte, eine femininere Sicht zu entwickeln, zeigt das folgende Beispiel für einen Kaufakt: Vor einigen Jahren betrat ich die Verkaufsräume eines Autohändlers mit der Absicht, auf der Stelle ein Auto zu kaufen. Einige Stunden zuvor hatte ich im Internet recherchiert, welche Händler mein bevorzugtes Modell mit meiner Wunschausstattung vorrätig hatten. Ich rief drei Fachhändler an, erkundigte mich nach Details und vereinbarte schließlich eine Probefahrt. Einer meiner Mitarbeiter begleitete mich, besaß aber kein Mitspracherecht. Ich war zunächst sehr befremdet, als ich gleich bei meiner Ankunft mit Angaben über die Wagenfarbe begrüßt wurde. Als ich dem deutlich über 50-jährigen Vertriebsleiter klar machte, dass dies für mich die uninteressanteste aller Informationen sei, begann die Stimmung schon leicht zu sinken. Als es kurz darauf an die Probefahrt des Wagens ging, wurde ich streng ermahnt, in allerspätestens einer Stunde wieder da zu sein. Der damit verbundene Ton erschien mir etwas unpassend, schließlich war ich bereit, eine Investition von umgerechnet fast 24 000 Euro hier und jetzt und bar zu tätigen. Mir war zu diesem Zeitpunkt überhaupt nicht bewusst, dass der Vertriebsleiter meine Absichten längst noch nicht erfasst hatte.

Es kam, was kommen musste: Ich fuhr, ich fand meine Wahl bestätigt und entschied mich auf der Stelle. Als ich verkündete, über den Preis verhandeln zu wollen, begannen die Probleme. Nur sehr zögerlich wurde ich, meinen Begleiter im Schlepptau, in das Verkaufsbüro gebeten. Die Preisverhandlungen begannen schließlich doch und ich schlug heraus, dass das Radio in absehbarer Zeit ausgewechselt (vertraglich vereinbart) und dass ein Dachgepäckträger beigefügt würde. Immerhin hatte der Vertriebsleiter begriffen, dass er nur mit mir zu reden hatte, nicht mit meinem Begleiter. Als nach rund einer Viertelstunde die Preisverhandlungen soweit abgeschlossen waren, bat ich um die Ausfertigung des Kaufvertrags. Es entwickelte sich eine Situation mit folgendem Dialog:

Vertriebsleiter: »*Wie? Sie wollen jetzt kaufen?*«
Diana Jaffé (DJ): »*Ja natürlich. Wozu haben wir sonst über den Preis geredet?*«
Vertriebsleiter: »*Ähhh … Ist Ihnen klar, dass Sie, wenn wir jetzt den Kaufvertrag machen, nicht mehr vom Kauf zurücktreten können?*«
DJ: »*Ja durchaus. Sagen Sie mal, wollen Sie mir den Wagen nicht verkaufen? Wollen Sie mein Geld nicht?*«
Vertriebsleiter: (völlig verdattert) »*Doch doch. Jaaa …*«
DJ: (allmählich ungeduldig) »*Dann lassen Sie bitte jetzt den Kaufvertrag aufsetzen.*«

Der Vertriebsleiter rief einen Mitarbeiter und ließ sich einen vorgefertigten Kaufvertrag bringen, den er umständlich auszufüllen begann. Schließlich reichte er mir den Vertrag. Ich begann, ihn zu lesen.

Vertriebsleiter: »*Wieso lesen Sie das jetzt alles?*«
DJ: (allmählich ungehalten) »*Dies ist offensichtlich ein Kaufvertrag. Bevor ich ihn unterzeichne, werde ich ihn selbstverständlich aufmerksam lesen. Haben Sie damit ein Problem?*«
Vertriebsleiter: »*Nein nein, lesen Sie.*«

Mir fiel sofort auf, dass etwas in dem Kaufvertrag nicht stimmte. Ich überlegte mit steigender Belustigung, ob ich den Vertriebsleiter schocken und den Vertrag so unterzeichnen sollte.

DJ: (dem Vertriebsleiter den Vertrag zuschiebend) »*Das unterzeichne ich so nicht.*«
Vertriebsleiter: (mit aufkommender Panik) »*Wieso nicht?*«
DJ: (belustigt) »*Schauen Sie selbst.*«
Vertriebsleiter: (die Seite mehrmals überfliegend) »*Ich kann nichts finden.*«
DJ: »*Der Preis. Da stehen 10 000 DM zu wenig drin.*«
Vertriebsleiter: »*O Gott …*«

Er begann hektisch, den Kaufpreis im Vertrag auszubessern.

DJ: »*Ihnen ist schon bewusst, dass ich diesen Vertrag einfach so hätte unterzeichnen können?!*«
Vertriebsleiter: »*Na, dann hätte ich ihn einfach zerrissen.*«
DJ: »*Das wäre egal gewesen. Ich habe einen Zeugen, der bestätigen kann, dass Sie mir den Wagen zum angegebenen Preis überlassen wollten. Sie hatten den Kaufvertrag ja bereits unterzeichnet.*«
Vertriebsleiter: »*Nein, das hätte ich nicht gelten lassen.*«

Schließlich zuckte ich nur mit den Schultern, denn ich hatte keine Lust auf eine weitere Auseinandersetzung, die doch nirgendwohin führen würde. Ich hatte mich für den Weg der Fairness entschieden, also musste ich mir auch keine weiteren Gedanken mehr über das »Was wäre wenn …« machen.

Nachdem der korrekte Vertrag endlich von beiden Seiten unterzeichnet und geklärt war, dass ich den Wagen am nächsten Tag, als Firmenwagen zugelassen, abholen wollte, gingen wir noch einmal zum Auto.

DJ: »*Wo genau ist der Stromanschluss im Kofferraum?*«
Vertriebsleiter: »*Der hat keinen.*«
DJ: »*Selbstverständlich hat dieses Modell mit dieser Ausstattung (teuerste Serienausstattung) einen Stromanschluss im Kofferraum.*«
Vertriebsleiter: »*Nein, hat er nicht.*«
DJ: »*Dann holen Sie doch mal den Katalog. Ich zeige Ihnen, wo es steht. Ich weiß es deswegen so genau, weil mein Lebensgefährte einen zusätzlichen Stromanschluss für sein Hobby benötigt.*«
Vertriebsleiter: »*Ähhh, da muss ich mal einen Kollegen holen.*«

Nach einer ganzen Weile kam er mit einem anderen Verkaufsmitarbeiter zurück. Beide suchten den Kofferraum ab.

Verkäufer: »*Wir können ihn nicht finden. Aber er muss da irgendwo sein.*«

DJ: (gibt auf) »*Dann werde ich ihn eben selbst suchen müssen. Wo ist die Kofferraumabdeckung?*«
Vertriebsleiter: »*Hat er nicht.*«
DJ: »*Hat er wohl. Die gehört zur Serienausstattung.*«
Vertriebsleiter: »*Ja wirklich?*« *(Er fing allmählich an, wenn auch zögerlich, mir zu glauben)* »*Hier ist keine. Dann muss ich wohl eine Abdeckung aus einem anderen Wagen holen.*«
DJ: »*Tun Sie das bitte.*«

Der Vertriebsleiter kehrte nach einiger Zeit mit einer Kofferraumabdeckung zurück.

DJ: »*Und nun noch das Gepäcknetz. Das fehlt hier auch.*«
Vertriebsleiter: »*Hat er nicht.*«
DJ: »*So, jetzt holen Sie bitte den Katalog. Mir reicht es jetzt.*«
Vertriebsleiter: (kehrte im Katalog blätternd kurz darauf zurück) »*Stimmt. Die gehört auch noch dazu.*«
DJ: (inzwischen sehr, sehr ärgerlich) »*Ja, ich weiß.*«

Als ich am folgenden Tag den Wagen abholen kam, fand ich mich urplötzlich mit einem Glas Sekt zwischen meiner Neuerwerbung und einem Fotoapparat wieder. Nach Feiern war mir nach den Vorkommnissen des Vortags kaum zumute. Ich wollte bloß mein neues Gefährt besteigen und so schnell es irgend ging vom Hof des Autohändlers reiten, um mich endlich doch noch an meiner Entscheidung erfreuen zu können. Als ich das erzwungene Freudenfoto Wochen später aus meinem Briefkasten zog, sah ich meinem Gesicht die beim Kauf des Wagens erlittenen Unerfreulichkeiten mehr als deutlich an.

Innerhalb des folgenden Jahres rief ich mehrmals den Vertriebsleiter an, damit endlich mein Radio vertragsgemäß ausgewechselt würde. Er gestand mir, dass er das nur machen könne, wenn der Chef nicht da sei. Doch wann immer ich anrief, um die Zusage eingelöst zu bekommen, war es angeblich gerade unmöglich.

Ein Jahr nach dem Kauf, als ich zur ersten Inspektion kam, erfuhr ich, dass diese nun exakt denselben Betrag in Euro kostete, der mir ein Jahr zuvor beim Kauf in DM genannt worden war. Erbost fragte ich nach und wurde wieder an den Vertriebsleiter von damals verwiesen. Dieser erklärte mir, dass Preissteigerungen völlig normal seien. Ich war keinesfalls seiner Meinung, dass Preissteigerungen von hundert Prozent innerhalb eines Jahres für exakt dieselbe Leistung üblich seien. Schließlich gewährte man mir »großzügig« einen kleinen Preisnachlass. In den Stunden, in denen ich auf meinen Wagen wartete, bot mir niemand etwas zu trinken an. Geschweige denn, dass sich irgend jemand auch nur im Mindesten bemüht hätte, mir den Aufenthalt angenehm zu gestalten. Außerdem musste ich feststellen, dass der Vertriebsleiter es versäumt hatte, mich auf die Extra-Inspektionen hinzuweisen, die für die beim Kauf lautstark angekündigte Garantieverlängerung notwendig gewesen wären. Ich rang ihm die Zusage ab, dass Garantiefälle während der ursprünglich vorgesehenen drei Jahre in dieser Werkstatt auf Kulanz repariert werden würden.

Als sich ein halbes Jahr später der erste Schaden einstellte, fuhr ich in die Werkstatt, nur um festzustellen, dass der Vertriebsleiter inzwischen nicht mehr hier arbeitete und niemand etwas von dieser Absprache wusste. Am nächsten Tag schickte ich völlig entnervt meinen Lebensgefährten mit dem Wagen hin. Er kehrte zurück, und der Wagen war kostenlos repariert worden. Damit hatte er sich die Pflicht erworben, den Wagen zur nächsten Inspektion zu bringen. Diese zweite Inspektion verlief, wie nicht anders zu erwarten, vollkommen problemlos.

Wiederum ein halbes Jahr später signalisierte mein Motor per Lämpchen, er wolle zum »Auto-Arzt«, also fuhr ich erneut in besagte Werkstatt, obwohl mir davor regelrecht graute. Mir war bereits im Voraus bewusst, dass es sich dabei mit Sicherheit um eine ganz schlechte Idee handelt. Und so war es. Der Mechaniker versuchte alles, um mich während seiner Untersuchung auf dem Hof von meinem Auto fern zu halten. Meine Neugier trieb mich dennoch hin, und als ich an den Wagen herantrat, versuchte er mich ganz auffällig daran zu hindern, einen Blick auf die Anzeige seines Analysegeräts zu werfen, obwohl ich dies ursprünglich gar nicht beabsichtigt hatte. Um seine Autorität mir gegenüber – warum auch immer – auszuspielen, warf er mir vor, mein Auto nicht sauber genug zu halten. Ich war einfach sprachlos und rang tatsächlich kurz um Fassung. Mühsam überwand ich meine Sprachlosigkeit und testete, ob er in meiner Gegenfrage den Vorwurf des sexistischen Verhaltens entdeckte. Der Mechaniker verstand nur ansatzweise, dass er jegliche Grenze überschritten hatte. Dafür sollte gleich das gesamte Airbag-System neu verkabelt werden, und das, obgleich der direkte Auslöser der Fehlermeldung nicht lokalisiert werden konnte. Als ich zum Protest ansetzte, wurde ich an den neuen Vertriebsleiter verwiesen. Das Gespräch endete damit, dass ich laut wurde und verkündete, diese Werkstatt nie wieder zu betreten. Der Vertriebsleiter zuckte ohne Bedauern die Schultern und machte nicht die geringsten Anstalten, mich als Kundin zu halten.

Ich fuhr daraufhin zu einem anderen, von einer Frau geführten Autohaus, einer Frau, die sich in der Branche über Jahrzehnte einen Namen gemacht hatte. Bevor ich mich dorthin begab, telefonierte ich mit Heidi Hetzer, der Besitzerin, die auch am Vortag ihrer Abreise zur Mille Miglia[19] ansprechbar war, obwohl es noch Schwierigkeiten mit ihrem Rennwagen gab. Ich meldete meinen Wagen gleichwohl nicht an und fuhr ihn dennoch – weil ich es wissen wollte! – direkt in die Werkstatt. Keine drei Minuten musste ich warten. Der Werkstattleiter dieser Niederlassung erschien sofort mit seinem Analysegerät. Er prüfte, er schaute, er überlegte. Dann drehte er die Anzeige seines Wundergeräts zu mir und begann, mir genau zu erklären, welche widersprüchlichen Informationen er erhielt. Daraus wäre gar nichts eindeutig zu erfahren. Er würde die Anzeige jetzt löschen – die andere Werkstatt hatte mir noch ungefragt versichert, dass das gar nicht möglich wäre – und ich sollte sofort wiederkommen, falls die Leuchte jemals wieder anspringen würde. Dann gab er mir noch ein paar andere Tipps und verabschiedete sich, jedoch nicht ohne vorher noch andere Möglichkeiten wie einen lockeren Massekontakt an der Autobatterie ausgeschlossen zu haben. Und das war zu alledem ein kostenloser Service.

Diese Erfahrung stellt keinen Einzelfall dar. Jede Leserin wird sich in dieser Geschichte so oder ähnlich wieder erkennen. Jeden Tag finden Millionen solcher Vorkommnisse allein in Deutschland statt, und sie betreffen Käuferinnen beliebiger Produkte.

Manche Leser mögen denken, alles sei letztendlich mit dem Aufsuchen der zweiten Werkstatt aus dem Beispiel doch in Ordnung gekommen. Aber das ist es nicht. Es ist keineswegs in Ordnung, als Kundin wiederholt erniedrigt zu werden. Und die Schmach wird unendlich vergrößert, wenn man sieht, dass der (männliche!) Lebensgefährte keinerlei Probleme hat, allein aus dem Grund, weil er eben ein Mann ist. Völlig unbegreiflich ist ein solches Verhalten aber vor allem dann, wenn es sich bei dem Händler um den Vertreter eines Autokonzerns handelt, der sich sehr viele Gedanken gemacht hat, um Fahrzeuge zu entwickeln, die ganz besonders auf die Bedürfnisse von Frauen abgestellt sind. Ist es da ein Wunder, dass es der Autobranche im Inland so schlecht geht?

Andere Frauen berichten mir immer wieder von vergleichbaren Erfahrungen mit allen möglichen Automarken. Es gibt nur sehr wenige Autohersteller, die in einem solchen Zusammenhang bislang noch nicht genannt wurden, was jedoch zum Teil an ihrem ohnehin geringen Marktanteil in Deutschland liegen dürfte. Das angeführte Beispiel beschreibt ein seltenes Phänomen: Einen ausgesprochenen Quälgeist, der sich nicht so schnell geschlagen gibt (mich!). Viele Frauen kapitulieren auf solch steinigen Wegen, bevor sie ihr eigentliches Ziel erreicht haben. Und weswegen sollten sie jemandem, der es ihnen so schwer macht, ihr hart verdientes Geld hinterherwerfen? Außerdem würde es, wie sich später noch zeigen wird, dem weiblichen Stil völlig widersprechen, sich auf ein – aus Sicht der Frauen – so überflüssiges Gerangel einzulassen.

Wollen Männer mit Kundinnen kein Geld verdienen?

Frauen fragen sich immer wieder, ob die Unternehmen ihr Geld vielleicht überhaupt nicht wollen. Häufig fühlen sie sich übersehen, nicht respektiert und sogar diskriminiert. Der US-amerikanische Top-Unternehmensberater Tom Peters berichtet in seinem Buch »Re-Imagine« von einer ständig wachsenden Anzahl wohlhabender Geschäftsfrauen in den USA, die ihr Geld auf Grund eines mangelnden Angebots gar nicht ausgeben können, obwohl sie es wollen. Seit vielen Jahren fordern diese Frauen Unternehmen auf, ihnen ein Angebot zu schaffen, damit sie ihr hart verdientes Einkommen in Form von Besitz oder Erlebnissen genießen können. Sie bitten vergebens.

Alle Statistiken belegen, dass auf der anderen Seite die Investitionen in Produkteinführungen mit ungewissem Erfolg, in Marketing- und Werbemaßnahmen steigen. Die Geschäftsergebnisse zeigen jedoch nur vergleichsweise selten, dass diese Investitionen optimale Ergebnisse nach sich ziehen. Die Zielgruppen, die von Sozial- und Marktforschern identifiziert werden, bestehen aus immer spezifischeren und daher auch immer kleineren Fragmenten des Gesamtmarkts. Kleine Zielgruppen bedeuten jedoch einen erhöhten Aufwand bei der Bearbeitung eines Markts, der gleichzeitig ein beschränktes Potenzial birgt. Dabei liegt die größte denkbare und gleichzeitig vielversprechendste Zielgruppe nach wie vor unbemerkt brach: Frauen! Auf der einen Seite bemühen sich die Unternehmen um die Optimierung ihrer Marktteilnahme, auf der anderen Seite ignorieren sie den Großteil des Markts. Diese Diskrepanz erscheint vollkommen unlogisch.

Und genau hier liegt das Problem. Während der Erfolg unseres kapitalistischen Wirtschaftssystems auf immer neuen Wachstumsmöglichkeiten und ihrer Realisierung beruht, werden Ressourcen und Möglichkeiten dennoch bei weitem nicht ausgeschöpft. Warum nicht?

Warum bemühen sich Unternehmen um Markterfolge, ohne

sie zu erreichen? Warum wachsen sie nur langsam oder stagnieren sogar, wenn doch ein unbeackerter, riesiger Markt vor ihrer Nase liegt? Wieso riskieren Unternehmensentscheider häufig sogar die Existenz der Firma und ihrer Belegschaft, statt ihre Chancen einfach nur zu ergreifen? Kurzum: Warum ignorieren die meisten Unternehmen einen riesigen Markt?

Tatsächlich gibt es eine Antwort auf all diese Fragen. Allerdings ist die Antwort komplex und besteht aus mehreren Teilaspekten, die miteinander verbunden sind und auch nur auf diese Weise betrachtet werden können. Die Antwort deutet schon Lösungsansätze für das beschriebene Dilemma an.

Warum Unternehmen Frauen übersehen und wie es zu weiteren Missverständnissen kommt

Die meisten Unternehmen in Deutschland werden nach wie vor ausschließlich von Männern geführt. Die Chefetagen der Dax-Unternehmen sind ein reines Männerrevier. In den 75 umsatzstärksten Unternehmen Deutschlands sind die Vorstände zu 99 Prozent und die Aufsichtsräte zu 93 Prozent männlich. In der Politik zeigt sich dasselbe Bild: Bundeskanzleramt, Bundespräsidialamt und die wichtigsten Ministerien sind ausschließlich von Männern besetzt.

Allein diese Tatsache verhindert, dass Unternehmen Frauen überhaupt wahrnehmen können. Männer können Frauen als Zielgruppe weder richtig erkennen noch ernst nehmen. Jeder Mann hat zwar in seinem Privatleben schon die Erfahrung gemacht, dass er Frauen niemals wirklich verstehen wird, doch im Geschäftsleben hat sich diese Feststellung noch nicht niedergeschlagen. Die wenigsten Manager sind in der Lage, diese Situation überhaupt als ein Problem zu identifizieren, geschweige denn geeignete Lösungsstrategien dafür zu entwickeln.

Frauen und Männer sind heute mit gänzlich neuen Konflikten konfrontiert

Schon immer war es die Aufgabe von Männern, Heim und Herd zu verlassen, um die Versorgung der Familie sicherzustellen, während Frauen für den Nachwuchs, alles Häusliche und das Sammeln von pflanzlichen Nahrungsmitteln zuständig waren. Nach getaner Arbeit kehrten die Männer zu Frau und Kindern an die Feuerstelle zurück, um die Ausbeute des Tages in Form von Fleisch und Früchten zu verzehren. Die Aufgabenfelder waren strikt getrennt. Es gab keine Überschneidungen der Tätigkeitsbereiche und damit keine störenden Einflüsse von Frauen auf Männer oder umgekehrt. Die Aufgaben beider ergänzten sich zu einem Zweck: dem eigenen Überleben und – im übergreifenden Sinne – dem Überleben der Spezies.

Für die Männer hat sich daran auf den ersten Blick bis heute kaum etwas verändert. Sie verlassen für ihre Arbeit nach wie vor das Haus und kehren abends heim, wenn auch vordergründig nicht von der Jagd. Für Frauen ist das anders. Viele von ihnen sind inzwischen berufstätig, zusätzlich zu ihren traditionellen häuslichen Pflichten und zur Kinderbetreuung. Durch den prinzipiellen Wandel von der Selbstversorgung zur Arbeitsteilung ist das ursprüngliche System, das von der Nichteinmischung in die Tätigkeitsfelder des jeweils anderen Geschlechts geprägt war, gekippt. Und das hat für unser Wirtschaftssystem Konsequenzen.

In ihren traditionellen Aufgaben, wie Kindererziehung und Führung des Haushalts, sind Frauen heutzutage nicht mehr autark. Um den Hunger zu stillen, gehen sie nicht länger Beeren sammeln, sondern in den Supermarkt. Bekleidung wird gekauft, statt sie aus Fellen irgendwelcher Beute selbst herzustellen. Alle Dinge, die mehr oder weniger dem Überleben dienen, werden mit nur wenigen Ausnahmen gekauft. Und diese Dinge werden von Unternehmen gefertigt, die fast ausschließlich von Männern geführt werden.

Wir finden also plötzlich eine Situation vor, in der Frauen in zweifacher Hinsicht in männliche Domänen eindringen. Einerseits »wildern« sie als Berufstätige in dem über Hunderttausende von Jahren währenden männlichen Revier der aushäusigen Familienversorger. Andererseits begegnen sie Männern als Kunden. Zum ersten Mal in der Geschichte der Menschheit sind Frauen damit in der Lage, Männer zu bewerten und gegebenenfalls direkt oder indirekt zu kritisieren. Auf ein Mal gleichen sich die Tätigkeitsfelder von Männern und Frauen an. Im Marktgeschehen überschneiden sie sich sogar direkt. Das hat die Evolution nie so geplant. Die gesellschaftliche Entwicklung und die Evolution kommen sich in die Quere. Deswegen verfügen Menschen auch über kein natürliches Verhaltensmuster für den so entstandenen Konfliktherd.

Während Frauen es als frustrierend empfinden, sich ihre Position am Arbeitsplatz beziehungsweise in der Gesellschaft und die Anerkennung dafür seitens der Männer erkämpfen zu müssen, verspüren Männer deren Problem kaum. Sie haben tatsächlich Schwierigkeiten, Frauen als gleichgestellt anzusehen. Da sie sich allerdings in relativ gefestigten Positionen befinden, stellt ihre mangelnde Anerkennung der weiblichen Seite für sie kein Problem dar, weil es sie selbst ganz einfach nicht betrifft.

Das androzentrische Weltbild

Alles könnte so einfach sein, wenn die Menschen noch immer in Höhlen sitzen würden. Stattdessen hat sich die Kultur zu dem entwickelt, was wir heute kennen. Sie ist, ausgehend von der Menschheitsgeschichte, ganz selbstverständlich durch das männliche Denken geprägt.

Wir nennen die heute überwiegend vorherrschenden Gesellschaftsprinzipien patriarchalisch. Der Begriff Patriarchat leitet sich aus den griechischen Begriffen *patér* (= Vater) und *arché* (= Ursprung, Herrschaft) ab. Damit wird die männliche Vorherrschaft in Sippen, Gemeinden und Völkern definiert. Das Prinzip

47

des Männlichen genießt die größte Wertschätzung, was sich unter anderem in der Patrilinearität, also der Familienzugehörigkeit, Erbfolge und Namensgebung manifestiert. Selbst in den meisten uns bekannten Religionen wurden die Bilder der Ur-Göttinen vor Jahrtausenden durch den Gottvater ersetzt.

Das Patriarchat wird auch als androzentrische Gesellschaftsstruktur bezeichnet. Erstmalig verwandte und definierte Charlotte Perkins Gilman den Begriff des Androzentrismus in ihrem Buch »Our Androcentric Culture, or the Man-Made World«. Der Androzentrismus ist demnach eine Weltanschauung, in der Männer das Zentrum darstellen, das heißt, Männer sind die Norm und der Maßstab, an dem alles gemessen wird. In diesem Weltbild wird die Frau als Abweichung von dieser Norm verstanden. Der Unterschied zum Sexismus besteht darin, dass das Weibliche nicht zwangsläufig als minderwertig eingestuft wird. Dennoch wird der Mann mit seiner Sicht der Dinge als allgemeingültig vorausgesetzt. Nach Gilman erheben männliche Lebensmuster und Denksysteme Anspruch auf Universalität, also Allgemeingültigkeit, während die weiblichen als Devianz, als Abweichung, betrachtet werden.

Androzentrismus ist nur schwer zu erkennen, weil die Gleichsetzung mit den männlichen Eigenschaften unbewusst geschieht. Dies mag auf die gesellschaftliche Prägung zurückzuführen sein, die dazu führt, dass nicht nur Männer, sondern auch Frauen androzentrische Maßstäbe verinnerlichen.

In den achtziger Jahren des 20. Jahrhunderts fand die androzentrische These Eingang in die Wissenschaftskritik. Den Wissenschaften wurde vorgeworfen, durch die männliche Sichtweise geprägt zu sein. Die Ursache wurde damals auf den späten Zugang von Frauen zu den Universitäten und zum Wissenschaftsbetrieb zurückgeführt. Dadurch würden, so der Vorwurf, Problemstellungen einseitig ausgewählt und untersucht, wodurch eine Universalität der Wissenschaften nicht mehr gegeben wäre. Die wissenschaftliche Betrachtung unterliege einseitig gewählten Faktoren. Tatsächlich offenbaren sich zunehmend Belege für diese Thesen. Die Medizinforschung etwa hat in den vergangenen Jahren einige beunruhigende Beobachtungen gemacht. Beispielsweise sterben im Vergleich mehr Frauen an Herzinfarkten als Männer. Dies stimmt umso bedenklicher, als die Anzahl der Herzinfarkte bei Frauen auf Grund von Stress und einer ungesunden Lebensweise rasant steigt. Die Forscher stellten in ihren Untersuchungen fest, dass sich die Symptome des Infarkts bei Frauen und Männern deutlich unterscheiden. Die Erforschung steht allerdings noch so weit am Anfang, dass hier lediglich Vermutungen angestellt werden. Klinische Auswertungen existieren bisher nicht. Dieses alte System der Betrachtung versuchen Frauen nun aufzubrechen. Gemessen an den Jahrtausenden, die der Androzentrismus regierte, hat sich in westlich geprägten Gesellschaften innerhalb der vergangenen drei Jahrzehnte schon sehr viel verändert. Frauen haben zahlreiche verschiedene Mittel ausprobiert, um ihre Position in der Gesellschaft zu verändern. Einige funktionierten besser, andere scheiterten. Zu denjenigen, die schlechter funktionieren, gehören all die Mittel, die grundsätzlich auf dem weiblichen Stil basieren.

Der weibliche und der männliche Stil – und was sie mit Dominanz, Macht und Beziehungsmanagement zu tun haben

Das männliche Prinzip basiert auf Dominanz, während das weibliche Prinzip durch Beziehungen geprägt ist. Männer leben ein hierarchisches Prinzip. Im Tierreich setzt sich naturgemäß der Stärkste an die Spitze einer Gruppe, damit die jeweils stärksten Gene weitergegeben werden. Der Anführer der Gruppe schützt seine eigene Position, aber ebenso die Hordenmitglieder gegenüber Angriffen Dritter. Das Hormon Testosteron ist für dieses Verhalten verantwortlich. Es steuert selbstverständlich auch Vertreter der menschlichen Gattung – insbesondere die Männer.

Laurence J. Peter und Raymond Hull beschreiben in ihrem Buch
»Das Peter-Prinzip« die Beschaffenheit hierarchischer Systeme,
ihre Verankerung im menschlichen Denken, wie sie Entscheidungen beeinflussen und ihre Ausbreitung über alle Gesellschaftsbe-
reiche. Hierarchien legen eine Hackordnung fest. Sie definieren,
wer dominiert und wer dominiert wird. Deswegen ist es für Männer sehr selbstverständlich, etwas zu verlangen und davon auszugehen, dass alle anderen ihnen folgen oder sich anpassen.
Der weibliche Testosteronspiegel dagegen ist vergleichsweise
niedrig. Daher findet sich bei Frauen in aller Regel keine so starke
Neigung zur Dominanz. Vielmehr sind sie Vertreterinnen des
Beziehungsstils. Er ist geprägt von Kooperation, nicht-invasivem
und sozialem Verhalten. Aus diesem Grund folgen viele Frauen
häufig den Forderungen von Männern.

Im Gegensatz zu Männern, die ausschließlich für sich selbst
und bestenfalls noch ihre Familie kämpfen, berücksichtigen
Frauen auch die Interessen anderer. Damit sind Frauen der
Grundpfeiler jeder Gesellschaft, denn nur durch ihr Verhalten
entstehen stabile Gruppen.

Doch die dominante männliche Kultur sieht – ableitend aus
ihren eigenen Spielregeln – die beziehungsorientierte weibliche
Kultur als unterlegen an. Das weibliche Prinzip entbehrt jeglichen Machtstrebens, es zielt auf die Herstellung von Gleichheit
ab. Frauen stellen auf Grund ihrer bindungsorientierten Kultur
die eigene Person sogar hinter die Interessen anderer zurück.
Mehr noch: Frauen beziehen einen großen Teil ihrer Identität aus
ihren Beziehungen[20]. Das ist ein wichtiger Umstand, auf den wir
später zurückkommen werden.

Wären Frauen dominant wie Männer, hätten ihre Kinder keine
Überlebenschance. Ihre Natur ist jedoch darauf abgestellt, den
Nachwuchs um jeden Preis zu sichern. Dazu gehört unter ande-
rem, dass sie eine dauerhafte Beziehung zum Vater etablieren
können, um ihn in seiner Rolle als Versorger an sich und die
Kinder zu binden. Aber auch die guten Beziehungen zu anderen
Frauen waren schon immer eine Lebensversicherung. Sollte dem

Partner einer Frau jemals etwas zustoßen, war sie mit ihren Kindern auf die Hilfe anderer angewiesen, um nicht zu verhungern. Indem die Kinder überlebten, sicherte sie nicht nur die weitere Existenz ihrer eigenen Gene, sondern ebenso das Überleben der Gene des Vaters.

Männer mögen heutzutage den Kopf über die Beziehungs- und Kommunikationsfreudigkeit von Frauen schütteln. Es war aber genau dieses Verhalten, das schon immer ihrem eigenen Interesse diente. Bis heute hat es nicht an Bedeutung verloren, selbst wenn in einigen westlichen Ländern vorbildliche Sozialsysteme existieren. Frauen benötigen andere Frauen nach wie vor für die Aufzucht von Kindern, wenngleich sich die Aufgabenbereiche teilweise verlagert haben mögen. Bis in unsere Tage hat sich die Tradition der Paten in unserer Gesellschaft erhalten. Wenn den Eltern etwas zustößt, sollen Vertrauenspersonen die Kinder bei sich aufnehmen und versorgen.

Wer den Kampf und das Streben nach Macht im männlichen Sinne ausschlägt, kann von Männern überhaupt nicht ernst genommen werden. Männer sehen Frauen also grundsätzlich als unterlegen an. Dieser Effekt wird von den weiblichen Kommunikationsmustern noch verstärkt. Die männliche und die weibliche Kultur schlagen sich erwartungsgemäß auch in der Sprache nieder. Die männliche Kommunikation spiegelt die Dominanz wider, während die weibliche Kommunikation genau das Gegenteil ausdrückt, indem sie jegliche Unstimmigkeiten zu vermeiden versucht. Diejenigen, denen an dieser Stelle der Begriff »Stutenbissigkeit« einfällt, müssen bedenken, dass Frauen von ihrem grundlegenden Kommunikationsmuster genau dann abweichen, wenn sie andere wichtige Interessen gefährdet sehen, die im Grunde immer mit der natürlichen Programmierung zusammenhängen. Häufig erfolgt die Abweichung unbewusst. Dass Frauen so sind, wie sie sind, liegt also eigentlich ganz im Interesse der Männer.

Ein weiterer Aspekt, weshalb männliche Unternehmensentscheider Kundinnen nicht wahrnehmen können, liegt daran, dass die Kundinnen in der Mehrzahl auftreten. Männer betrachten Frauen im Prinzip als sexuelle Beute. Daran ist niemand schuld außer vielleicht die Evolution. Darin liegt aber begründet, weshalb ein Mann sich zu einem Zeitpunkt nur mit einer einzigen Frau auseinander setzen kann. Denken Manager an Kundinnen, überfordert viele die schiere Anzahl. Sie können nur eine nach der anderen wahrnehmen. Deswegen ist es für sie eben einfacher, auf ein Stereotyp zurückzugreifen.

Dass Männer Frauen oft nicht ernst genug nehmen, zeigt sich tagtäglich in der Werbung und in den Medien. Frauen tauchen nach diversen Untersuchungen viel seltener in den Medien auf als Männer. Die Berichterstattung über Frauen erschöpft sich überwiegend in der Darstellung als Opfer von Verbrechen oder anderen Gewalttaten. Zu den Ausnahmen von dieser Regel gehört das folgende Beispiel: Im Jahr 2000 erschien ein Artikel über Angela Merkel in der Internet-Ausgabe des Politmagazins *Der Spiegel*. Zu diesem Zeitpunkt war sie 46 Jahre alt und eine promovierte Physikerin, die bereits eine ansehnliche Karriere in der Wissenschaft hinter sich und in der Politik einen unvergleichlichen Aufstieg zu verzeichnen hatte. Dennoch verpasste der *Spiegel* einem Artikel über Angela Merkel den Titel »Das eiserne Mädchen«. Und weil es so schön war, wurde der Titel für ein *Spiegel*-Online-Dossier im Jahr 2004 erneut aufgegriffen, alles zu Zeiten, in denen sie als Kanzlerkandidatin gehandelt wurde. Niemandem würde einfallen, Gerhard Schröder oder – im Rückbezug – Konrad Adenauer, Willi Brandt, Helmut Schmidt oder wen auch immer einen »Jungen« zu nennen.

Frauen und Männer unterscheiden sich grundsätzlich in ihrem Beziehungsmanagement. Das wird nicht zuletzt im Beruf sichtbar. Frauen möchten stets zuerst eine persönliche Beziehung zu ihrem Geschäftspartner aufbauen. Erst wenn sie durch Plaudern über persönliche Dinge den Grad seiner Vertrauenswürdigkeit festgestellt haben, sind sie zu einem Gespräch über Geschäftliches bereit.

Männer interpretieren dieses Verhalten auf zweifache Weise.

Entweder denken sie, die Frau mache Annäherungsversuche, oder sie nehmen an, sie suche Rat für ihre Probleme. Beides ist ausgesprochen fatal. Fängt er an, ihr Ratschläge zu erteilen, wird sie bestenfalls feststellen, dass er sich ihr überlegen fühlt. Geht er auf vermeintliche Annäherungsversuche ein, wird sie sich erst recht zurückziehen, da er ihre Absichten falsch deutet. Auf jeden Fall wird sie immer zögern, mit ihm ins Geschäft zu kommen. Zieht sie unverrichteter Dinge ab, bleibt er häufig ratlos zurück.

Männer sollten daher verstehen, was eine Frau wirklich beabsichtigt, wenn sie über scheinbar Belangloses oder Persönliches spricht. Frauen dagegen sollten berücksichtigen, dass vielen Männern dabei unwohl wird und sie es bevorzugen, gleich zur Sache zu kommen. Wenn beide Seiten das wissen, können sie einen gemeinsamen Mittelweg im gegenseitigen Umgang finden. Das unterstützt den Aufbau einer stabilen Geschäftsbeziehung.

Die weibliche Zielgruppe als Unternehmenskapital

Die meisten Unternehmen sind sich ihres realen Potenzials gar nicht bewusst. Sie schauen sich ihre Kundenstruktur an und stellen zum Beispiel fest, dass diese zu 80 Prozent aus Männern besteht. Das verleitet sie zu der Annahme, Männer seien ihre beste Zielgruppe. Dabei ignorieren sie die Tatsache, dass sie sich in der Vergangenheit nie ernsthaft um andere Märkte gekümmert haben. Ihr Verhalten mündet automatisch in einer selbst erfüllenden Prophezeiung.

Für ein Unternehmen bedeutet die konsequente Hinwendung zu den Verbraucherinnen unter Umständen größere Veränderungen. Sie betreffen weit weniger die klassischen Produktionsprozesse als die grundsätzliche Einstellung aller Mitarbeiter. Wie schwierig es ist, das Denken innerhalb eines Unternehmens zu verändern, weiß jeder, der schon einen Change-Management-Prozess durchlebt hat. Deswegen erscheint es zunächst sehr verständlich, dass Unternehmen, denen es noch vergleichsweise gut geht, keinerlei Veränderungen wünschen, um die Stabilität nicht zu gefährden.

Fakt ist jedoch, dass Märkte, die von den Konsumentinnen abhängen, sich sehr schnell und unerwartet verändern können. Wer heute noch einen hohen Marktanteil besetzt, kann schon morgen eine Vielzahl von Kundinnen an einen Wettbewerber verlieren. Hohe Marktanteile implizieren keine Aussage über die Qualität des Angebots, wie fälschlicherweise zumeist angenommen wird. Wer annimmt, alles richtig oder genügend Dinge gut zu machen, findet sich unter Umständen eines Besseren belehrt. Wenn eine Frau sich für das kleinste Übel entscheiden muss, wird sie den Anbieter wechseln, sobald sich die Gelegenheit dazu ergibt.

Frauen wehren sich schweigend

Die Konsumentinnen wehren sich schon, nur bemerkt es offenbar niemand. Sie tun es hier zu Lande stillschweigend. Während Konzerne Umsatzrückgänge bemerken, die sie ausschließlich mit der Wirtschaftslage begründen, nehmen sie gar nicht wahr, wenn Kundinnen sich von ihnen abwenden.

Frauen in Deutschland beschweren sich nicht über mangelnden Service, schlechte Produkte oder miserable Werbung. Anders sieht es in den USA aus, wo seit Jahren unzählige Verbrauchergruppen existieren, die gezielten Druck auf Hersteller ausüben. Diese sehen sich nicht selten dazu gezwungen, Produkte vom Markt zu nehmen oder sie zumindest zu modifizieren, teure Werbekampagnen einzustampfen und ganze Werbekanäle aufzugeben. Die Unternehmen reagieren in den Vereinigten Staaten aus einem sehr pragmatischen Grund sensibel auf Verbraucherwünsche: Sie können dort sehr leicht auf große Summen verklagt werden. In Deutschland steht den Kunden ein solch starkes Instrumentarium nicht zur Verfügung. Auch insgesamt ist das

Selbstbewusstsein der Konsumenten noch nicht so stark ausgeprägt. Doch die Veränderung hat bereits begonnen.

In den westlichen Industrieländern wächst eine neue, selbstbewusste, postfeministische Generation von Frauen heran, die im Gegensatz zu ihren Müttern den Geschlechterkampf um die Emanzipation gar nicht mehr kennt. Alice Schwarzer ist ihnen bestenfalls im Zusammenhang mit der Durchsetzung von Menschenrechten für Frauen in muslimischen Ländern noch ein Begriff. Die junge Generation lebt die Gleichstellung auf die denkbar selbstverständlichste Weise. Sie ist frei von jeglicher ideologischer oder gesellschaftlicher Vorbelastung und geht von denselben Rechten aus, die Männern zustehen. Diese Mädchen und jungen Frauen akzeptieren männliche Vorgaben nicht mehr ohne weiteres. Sie stellen eigene Regeln auf und wehren sich gegen Bevormundungen, auch als Konsumentinnen. Sie sind ganz anders als ihre Mütter, weil sie deren Geschichte nicht teilen. Und ihre Mütter lernen bereits von ihnen.

Die älteren Generationen verhalten sich bislang noch deutlich »weiblicher«. Sie vermeiden Disharmonien, die entstünden, wenn sie sich beschweren würden. Ihre Unzufriedenheit mit Herstellern, Händlern und Werbern drücken sie ganz pragmatisch aus: Sie üben einfach nur den Verzicht.

Die Firmen verfügen über keinerlei Messinstrumente für die Abbildung eines solchen Verhaltens. Stattdessen verlassen sie sich auf ihre Beschwerdeabteilungen. In der Tat beschweren sich jedoch nur vier Prozent aller unzufriedenen Kunden. 96 Prozent bleiben stumm, unerkannt, ungefragt. Der tatsächliche Schaden ist allerdings noch viel größer. Bedenkt man, dass jede Frau im Durchschnitt 33 anderen Personen über negative Erfahrungen berichtet, wird das ganze Ausmaß deutlich. 1000 unzufriedene Kundinnen sorgen dafür, dass 33 000 andere gewarnt sind.

Um die eigene Leistung einzuschätzen genügt es nicht, seinen Marktanteil mit denen der Wettbewerber zu vergleichen. Das allseits beliebte Benchmarking[21] hilft auch nicht viel weiter, denn es orientiert sich in den häufigsten Fällen ebenfalls an anderen Anbietern. Jeglicher Vergleich mit Wettbewerbern kann aber stets nur eine Relation zu diesen Firmen herstellen. Die Erkenntnisse können zwar interne Stärken und Schwächen aufdecken, doch die konzeptionellen und Verständnisfehler eines Unternehmens bleiben im Großen und Ganzen weiterhin verborgen. Dadurch entsteht die Gefahr, Bestätigung für eigene Strategien zu finden, die in Wahrheit falsch sind. Der Informationsgewinn hinsichtlich der tatsächlichen Kundenbedürfnisse bleibt im Allgemeinen gering.

Der Kunden-Index als Steuerungsinstrument

Das wahre Unternehmenskapital sind nicht die Sachgüter oder die Mitarbeiter – es sind die (treuen) Kunden. Der Shareholder Value[22] existiert ohne Kunden nicht, weil sie es sind, die das Geld ins Unternehmen bringen. Es ist in dieser Hinsicht durchaus interessant, dass der Markenwert neuerdings in die Unternehmensbewertung einfließt, und das, obwohl es noch gar keine einheitlichen Bewertungskriterien für Marken gibt. Allerdings ist – leider – genauso interessant, dass den Kunden weiterhin keinerlei Bedeutung zugemessen wird. Tatsächlich besteht der Firmenwert aber aus seinen Kunden. Nur daraus ist abzuleiten, wie erfolgreich ein Unternehmen agiert. Würde man einen Kunden-Index einführen, müsste er das Kundenvolumen und die Kundentreue abbilden.

Ein Kunden-Index eignete sich hervorragend für die betriebswirtschaftliche Gesamtbetrachtung von Unternehmen, weil daran Strategien, künftige Marketing-Investitionen und die generelle Entwicklung viel deutlicher messbar wären als mit allen anderen Unternehmenskennzahlen. Der Kunden-Index könnte frühzeitig Aufschluss darüber geben, wie der Markt die Bemühungen von Unternehmen bewertet. Die Steuerungsmechanismen könnten deutlich verfeinert werden, sodass letztlich auch sinnvolle Alternativen zu den weit verbreiteten Kürzungen und Entlassungen entstünden, die dem Unternehmen stets mehr schaden als nützen. Kürzungen gehen ausnahmslos zu Lasten der Kunden. Die ersten Einsparungsmaßnahmen betreffen grundsätzlich immer den Kundenservice und breiten sich zunehmend auf die Produktqualität aus. Entlassungen bedeuten nicht nur den Verlust qualifizierter Mitarbeiter, die ihre Fähigkeiten künftig bei Wettbewerbern einsetzen, sondern auch von Renommee in der Öffentlichkeit. Die Verbraucher sehen Entlassungen als Beweis an, dass das Unternehmen in der Vergangenheit Fehler gemacht hat, und unterstellen ihm automatisch Unachtsamkeiten, Versäumnisse und andere Mängel in Bezug auf das Angebot. Darüber hinaus solidarisieren sie sich über die Medienberichterstattung mit den von Kündigungen betroffenen Mitarbeitern, während deren Arbeitgeber dämonisiert wird. Wenn das passiert, ziehen sich Kunden zurück und die Krisensituation verschärft sich dadurch weiter. Die Folgekosten, um das Vertrauen der Verbraucher zurückzugewinnen, sind immens.

Der Kunden-Index müsste direkte Feedback-Elemente enthalten und dadurch die Transparenz für alle Prozesse erhöhen. Fehlerquellen und Einsparpotenziale bei unwirksamen Maßnahmen ließen sich ebenso schnell und effektiv aufzeigen wie erfolgreiche Aktionen. Auf diese Weise könnten Mittel aus erfolglosen Projekten frühzeitig abgezogen und an einer anderen Stelle sinnvoller verwendet werden.

Loyalität und Lernprozesse

Seit einigen Jahren messen Unternehmen dem Beziehungsmarketing eine wachsende Bedeutung zu. Inzwischen propagieren Marketing-Experten die Weiterentwicklung von der Kundenbindung zum Loyalitätsmarketing[23]. Firmen verstärken seit geraumer Zeit ihre Bemühungen, um die Wechselbereitschaft der Kunden zu senken und stattdessen ihre Loyalität zu stärken. Bislang wird die Loyalität jedoch nur als Einbahnstraße begriffen: Es sind die Kunden, die sich loyal verhalten sollen. Doch wie loyal verhalten sich eigentlich die Unternehmen den Verbrauchern gegenüber? Echte Loyalität entsteht nur innerhalb einer Wechselbeziehung. Solange Unternehmen nur einseitige Forderungen stellen, wird sich keine Loyalität seitens der Konsumenten einstellen. Verbraucher verlangen für ihre Zuneigung mit Fug und Recht mehr als nur an sie persönlich adressierte Standardwerbebriefe, insbesondere dann, wenn Wettbewerber zu denselben Mitteln greifen. Loyalität setzt die Etablierung echter Beziehungen voraus. Und tatsächlich wurde bereits in unzähligen Studien nachgewiesen, dass Kundinnen eine wesentlich höhere Loyalität pflegen als Kunden, weil sie im direkten Zusammenhang mit ihrer beziehungsorientierten Kultur steht. Gäbe es einen Kunden-Index, dann würde sich sehr schnell erweisen, dass zufriedene Kundinnen ein höheres Unternehmensrating ergeben als zufriedene Kunden.

Die Realität sieht doch so aus: Solange Hersteller die tatsächlichen Bedürfnisse von Kundinnen nicht kennen, produzieren sie Waren, die höchstens mangels besserer Alternativen gekauft werden. Nicht selten verzichten Verbraucherinnen gänzlich auf den Erwerb. Häufig wird übersehen, dass Frauen nicht nur leidenschaftlichem Shopping im Sinne einer Freizeitbeschäftigung nachgehen, sondern dass sie, ganz im Gegensatz zu Männern, anlassbezogen kaufen. Steht ein Klassentreffen, ein wichtiger Geschäftstermin oder ein Kindergeburtstag ins Haus, suchen sie nach konkreten Produkten, die dem Anlass angemessen sind. Sie haben sehr genaue Vorstellungen, auf welche Weise Dinge ihren Auftritt unterstützen sollen oder was den zu Beschenkenden erfreuen könnte. Da nützt es gar nichts, wenn ein Produkt nur einige Kriterien der gesamten Wunschliste erfüllt. Ein mp3-Player, der sich nicht zum Einsatz beim Joggen eignet, ist ebenso überflüssig wie ein Paar Schuhe, das den Farbton des Kostüms verfehlt, oder ein Sportwagen für den Transport von Kindern zum Musikunterricht.

Selbst wenn Frauen an einem Verlegenheitskauf nicht vorbeikommen, dient die Neuerwerbung nicht gerade zur Steigerung ihrer Laune. Während der Hersteller das veräußerte Produkt zufrieden als verkauft registriert, ist es bei ihr schon längst in der Ecke gelandet, wo es permanent darauf lauert, sie an den Fehlkauf zu erinnern, wann immer ihr Blick sich dorthin verirrt, was sie natürlich versucht zu vermeiden. Sie wird das Ding und vielleicht sogar den Hersteller von Zeit zu Zeit verfluchen, was ihrer Zuneigung nur abträglich ist. Beim nächsten Mal wird sie liebend gern bereit sein, einem anderen Anbieter eine Chance zu geben. Das Fazit lautet demnach, dass der Kauf sie letztlich in die Arme eines Wettbewerbers getrieben hat und dass sie ihre Enttäuschung mit ihren Freundinnen teilen wird. Sie wird Namen, Orte und andere Fakten benennen, beinahe so, als ob es sich um eine Begegnung mit einem Heiratsschwindler gehandelt hätte.

Diese Beschreibung mag zunächst belustigend wirken, aber sie vollzieht ziemlich genau die Abläufe im Gehirn nach. Es existieren zwei Arten des Lernens beim Menschen: positives und negatives Lernen.

Das Lernen über die Amygdala, auch Mandelkern genannt, verarbeitet negative Eindrücke. Die Amygdala gehört zum limbischen System, das unter anderem an der Entstehung von Emotionen beteiligt ist. Das Lernen, das über die Amygdala verläuft, beinhaltet die vor- beziehungsweise unbewusste Verarbeitung[24] von Informationen und ist daher nicht direkt steuerbar. Das erklärt, weshalb etwa die Konditionierung nach dem Pawlow'schen Prinzip über die Amygdala verarbeitet wird. Informationen, die mit Angst, Wut, Ekel und anderen negativen Emotionen verknüpft sind, werden im Mandelkern gespeichert und lösen instinktive Reaktionen aus, zu denen das Fluchtverhalten ebenso wie die Vermeidung gehört. Im Klartext bedeutet das, dass Menschen, die etwa schon einmal von einem Hund gebissen wurden, lernen, dass ein Hund gefährlich ist. Schlimmstenfalls entwickeln sie eine Hundephobie. Dasselbe geschieht mit Produkten. Eine bestimmte Automarke, mit der jemand einen schlimmen Vorfall

ʼerlebt hat, kann beim bloßen Anblick Angstzustände auslösen. Doch auch weniger gravierende Fälle hinterlassen ihre Spuren. Diese natürliche Ausstattung, die dem Menschen einstmals dazu diente, sich vor Säbelzahntigern in Acht zu nehmen, wirkt dummerweise auch nachhaltig auf Hersteller und Händler ein. Was einmal in der Amygdala gespeichert ist, lässt sich im Prinzip nie wieder verlernen. Aus genau diesem Grund ist es so schwer, einmal vergraulte Kunden wiederzugewinnen. Sie können bestenfalls verzeihen, niemals aber vergessen. Daran ändern selbst viele neue positive Erfahrungen nichts.

Anders funktioniert das positive Lernen. Stark vereinfacht erklärt, funktioniert es im Wesentlichen folgendermaßen: Jede Sekunde stürmt eine riesige Anzahl von Informationen auf den Menschen ein. Bewusst verarbeitet werden nur diejenigen, die besser sind als erwartet. Dann werden im Gehirn die Neuronen der so genannten Area A10 aktiviert, die den Botenstoff Dopamin zum Nucleus accumbens schicken. Der Nucleus accumbens wird auch als Belohnungszentrum (früher Lustzentrum, danach Suchtzentrum genannt) bezeichnet. Das Belohnungszentrum wurde erst 1997 eindeutig identifiziert. Als Versuchsobjekte dienten ausgerechnet Kokainsüchtige auf Entzug. Sie wurden in zwei Kontrollgruppen aufgeteilt und unter einen Computer-Tomographen gelegt. Die einen erhielten nur eine Kochsalzlösung, während die anderen eine Kokain-Injektion erhielten. Das Ergebnis dieses Versuchs war nicht nur die örtliche Feststellung des Belohnungszentrums. Vielmehr entdeckten die Forscher, dass der Dopamin-Spiegel bei der Kokain-Kontrollgruppe um 500 Prozent gestiegen war, während die Kochsalz-Gruppe weiterhin an Entzugserscheinungen litt[25]. Nun ist Dopamin ein Neurotransmitter, der wie auch Endorphine (körpereigene Morphine) und Serotonin (Neurotransmitter) für Glücksgefühle zuständig ist. Daher werden diese drei Stoffe landläufig als Glückshormone bezeichnet, obwohl sie gar keine Hormone sind. Ein Absinken des Dopamin-Spiegels wird zum gegenwärtigen Erkenntnisstand der Hirnforschung für Entzugserscheinungen verantwortlich gemacht. Süchtige versuchen mit dem Objekt ihrer Begierde (Drogen, Alkohol, Spiel etc.) ihren Dopamin-Spiegel wieder anzuheben und genießen das ausgelöste Glücksgefühl, selbst wenn es nur Sekunden andauert, wie bei Kaufsüchtigen. Spätere Studien haben gezeigt, dass auch andere, gänzlich unterschiedliche Reize wie der Genuss von Schokolade, das Hören schöner Musik, der Gewinn bei einem Spiel, der Anblick eines attraktiven Gesichts oder eines Sportwagens etc. den Dopamin-Spiegel bei Liebhabern dieser Dinge ebenfalls anheben, allerdings nur um circa 50 Prozent.[26]

Dopamin macht sich jedoch nicht nur bei Süchtigen bemerkbar, sondern bei allen positiv beeinflussten Lerneffekten. Eine Kundin, die in einem Geschäft ein Produkt entdeckt, das besser ist, als sie erwartet hätte, erfährt ebenfalls eine Stimulierung ihres Belohnungszentrums. Wenn das Produkt ihr dauerhaft Freude bereitet, kann sie sich geradezu in einen Gegenstand verlieben. Im optimalen Fall erfährt sie Glücksgefühle, wann immer sie mit dem Produkt in Berührung kommt oder auch nur daran denkt.

Gelerntes, das sich auf positive Weise eingeprägt hat, kann, im Gegensatz zum negativ Gelernten, kreativ weiterverarbeitet werden. Das bedeutet, dass positive Gefühle sich bearbeiten und übertragen lassen. Besteht eine Affinität zu einem Produkt einer bestimmten Marke, dann hegt die Verbraucherin im Zusammenhang mit anderen Waren derselben Marke eine mindestens ebenso hohe Erwartung. Die Gefahr, sie als Kundin zu verlieren, steigt, wenn das Produkt nicht noch besser ist als ihre ohnehin gestiegene Erwartung gegenüber der ersten Erwerbung.

Frauen verarbeiten wesentlich mehr Emotionen als Männer. Auch verfügen sie über das diesbezüglich bessere Gedächtnis. Das liegt daran, dass der Hippokampus, der Teil des Gehirns, der für die Organisation von Informationen, das Speichern und Wiederauffinden von Erinnerungen und Sprache zuständig ist, mit Rezeptoren für das weibliche Hormon Östrogen ausgestattet ist[27]. Deswegen haben positive wie negative Informationen und Erinnerungen einen stärkeren Einfluss auf Konsumentinnen. Das muss Unternehmen bewusst sein, wenn sie an Frauen verkaufen wollen. Also müssen sie höchsten Ansprüchen genügen. Allerdings genießen sie auch zahllose Vorteile, wenn sie die an sie gestellten Anforderungen erfüllen. Wenn Frauen sich in eine Marke oder ein Produkt verlieben, haben sie die buchstäbliche rosa Brille auf. Wie bei einem Partner können sie kleine Unzulänglichkeiten übersehen, sofern das Gesamtbild stimmt. Männer erleben dieses Phänomen deutlich seltener. Und da sie keine Beziehungsmenschen im weiblichen Sinne sind, haben sie kein Problem, ein geliebtes Objekt gegen ein neues auszutauschen. Das zeigt sich insbesondere bei Autoliebhabern, die ihren Porsche ohne zu zögern durch einen Ferrari ersetzen würden. Frauen dagegen können ein Trauerjahr ausrufen, wenn ein von ihnen geliebtes Produkt vom Markt genommen wird.

Kurz gesagt: Wenn Frauen mit einem Produkt, einer Marke oder einem Hersteller zufrieden sind, dann bleiben sie so lange glücklich und treu, wie das Objekt ihrer Zuneigung zu ihnen passt. Sie empfehlen es allen Freundinnen und weiblichen Verwandten, denn sie wollen nicht nur ihre Freude teilen, sondern auch anderen etwas Gutes tun. Dabei werden sie die perfekten Verkaufsargumente anbringen, weil sie die Bedürfnisse der anderen bestens kennen. Diese Weiterempfehlung ist die denkbar überzeugendste und gleichzeitig günstigste Werbung, die ein Unternehmen sich nur wünschen kann.

Weshalb Frauen die Entwicklung nicht stärker selbst in die Hand nehmen

Wenn es also so wichtig ist, weibliche Kunden zu bedienen und bessere Angebote für sie zu schaffen, und wenn Männer dazu kaum in der Lage sein sollten, dann stellt sich die Frage, wieso sich die Frauen nicht selbst um die Verbesserungen kümmern.

Frauen arbeiten tatsächlich schon an Veränderungen, auch wenn dies von vielen Männern bislang nicht bemerkt wird. Sie tun es dort, wo es ihren natürlichen Fähigkeiten entspricht. Die überwiegende Anzahl von beruflich selbständigen Frauen ist im Dienstleistungssektor aktiv. Besonders stark vertreten sind sie in den Bereichen, in denen Kommunikations-, Beziehungs- und die Fähigkeit, sich um andere zu kümmern, benötigt werden. Womit die meisten Frauen sich schwer tun, sind all die Bereiche, in denen vorrangig technische Talente benötigt werden. Dies ist eindeutig die männliche Domäne. Technikkenntnisse sind nicht notwendig, um ein Gerät hinsichtlich seiner Bedienbarkeit zu beurteilen. Es ist die reale Umsetzung, an der es bei den meisten Frauen hapert. Bei Männern ist die Sachlage genau umgekehrt. Die meisten Männer lieben Technik und die Spielereien, die damit realisiert werden können. Sie lieben die Technik um ihrer selbst willen. Technik ist kein Mittel zum Zweck, sondern Selbstzweck. Deswegen sind die meisten Techniker und Produktentwickler technischer Geräte männlich. Deswegen sind Männer die Urheber von 99 Prozent aller technischen »Spielzeuge«[28].

Für Männer ist die Erforschung der technischen Grenzen manchmal sogar wichtiger als die Frage nach der Zweckmäßigkeit ihrer Arbeitsergebnisse. So vertreten kritische Forscher die Ansicht, einige Wissenschaftsbereiche würden zunehmend Detailwissen über Dinge anhäufen, die in dieser Genauigkeit niemals benötigt würden. Es steht auch zu vermuten, dass die internationale Teilchenphysik-Szene keine Verwendung für eine größere Anzahl von Teilchenbeschleunigern hat. Dennoch ist vor einigen Jahren ein weltweiter Kampf um die Finanzierung für etliche Standorte entbrannt, darunter mehrere in Deutschland. Dabei blieben schon die Ergebnisse von CERN und DESY unter den einst gesetzten Erwartungen.

Den meisten Frauen wird diese Technikliebe immer fremd bleiben. Für sie ist und bleibt Technik bestenfalls Mittel zum Zweck und in einigen Bereichen sogar vermeidbar. Sie wollen Geräte, die ihren Zweck erfüllen und damit ihrer ursprünglichen Bedeutung entsprechen. Sie können ihnen einfach keine Faszination abgewinnen. Nur acht Prozent aller Patente aus Deutschland stammen von Frauen. Im internationalen Vergleich schneiden andere Länder besser ab, darunter Spanien mit 16 Prozent Frauenanteil[29]. Wenn man sich diese Patente allerdings näher betrachtet, dann ist nur ein vergleichsweise geringer Anteil technisch motiviert. Zweifellos gab und gibt es auf dem technischen Sektor geniale Frauen. Unsere gesamte Computertechnik basiert auf mathematischen Berechnungen und der ersten Programmierung von Ada Lovelace, ohne deren Grundlagen Charles Babbage niemals weitergekommen wäre. Zweifellos hätte der Nobelpreis für die Kernspaltung nicht nur Otto Hahn, sondern auch Lise Meitner zugestanden. James Watson und Francis Crick wird nachgesagt, sie hätten sich die Forschungsdaten von Rosalind Franklin mit unlauteren Methoden verschafft, auf deren Basis sie ihr Doppelhelix-Modell der DNA erstellten, wofür sie schließlich den Nobelpreis erhielten. Die Computersprache COBOL, Computer-Compiler, der Autopilot für Flugzeuge, Radioaktivität, der Fallschirm, das selbstreinigende Haus, Pulsare, die Vakuum-Konservenfabrikation, Raumfahrerhelme, Kevlar, die Entdeckung der nuklearen Schalenstruktur, Scheibenwischer, die Entwicklung einer abhör- und störungssicheren Funkfernsteuerung von Torpedos, deren Technologie die Basis für unsere GSM-Funknetze bildet, und noch vieles mehr geht auf das Konto von Forscherinnen, Schauspielerinnen, Berufsluftschifferinnen und anderen Frauen. Doch der überwiegende Teil aller Entwicklungen von Frauen entspringt eher pragmatischeren Gedanken. Daher geht die überwiegende Anzahl weiblicher Erfindungen eher in die Richtung von Kaffee-Filtertüten, Champagner-Lagerung während des Gärungsprozesses, Camembert, Korrekturflüssigkeit (TippEx), Wegwerfwindeln, Papier-Schnittmustern, Lebensmittelkühlung, Geschirrspülern, Barbie und Ken.

An den Beispielen wird deutlich, dass Frauen sich überwiegend mit Lösungen für Nutzenfragen auseinander setzen, die einen geringeren Abstraktionsgrad erfordern als vieles, womit Männer sich beschäftigen. Frauen sind unendlich kreativ bei der Entwicklung alltäglicher Lösungen. Jede Frau ist in der Lage, Dinge ihrem ursprünglichen Zweck zu entfremden, um Probleme zu lösen, die Männer umgehen würden, selbst wenn es einen großen Umweg bedeuten würde. Deswegen wäre ihre pragmatische Herangehensweise auch ein großer Gewinn für Techniker, die einfache Lösungen häufig gar nicht in Betracht ziehen, weil sie ein besonders elegantes Ergebnis vorziehen oder technische Möglichkeiten ausreizen wollen. Andere Männer mit ähnlich gelagerten Fähigkeiten und Interessen wissen solche Bemühungen sicherlich zu schätzen, selbst wenn sie sie nicht verstehen können. Für Frauen stellen solche Konzepte allerdings eine überflüssige, daher vermeidbare Belastung dar, und nicht nur für sie, sondern auch für Senioren, die den größten Teil ihres Lebens in einer Welt mit geringerem Technisierungsgrad verbracht haben, für Kinder und weniger technikaffine Männer.

Es ist keinesfalls so, dass Frauen gar nicht in der Lage wären, ein technisches Verständnis aufzubringen. In den sozialistischen Ländern, die auf die weibliche Arbeitskraft angewiesen waren, hat sich gezeigt, dass Frauen in technisch orientierten Professionen durchaus eine gute Figur machen können. Es kostet die meisten Frauen häufig aber mehr Aufwand, weil nur rund zehn Prozent über dasselbe räumliche Vorstellungsvermögen verfügen, das Männern das Technik-Verständnis ermöglicht[30]. Durch verstärkte Übung und Training können Frauen die natürliche Fähigkeit von Männern auf technischem Gebiet ausgleichen. Peter Pirsch, Professor für Mikroelektronische Systeme in Hannover, stellt fest, dass Frauen sich viel bewusster für eine technische Ausbildung entscheiden als Männer. Dabei erweisen sich die meisten Studentinnen schließlich als fachlich fitter als ihre männlichen Kommilitonen[31]. Und er ist bei weitem nicht der Einzige, der solche Beobachtungen macht. Es wird aber vermutlich immer mehr Männer als Frauen geben, die über ein überragendes räumlich-visuelles Talent verfügen. Eine andere Frage ist, ob die mit solch einer Begabung gesegneten Menschen ihre Anlagen vollständig ausreizen. Mehr und mehr Frauen tun es.

Unbestritten sind gesellschaftliche Effekte auf die Ausbildungswahl von Frauen. Hatten viele Frauen in sozialistischen Ländern nicht die freie Berufswahl, bietet die westliche Industriegesellschaft ihnen wiederum zu wenig Anreize und kaum Ermunterung, sich mit den »typisch männlichen« Berufen auseinander zu setzen. Seit 2001 findet jährlich am vierten Donnerstag im April die Ausrichtung des Girls' Day[32] statt. Dieses bundesweite Projekt ermöglicht es Schülerinnen der Klassenstufen 5 bis 10, Einblick in die unterschiedlichsten technischen Bereiche von Unternehmen zu nehmen. Vorveröffentlichte Ergebnisse einer Begleitstudie zum Girls' Day 2004 zeigen, dass 90 Prozent der teilnehmenden Mädchen ihre Einstellung zu technischen Berufen auf Grund ihrer neu gewonnenen Einsichten zum Positiven verändert haben. Die Nachfrage seitens weiblicher Schulabgänger nach technischen Ausbildungsplätzen ist nachweislich gestiegen. Entscheidend für diesen Trend ist vor allem die Herangehensweise. Im Rahmen des Girls' Day erleben die Mädchen technische Abläufe an konkreten Beispielen. Die abstrakte Ebene tritt zu Gunsten der Demonstration realer Aufgabenstellungen in den Hintergrund.

Die Industrie weiß auf Grund der aktuellen und prognostizierten Bevölkerungsentwicklung schon jetzt, dass sie künftig auf Spezialistinnen angewiesen sein wird, um ihren Bedarf an Fachkräften zu decken. Bislang tut sie noch zu wenig, um Mädchen zu motivieren, die entsprechenden Berufe zu ergreifen. Erschwerend kommen die männlich geprägten Organisationsstrukturen und Prozessabläufe hinzu, die für viele Frauen nur schwer adaptierbar sind, weil sie den weiblichen Denkstrukturen widersprechen. Und schließlich sind da noch die beschränkten Aufstiegschancen, die gemeinhin mit dem Begriff Glasdecke umschrieben werden. Vielen Firmen wird unterstellt, sie wollten Frauen bewusst nicht in höhere Positionen, geschweige denn in Führungsetagen aufsteigen lassen. Es stimmt zweifellos, dass bisher zu wenige Frauen im Top-Management insbesondere großer Unternehmen zu finden sind. Die Ursache ist aber weniger in einer globalen Verschwörung zu vermuten als in den unterschiedlichen Handlungs-

und Kommunikationsmustern von Frauen und Männern. Frauen sind selbstkritischer als Männer und hängen ihre Leistungen nicht an die große Glocke, obwohl eine sehr hohe Anzahl der weiblichen Mitarbeiter besser ist als ihre männlichen Kollegen in vergleichbaren Bereichen. Männer verwenden mehr Arbeitszeit darauf, ihre Leistungen an ihre Vorgesetzten zu »verkaufen«, wodurch sie besser wahrgenommen werden. Männer setzen hinsichtlich ihrer eigenen Leistungen einen anderen Maßstab an als Frauen. Das führt dazu, dass Männer mehr Anerkennung fordern und sie auch erhalten, weil ihre überwiegend männlichen Vorgesetzten sie tatsächlich besser verstehen können.

Trotz aller politischen Bemühungen um die Durchsetzung des Gender Mainstreaming werden Frauen aller Wahrscheinlichkeit nach nie 50 Prozent der Männerjobs übernehmen, auch wenn ihr Anteil mit Sicherheit stetig steigen wird. Umgekehrt wird es in Zukunft nicht viel mehr Kindergärtner und Sekretäre geben als jetzt. Bereits heute zeigt sich, welche Schwerpunkte Frauen bei der Wahl technischer Berufe setzen. Siobhan McBride berichtet in der australischen Zeitschrift *Computerworld*, dass Frauen zwar im Top-Management australischer Firmen aus den Bereichen Software, Services und Telekommunikation vertreten sind, nicht jedoch bei Herstellern von Computer-Hardware. Dies sind die Ergebnisse einer Studie namens Census of Women in Leadership, die jährlich von der Organisation Equal Opportunity for Women in the Workplace Agency (EOWA) durchgeführt wird. Auch wenn Frauen die Technologien ebenso nutzen und in der Informations- und Telekommunikationsbranche (ITK) Australiens laut Aussage der Australian Information Industry Association (AIIA) inzwischen 50 Prozent der Angestellten ausmachen, wird keine Aussage getroffen, in welchen Tätigkeitsfeldern sie operieren. Greta James von Gartner Research stellt fest, dass die traditionellen Ingenieursberufe, die auch die Computer-Hardware-Hersteller dominieren, fest in männlicher Hand sind. Dass Frauen in den Software-Unternehmen stärker vertreten sind, führt James auf das Alter der Branchen zurück. Und tatsächlich verhält es sich so, dass Frauen sich in neuen Branchen und Berufsfeldern optimal aufgehoben fühlen, weil sich hier noch keine männlichen Spielregeln etabliert haben. Die Frauen entwickeln diese Bereiche ihren eigenen Vorstellungen entsprechend neu. Häufig überlassen Männer ihnen bereitwillig diese Nischen, weil sie in ihren Anfangsstadien wenig Renommee versprechen. Erst wenn diese Nischen wichtig zu werden versprechen, übernehmen Männer das Ruder. So war die Computerprogrammierung in ihrer Anfangszeit eine weibliche Domäne. Erst als Computer an Bedeutung gewannen, begannen die Männer sich so dafür zu interessieren, dass sie die Frauen schließlich weitgehend hinausdrängten. Sie etablierten die ihnen entsprechenden Strukturen, sodass Frauen jetzt wieder gezwungen sind, wie in allen anderen etablierten Berufsfeldern gegen die Männer zu kämpfen beziehungsweise deren Regeln anzunehmen. Dass Frauen verstärkt in die Software-Entwicklung zurückstreben, liegt sicherlich auch daran, dass Kommunikationsstrukturen einen wesentlichen Bestandteil von Software darstellen. Tatsächlich ist es aber nach wie vor so, dass der überwiegende Anteil von Frauen in technischen Unternehmen im Marketing-, Kommunikations- und Verwaltungsbereich zu finden ist.

Lösungen finden

Wenn also
- die Führungsspitzen in Unternehmen fest in der Hand von Männern sind,
- Männer auf Grund ihres natürlichen dominanten Verhaltens leichter dorthin gelangen,
- zu wenig Technikerinnen und technisch ausgebildete Produktentwicklerinnen zur Verfügung stehen,
- Männer Frauen weder wahrnehmen noch verstehen können,
- Frauen die gewünschten Veränderungen in all ihrem Umfang nicht selbst in die Hand nehmen können

- und Unternehmen auf die weibliche Kundschaft angewiesen
  sind, um wettbewerbsfähig zu bleiben,

dann ergibt das eine verzwickte Situation – die gleichwohl zu lösen ist.

Bitte keine Projektgruppe »Frauen«!

Wer die Lösung allerdings in der Einrichtung einer speziellen Abteilung sucht, wird scheitern. Das Thema ist keine Aufgabe für eine kleine Task Force »Frauen«. Wer schon über eine derartige Projektgruppe verfügt, sollte diese Entscheidung schleunigst überdenken. Das heißt nämlich, dass Frauen für eine Minderheit gehalten werden. Tatsächlich sind aber die Männer in der Unterzahl. Viel gravierender hinsichtlich der Delegation von »Frauenthemen« an einige wenige Spezialisten äußert sich jedoch die Tatsache, dass alle anderen Unternehmensmitarbeiter aus der Pflicht entlassen werden, sich mit ihren Kunden auseinander zu setzen. Dabei muss die Fokussierung auf die führende Kundengruppe Aufgabe jedes Mitarbeiters sein und bleiben. Das schließt jeden Unternehmensbereich und jede Hierarchieebene ein.

Mehr interdisziplinäres und vernetztes Denken

Typischerweise bleibt die Produktentwicklung den Fachspezialisten vorbehalten. Es ist unvermeidbar, dass sie mit fortschreitender Zeit Scheuklappen entwickeln. Die frühzeitige Mitsprache von Anwenderinnen ist nicht in die Entwicklungsprozesse etabliert. Sie kommen frühestens nach Fertigstellung von Prototypen in Testverfahren zu Wort. Bis dahin ist der größte Teil der Entwicklung bereits gelaufen. Änderungswünsche können nachträglich nur in sehr begrenztem Maße berücksichtigt werden, weil das Projektbudget weitgehend ausgeschöpft ist, weil der Projektplan keine weitere Verzögerung mehr zulässt, weil die Wettbewerber mit ihren Produktveröffentlichungen Druck ausüben, weil die Entwickler ihr Gesicht nicht verlieren wollen etc. Frauen verfügen über ein multi- und interdisziplinäres Denken. Sie denken auf unzähligen Ebenen gleichzeitig über verschiedene Themen, Zeiten, Personen, Aspekte und Attribute nach, wobei sie alle Informationen zusätzlich noch zueinander in Verbindung setzen. Sie diffundieren respektlos durch alle Themenbegrenzungen hindurch. Diese Denkmethode durchzieht selbstverständlich jeden Lebensbereich, auch den Prozess des Kaufens. Für Unternehmen mit einem geringen Anteil an Produktentwicklerinnen stellt das ein Problem dar, denn Männer denken trennscharf. Aus dem üblichen Repertoire zur Lösung solcher Dilemmas greifen die meisten Firmen auf Teams unterschiedlicher Spezialisten zurück. Dieser Ansatz kann bei dem vorliegenden Thema aber nicht im vollen Umfang greifen. Die US-amerikanische Female-Marketing-Spezialistin Martha Barletta formuliert die Begründung in ihrem Aufsatz »Pretty Maids All In A Row« folgendermaßen:

Marketing für Frauen kann mit dem Jugendmarketing vor 15 Jahren verglichen werden. Wir wissen, das Ziel hat Geld zum Ausgeben, und wir wissen, dass sie anders sind – aber die wenigsten Leute wissen, wie sie ein umfassendes Programm erstellen sollen, auf das die Frauen ansprechen. (…)

Die Wurzel des Problems liegt darin, dass die meisten Leute, die eine Menge über die Geschlechterunterschiede wissen, nur wenig Ahnung vom Marketing haben; und die meisten Leute, die eine Menge über das Marketing wissen, haben nur ein rudimentäres Verständnis von den geschlechtsspezifischen Unterschieden.

Das Endergebnis ist, dass die meisten Marketingvorhaben, die auf Frauen abzielen, an dem Versuch scheitern, die Kraft und das Potenzial dieser Gelegenheit auszuschöpfen.[33]

Es muss also eine andere Lösung her.

Frauen denken anders, denken mit

Männer und Frauen unterscheiden sich nicht nur in ihren Denkdimensionen und Kommunikationsstilen, sondern auch in Denkrichtungen. Die meisten Männer besitzen die Eigenschaft des linearen Denkens. Sie stellen ihren Ausgangspunkt (A) fest, planen ihr Ziel (B) und bewegen sich zielgerichtet von A nach B, ohne nach links und rechts zu schauen. Frauen dagegen laufen häufig in Kurven und Schleifen bei A los, peilen dabei B an, schauen sich auf dem Weg dorthin ständig um, finden zahlreiche Alternativen in Form von C und D, und es ist durchaus möglich, dass sie auf dem Weg feststellen, dass die optimale Lösung bei F liegt. Beide Arbeitsweisen haben Vor- und Nachteile. Wenn es darum geht, zeitnah eine unverrückbare Lösung umzusetzen, eignen sich Männer dafür besser. Geht es allerdings um das Auffinden ausgefeilter Strategien und Taktiken, für deren Suche etwas mehr Zeit zur Verfügung steht, sind Frauen für diese Aufgaben prädestiniert. Deswegen ist es so wichtig, diese Eigenschaften bei Team- und Stellenbesetzungen zu berücksichtigen. Für viele Projekte ist eine Mischung dieser Fähigkeiten optimal. Um Verallgemeinerungen und neuerliche Klischees zu vermeiden, sollten weibliche wie männliche Mitarbeiter natürlich individuell auf ihre Arbeitsweise hin ausgewählt werden. Die überwiegende Anzahl der Vertreter des jeweiligen Geschlechts wird jedoch erwartungsgemäß in diese Kategorien passen.

Aus diesen Eigenschaften ergibt sich die Konsequenz, dass Unternehmen gut beraten wären, ihren männlichen Technikern und Produktentwicklern Beraterinnen zur Seite zu stellen, selbst und insbesondere dann, wenn diese über keinerlei technisches Vorwissen verfügen. Das müssen sie nicht, denn schließlich geht es darum, die durchschnittliche Kundin nachzubilden. Der bei Testpersonen für Erzeugnisse üblicherweise befürchtete Lerneffekt ist an dieser Stelle sogar von großem Nutzen. Werden diese professionellen Beraterinnen dazu angehalten, ihr weibliches Denken beizubehalten, integrieren sie mit der Zeit die Denkweise von Technikern in ihre Muster und können eine Betrachtung beider Seiten gleichzeitig entwickeln. Der Nutzen für die Techniker und Produktentwickler liegt darin, dass sie die Möglichkeit erhalten, am lebenden Objekt zu lernen. Nur so erhalten sie die Chance, die grundsätzlich unterschiedlichen Herangehensweisen kennen und schätzen zu lernen.

Frauen sind dafür bekannt, für andere mitzudenken. Wenn eine Frau eine Anschaffung plant, dann überlegt sie stets, wer außer ihr damit umgehen wird und auf welche Weise. Bevor sie sich für ein Auto entscheidet, wird sie an die Bedürfnisse des 18-jährigen Sohns einschließlich des Platzbedarfs für sein Hobby ebenso denken wie an die Schwiegereltern, die sie jeden Monat zum Arztbesuch chauffieren muss. Sucht sie einen Couchtisch aus, muss er selbstverständlich so ausgestattet sein, dass sich die Enkelkinder nicht daran verletzen können und dass er resistent gegen unangenehme Angewohnheiten ihrer Katze ist, aber dennoch genügend Ablagefläche für das wöchentliche Schachspiel ihres Gatten mit seinem Kollegen bietet. Für Frauen haben viele Produkte einen Hauptzweck, der von unzähligen Zusatzzwecken flankiert wird. Mögliche Zweckentfremdungen werden von Anfang an einberechnet. Daher ist die bei technischen Produkten übliche Suche nach Killerapplikationen[34] im Hinblick auf Frauen fast immer überflüssig.

Niemand kennt die Bedürfnisse von Frauen so wie andere Frauen. Die neu zu schaffenden Positionen eignen sich ideal, um männliche und weibliche Fähigkeiten optimal zu kombinieren. Sicherlich könnten stellenweise Bedenken von männlichen Mitarbeitern vorgebracht werden, denen man jedoch am besten mit praktischer Erfahrung begegnen kann. Schließlich ist bekannt, dass viele »große Köpfe« aus Wirtschaft und Politik sich in wichtigen Fragen mit ihren Frauen beraten. Als dem Fußballtrainer Otto Rehagel nach seinem Sieg mit der griechischen Nationalauswahl bei der Fußball-Europameisterschaft 2004 in Portugal der Bundestrainerposten in Deutschland angeboten wurde, nachdem Rudi »Tante Käthe« Völler zurückgetreten war, zitierten alle Medien seine Aussage: Er müsse sich zuerst in Ruhe mit seiner Frau darüber beraten. Dieses offene Eingeständnis erschien offenbar allen Redakteuren bemerkenswert, und niemand brachte auch nur einen Hauch von Häme ein.

Volvo macht es allen vor – das ideale Auto von Frauen für Menschen

Die weiblichen Fähigkeiten müssten Frauen für Unternehmen generell unbezahlbar machen, denn sie ergänzen die Fertigkeiten von Männern perfekt. Jedes Unternehmen verfügt über ein großes Potenzial, das brach liegt. Was passieren kann, wenn Frauen das Ruder in einer sonst typisch männlichen Domäne übernehmen, zeigt das folgende Beispiel sehr anschaulich:

Der Star des Genfer Autosalons 2004 war ein ausgerechnet von einem reinen Frauenteam entwickeltes Auto: der Volvo YCC. Den Anstoß gab im Herbst 2001 ein Workshop, der bei den Ingenieurinnen die Frage aufwarf, wie ein echtes Frauenauto wohl aussehen würde, das ausschließlich von Frauen entwickelt worden wäre. Es dauerte über ein Jahr, aber im Dezember 2002 erhielten die Mitarbeiterinnen die Projektfreigabe. Die Entwicklung unter der Leitung von Camilla Palmertz konnte beginnen. Sie stellte ein Kernteam aus 120 Managerinnen, Designerinnen und Ingenieurinnen zusammen. In Spitzenzeiten ergänzten 20 weitere Mitarbeiter das Team. Und so entstand der fertige Prototyp schließlich in 15 Monaten mit einem Budget von rund drei Millionen Euro. Damit ging das Projekt bei Volvo auch gleichzeitig in die Geschichte ein, denn nie zuvor ist dort ein Wagen in so kurzer Zeit und mit einem so kleinen Budget entwickelt worden. Außerdem gilt es bei Volvo als das am besten gemanagte Projekt aller Zeiten.

Auf die Frage, was Frauen wollten, antwortete die stellvertretende Volvo-Projektmanagerin Lena Ekelund stets in allen Interviews: »Frauen wollen dasselbe wie Männer – nur mehr. Die

meisten weiblichen Autokäufer haben eine längere Wunschliste.«
Das Entwicklerinnen-Team hatte stets eine moderne, glückliche,
unabhängige und erfolgreiche Frau im Hinterkopf. »Bei allem,
was wir in dieses Auto hineingebaut haben, haben wir uns überlegt: Braucht sie das? Wird das ihr Leben verbessern?«, so Ekelund
weiter[35].

Das Ergebnis ist verblüffend. Der YCC weist eine Menge Unterschiede zu handelsüblichen Fahrzeugen auf. Zunächst lässt
sich die Motorhaube nur noch von der Werkstatt öffnen. Das
reicht völlig aus, denn der Wagen ist weitgehend wartungsfrei.
Der Ölwechsel muss nur noch alle 50 000 Kilometer erfolgen.
Wenn der Wagen einen Check benötigt, sendet er eigenständig
eine Nachricht an die nächste Werkstatt, die wiederum die Besitzerin kontaktiert, um einen Inspektionstermin zu vereinbaren.
Das Wischwasser wird von außen eingefüllt. Der Zugang befindet sich neben der Benzineinfüllung, die selbst wiederum eine
Spezialkonstruktion darstellt und das Austreten von Benzin-
dämpfen verhindert. Diese Lösung ist optimal, weil sie die Besitzerinnen und Besitzer davon befreit, sich permanent Gedanken
über den Ölstand und die Einhaltung von Wartungszyklen zu
machen. Außerdem stellt dieser Ansatz schmutzige Hände und
abgebrochene Fingernägel für alle Zeiten ab.

Die Parksensoren schätzen ab, ob der Wagen überhaupt in die
anvisierte Parklücke passt. Der Wagen verfügt sogar über eine Art
Autopilot, der selbsttätig in Parklücken navigiert. Generell ist das
Auto aber mit einer hervorragenden Rundumsicht angelegt, sodass die Ecken auch beim traditionellen Einparkmanöver eingesehen werden können. Die Lösung dieses gerade für kleinere
Frauen wichtigen Problems ist mittels nach außen ansteigender
vorderer Kotflügel und der Konstruktion der Heckscheibe gelöst
worden, die tatsächlich erst dort endet, wo die 4,4 Meter lange Karosserie aufhört.

Der Prototyp ist ein Flügeltürer, um das Ein- und Aussteigen
auch im Kostüm zu erleichtern. Die Türen öffnen sich automatisch, wenn die Fahrerin sich nähert. Das ist nicht nur eine her-

vorragende Lösung, damit sie ihr Gepäck oder ihre Taschen vor dem Aufschließen nicht erst abstellen muss, was gerade bei Regen, Schnee und auf matschigem Untergrund einen echten Zugewinn bedeutet. Vielmehr dient es außerdem ihrer Sicherheit. Darüber hinaus ermöglichen die Flügeltüren den leichten Zugang zum Stauraum hinter der vorderen Sitzreihe. Die Rückbank kann wie bei Kinositzen hochgeklappt werden, um den Stauraum auf einfache Weise zu vergrößern, und der Gepäckraum ist variabel angelegt.

Und das ist lange noch nicht alles! Der YCC hat serienmäßig pannensichere Reifen (»Run-Flat-Reifen«) vorgesehen, die die Weiterfahrt im Falle eines Plattens gewährleisten. Gas-, Brems- und Kupplungspedale drücken sich bei einem Crash automatisch an den Boden, um Beinverletzungen vorzubeugen. Stauraum ist im Überfluss vorhanden, um vom Kaffeebecher über eine Kühlbox bis zur Handtasche alles Notwendige in Reichweite aufzunehmen, was bei einer schärferen Bremsung sonst durch den Innenraum fliegt. Die Handbremse ist elektrisch und verschwand ebenso aus der Mittelkonsole wie der Schaltknüppel, der durch Lenkradtasten für das Sechsgang-Powershift-Getriebe ersetzt wurde, das die Wahl zwischen Vollautomatik und Schaltfunktion ermöglicht.

Das Auto verfügt über eine schmutzabweisende Lackierung und Verglasung. Um das gesamte Auto läuft ein robuster Gummischutz, der die typischen Beschädigungen des Lacks verhindert. Die Sitzbezüge können abgenommen und in der Waschmaschine gereinigt werden. Selbstverständlich ist das Interieur in einer Vielzahl von Design-Variationen erhältlich. Und schließlich enthält die Kopfstütze eine Aussparung, um weiblichen und männlichen Zopfträgern den gewünschten Komfort, mehr aber noch die notwendige Sicherheit zu gewährleisten.

Trotz alledem ist der Wagen auf Fahrspaß ausgelegt. Die technischen Daten lassen selbst Männerherzen höher schlagen. Der PZEV-Motor (Partial Zero Emission Vehicle) erfüllt mit seinen 215 PS die strengsten Emissionsnormen, sodass er auch im US-

Bundesstaat Kalifornien problemlos zugelassen werden könnte. Und der Benzinverbrauch weist selbstverständlich niedrigste Werte auf.

Als das Projekt begann, lautete der Arbeitstitel MCC – My Concept Car. Bei seinem Abschluss hatte sich die Bezeichnung in YCC – Your Concept Car – geändert. Schnell stellte sich heraus, dass es sich bei dem Endprodukt nicht eigentlich um ein Frauenauto handeln würde, sondern um ein besseres Auto für Frauen und Männer. Die Entwicklerinnen stellten wieder einmal fest: »Wenn man deren Erwartungen [Erwartungen von Frauen] erfüllt, hat man die der Männer oft sogar schon übertroffen.« Warum das so ist, deutet der amerikanische Weblogger[36] Peter Davidson folgendermaßen:

Männer entwickeln Autos, die schnell sind und cool aussehen. Frauen designen alles, um Probleme zu lösen und Bedürfnisse zu erfüllen. Deswegen rühren Männer die ganze »Retro-Kiste« auf. Es ist häufig einfacher, etwas aufzuwärmen, das in der Vergangenheit gut aussah und schnell war, als etwas zu machen, das heute gut aussieht und schnell fährt. (...) Frauen entwickeln Autos, die Probleme lösen und Bedürfnissen ihrer Fahrer entsprechen, gleichgültig ob es sich um einen Mann oder eine Frau handelt.[37]

Die gesamte Herangehensweise des Projektteams an die Konzeptstudie unterschied sich in vielfacher Hinsicht von den männlichen Methoden. Die größte Herausforderung lag in der Teamzusammenstellung. Es war nicht einfach, Mitarbeiterinnen zu finden, die sich für ein Jahr aus ihren anderen Pflichten befreien konnten, denn die Belegschaft des Unternehmens besteht lediglich zu 20 Prozent aus Frauen. Aus diesem Grund mussten einige Aufgaben schließlich doch mit Männern besetzt werden. Ihr Anteil betrug 20 Prozent, sie erhielten jedoch keinerlei Mitspracherecht.

Zu Anfang hatten einige der männlichen Teamkollegen mit kleineren Irritationen zu kämpfen. Die meisten betrafen weibliche Kommunikationsmuster. So sagte Kenneth Thunberg, der Leiter des 3-D-Designs:

Ich erinnere mich an ein Meeting, wo ich der einzige anwesende Mann war, und irgendein Thema kam auf, und alle fingen sofort gleichzeitig an zu sprechen. Etwas wurde beschlossen, und alle außer mir wussten, wie die Entscheidung aussah.[38]

Tatsächlich wurde deutlich mehr kommuniziert, doch wenn eine Entscheidung anstand, waren alle informiert, welche Kriterien für den jeweiligen Beschluss entscheidend waren. Das war gerade dann zweckdienlich, wenn während laufender Prozesse doch noch umentschieden wurde, weil sich eine andere Lösung als die bessere herausstellte. Selbstverständlich sagten auch die Frauen dieses Teams, sie hätten das Gefühl, sie müssten härter arbeiten, um sich gerade den Männern gegenüber zu beweisen, die anfänglich überzeugt gewesen waren, das Projekt würde scheitern. Scheitern war für diese Frauen daher nie eine Option. Alle dachten über die gesamte Projektlaufzeit 24 Stunden über nichts anderes mehr nach. Sie standen unter enormem Druck der zu 89 Prozent männlichen Volvo-Manager.

Die Anstrengung hat sich mit Sicherheit gelohnt. Die meistgestellte Frage von Frauen und Männern in Genf war: »Ab wann gibt es den zu kaufen?«

Es darf davon ausgegangen werden, dass das Volvo-Management einiges aus diesem Pilotprojekt gelernt hat. Ob der Wagen freilich so jemals in Serie geht, ist dennoch zweifelhaft. Der Mut reicht bei den Entscheidern noch lange nicht so weit, wie sich in zahlreichen Interviews gezeigt hat. Da erscheint es wenig glaubwürdig, wenn sie diverse Lösungen künftig in anderen Modellen einbauen wollen, denn das Hauptargument, das ihrer Ansicht nach gegen den YCC in Serie spricht, seien die Flügeltüren.[39]

Die Organisation verändern

Es ist wenig sinnvoll, den Frauenanteil in technischen oder wissenschaftlichen Bereichen erhöhen zu wollen, wenn die Arbeitsweise und die Ergebnisse ausschließlich männliche Strukturen aufweisen. Frauen können sich hier nicht wiederfinden, eben weil sie anders »ticken«.

Erst durch die Einführung neuer Strukturen, Prozesse und Methoden zur Ergebnisfindung ist die Herstellung einer Nähe zwischen Frauen und den betreffenden Einsatzgebieten möglich. Dazu gehören selbstverständlich auch

- die Veränderung von Abläufen in der Produktentwicklung,
- die stärkere Adaption von Bedürfnissen der Verbraucherinnen und ihre Abbildung in der Produktpalette, also die Verstärkung der Wahrnehmung von Kundinnen im Unternehmen,
- die Steigerung von Aufstiegschancen von Mitarbeiterinnen auf Grund modifizierter Personalbeurteilungskriterien,
- die Schaffung von Möglichkeiten, sich den Respekt der männlichen Kollegen und Vorgesetzten zu verdienen, während gleichzeitig der Druck reduziert wird,
- die Forcierung der inter- und der multidisziplinären Arbeitsweise,
- die konsequente Förderung weiblicher Mitarbeiter entsprechend den weiblichen Fähigkeiten und individuellen Fertigkeiten und dasselbe bei Männern,
- die Etablierung eines familienfreundlichen Arbeitsumfelds, bei Bedarf die Einrichtung von Betriebskindergärten, die von angestellten Müttern und Vätern genutzt werden können,
- die Modifizierung von Informations- und Kommunikationswegen wie auch -methoden zur Verbesserung der vertikalen und horizontalen Kommunikationsstrukturen,
- die Veränderung der häufig diskriminierenden Beurteilung von weiblichen Kollegen,
- die Einrichtung eines Mentorinnen-Programms,

- das Bekennen zum Gender-Bewusstsein in der Öffentlichkeit,
- etc.

Wenn Frauen sich in den Erzeugnissen und Arbeitsweisen wiederfinden, Unternehmensabläufe kennen und Unternehmen sich an das verstärkte Engagement von Frauen gewöhnt und sie schätzen gelernt haben (was unweigerlich passieren wird), erst dann werden Frauen viel mehr zum Erfolg ihrer Arbeitgeber beitragen, als sie es bislang tun können.

Fazit

Es dürfte klar geworden sein: Kaum ein Unternehmen kommt um seine Kundinnen herum. Die Konsumentinnen bestimmen über den Absatz von Unternehmen, über ihren Aufstieg, ihren Fall und damit über den Risikograd einer feindlichen Übernahme oder der Insolvenz.

Manche Unternehmen brauchen den Druck der Wettbewerber, damit sich bei ihnen etwas tut. Das kann augenblicklich sehr schön in der Autoindustrie beobachtet werden, die zwar schon seit vielen Jahren um die Bedeutung ihres weiblichen Kundensegments weiß, aber bis zur Präsentation des Volvo YCC geruhte, nicht daran zu rühren. Endlich ist sie nun aufgewacht, wie an den ersten seriösen Werbespots allmählich ablesbar wird. Denn: Das Abwarten und Hinauszögern birgt die große Gefahr, zu spät zu kommen.

Wie sich gezeigt hat, nimmt die weibliche Wahrnehmung die großen Innovatoren des Markts besser und schneller wahr. Wer sich konsequent nach den Wünschen von Frauen ausrichtet, hat die größten Chancen, ihr Herz für immer und ewig zu erobern. Oder kennen Sie etwa das Märchen, in dem ein gut aussehender, mutiger Prinz den Drachen tötet, die wunderschöne Prinzessin befreit, kurz danach aber ein zweiter Prinz auftaucht, der sie küssen und heiraten darf?

Wenn sich ein Unternehmen also entschließt, sich auf seine Kundinnen einzustellen, ohne seine männliche Kundschaft zu vergrätzen, dann kommt es um die Einführung von Gender Marketing nicht herum. Was in der Theorie kompliziert klingt, weil es sich um ein ganzheitliches Konzept handelt, ist tatsächlich ein natürlicher Wandlungsprozess. Selbstverständlich muss niemand eine (erneute) Revolution anzetteln, um die Veränderungen durchzusetzen, denn davon erleben gerade Großunternehmen viel zu viele. Es bietet sich zunächst an, die Stärken und Schwächen im eigenen Haus zu analysieren. Dabei sollte der korrekte Fragenkatalog in seiner richtigen Reihenfolge abgearbeitet werden. Die jeweils folgende Frage schließt sich erst an, wenn die vorhergehende vollständig beantwortet und umgesetzt ist. Die Fragen lauten also:

1. Was hindert uns daran, bei Verbraucherinnen Zuneigung, Loyalität und Relevanz zu erzeugen?
2. Was können wir tun, um ihre Zuneigung, Loyalität und Relevanz noch zu vergrößern, damit sie uns ihr Leben lang treu bleiben?
3. Können wir unsere inzwischen erlangten Stärken auf andere Bereiche ausweiten und brauchen wir dazu die Unterstützung von Partnern?
4. Was können wir dafür tun, um Kundinnen wie ein echter Partner ihr Leben lang zu begleiten? In welchen anderen Lebensbereichen müssen wir auf welche Weise Präsenz und Unterstützung zeigen? Wodurch werden sie uns an ihre Kinder weitergeben?
5. Was müssen wir tun, damit unsere Kundinnen stolz auf uns sind?

Die Antworten auf diese Fragen werden neue Erkenntnisse ins Unternehmen bringen, die die notwendigen Veränderungen zu einem beträchtlichen Teil in ihrem Schatten vorauswerfen. Die Erkenntnisse variieren von Firma zu Firma. Allein aus diesem

Grund ist die Hauptfrage, die viele Männer umtreibt, eigentlich absurd: Denn auf »Was wollen Frauen eigentlich?« gibt es nur eine akzeptable Antwort: Abgesehen von einigen ganz grundsätzlichen Forderungen wollen sie von jedem (Mann, Unternehmen etc.) etwas anderes.

3. Die Macht der Kundinnen- Demografische Beweise

Sind Frauen eine bedrohte Minderheit in Deutschland? Frauenquoten, Frauenautos, Frauen-Computerkurse, Frauenbuchhandlungen und viele weitere Offerten mehr erwecken bis zum heutigen Tag den Eindruck, dass eine Gruppe Menschen, die von der Allgemeinheit abweicht, anscheinend ein Spezialangebot benötigt. Dass auch die Politik Frauen als benachteiligte Randgruppe betrachtet, zeigen nicht zuletzt die Aufteilung der Ressorts und deren Bezeichnungen. Immerhin heißt eines unserer Ministerien Bundesministerium für Familie, Senioren, Frauen und Jugend. Ein Schelm, wer Böses dabei denkt.

Tatsächlich sind 51,12 Prozent der Einwohner Deutschlands weiblich. Frauen stellen also in Wahrheit die Mehrheit dar. Das Statistische Bundesamt zählte im Jahr 2002 42,2 Millionen Frauen und 40,3 Millionen Männer. In der globalen Betrachtung kommen Frauen sogar auf 52 Prozent Bevölkerungsanteil. Das allein wäre eigentlich Grund genug, sie sich als Unternehmen genauer anzuschauen. Doch es sprechen noch viel mehr Argumente für eine stärkere Fokussierung auf die weibliche Zielgruppe. Um die Attraktivität dieser Kundschaft wirklich zu erkennen, bedarf es einiger weiterer Fakten, die im Folgenden über das wahre Potenzial dieses Markts Aufschluss geben.

Denjenigen Leserinnen und Lesern, die dem etwas trockenen Charakter von Statistiken nichts abgewinnen können, sei empfohlen, die folgenden Abschnitte zu überspringen und direkt zur Zusammenfassung überzugehen.

Haushalte

Deutschland verzeichnet seit Jahren eine wachsende Anzahl von Haushalten. Im Jahr 2003 wurden bereits 38,9 Millionen private, wirtschaftlich eigenständige Wohneinheiten gezählt. Im Durchschnitt leben also 2,1 Personen zusammen in einer Wohnung oder einem Eigenheim. In Wahrheit wählen immer mehr Menschen – mehr oder minder freiwillig – ein Dasein als Single. Deutschlandweit leben 14,4 Millionen Menschen allein. Das heißt, 37 Prozent aller Haushalte werden von nur einer Person bewohnt. Während der Anteil der Einpersonenhaushalte in Klein- bis mittelgroßen Städten und in ländlichen Gebieten geringer ist, symbolisieren sie in Großstädten wie Berlin und Hamburg mit einem 50-prozentigen Anteil die moderne Lebensform.

Doch auch kinderlose Paarbeziehungen und Alleinerziehende mit einem Kind nehmen kontinuierlich zu. Die Anzahl der Ein- und Zweipersonenhaushalte stieg von 1991 von einem Gesamtanteil von 64 Prozent auf 71 Prozent im Jahr 2003. Die Haushalte mit drei oder mehr Personen nehmen dagegen seit Jahren kontinuierlich ab.

28 Prozent der Deutschen sind Eltern, die mit ihren Kindern zusammen leben. Dabei macht die Statistik zunächst keinen Unterschied, ob es sich dabei um minderjährige oder erwachsene Kinder handelt. Kinder, die mit ihren Eltern leben, machen 26 Prozent der Bevölkerung aus. 28 Prozent aller Frauen leben in einem Haushalt mit Kindern. Dabei ist es in Zeiten der so genannten Patchwork-Familien beinahe unerheblich, ob es sich ausschließlich um ihre eigenen Kinder handelt. Über die Anzahl der Männer mit Kindern im Haushalt ist wenig bekannt.

22,7 Millionen Menschen oder 27 Prozent der Bevölkerung fallen in die Kategorie der ehelichen oder nichtehelichen Paare innerhalb eines gemeinsamen Haushalts ohne Kinder. Die Vielfalt der hierin enthaltenen Lebenswelten reicht vom kinderlosen Studentenpärchen bis zu Urgroßeltern. Zählt man alle kinderlosen Haushalte zusammen, einschließlich der zwei Prozent Wohngemeinschaften und Singlehaushalte, leben 48 Prozent der Deutschen ohne Kinder. Entweder haben sie (noch) keine oder aber der Nachwuchs ist bereits aus dem Haus.

58 Prozent aller Single-Haushalte werden von Frauen (7,9 Millionen) bewohnt. Genauer gesagt: 19 Prozent aller Frauen und nur 15 Prozent der Männer leben allein. Das entspricht jeder fünften Frau, jedoch nur jedem siebten Mann. Der Anteil bei Frauen ab einem Alter von 55 Jahren ist allerdings höher als bei den jüngeren. Im fortgeschrittenen Alter von 75 Jahren und mehr steigt die Alleinlebendenquote bei Frauen dramatisch auf 65 Prozent gegenüber nur 24 Prozent bei Männern. Angesichts der höheren Lebenserwartung von Frauen ist dies allerdings nicht weiter verwunderlich.

Der Trend zu kleinen Haushalten ist auf mehrere Faktoren zurückzuführen. Zu den wesentlichen Entwicklungen gehören ein stetig steigendes Heiratsalter, die weiter wachsende Scheidungsrate, der anhaltende Geburtenrückgang, aber auch der Wunsch nach Unabhängigkeit. Und neuerdings spielen Distanzbeziehungen wieder eine stärkere Rolle. Die Entwicklung auf dem Arbeitsmarkt in den letzten Jahren zwingt immer mehr Menschen zum Umzug an den Ort einer verfügbaren Arbeitsstelle. Für manche bedeutet dies eine räumliche Trennung von ihren Partnern und ihren Familien, die nicht selten Jahre andauert, sofern beide berufstätig sind.

Bemerkenswert ist die Tatsache, dass 80 Prozent aller Frauen ab 25 Jahre einen eigenen Haushalt führen. Bei den Männern sind es in diesem Alter deutlich weniger. Frauen werden also schneller flügge.

Familienstand

18,8 Millionen oder 45 Prozent aller Frauen sind verheiratet. Insgesamt wurden 2003 jedoch 21,6 Millionen zusammenlebende Paare gezählt. Das heißt, dass lediglich 89 Prozent aller Paare verheiratet sind. Die übrigen 5,6 Millionen Menschen leben ohne Trauschein zusammen. Insgesamt ist also von über 20 Millionen Frauen in einer ehelichen oder eheähnlichen Gemeinschaft auszugehen. Was das Statistische Bundesamt nicht erhebt, sind Daten zu homosexuellen Lebensgemeinschaften.

Tabelle 1: Bevölkerung nach Familienstand 2002

Geschlecht	Insgesamt		Davon		
	in 1000	ledig	verheiratet	verwitwet	geschieden
			in 1000		
Weiblich	42 192	15 438	18 810	5080	2864
Männlich	40 345	18 131	18 785	1077	2352
Insgesamt	**82 537**	**33 569**	**37 595**	**6157**	**5216**
Weiblich	100 %	36,6 %	44,6 %	12,0 %	6,8 %
Männlich	100 %	44,9 %	46,6 %	2,7 %	5,8 %
Insgesamt	**100 %**	**40,7 %**	**45,6 %**	**7,5 %**	**6,3 %**

Quelle: Statistisches Bundesamt, 2004

Das Statistische Bundesamt verzeichnete im September 2004 15 054 839 (18 Prozent) minderjährige und 67 476 432 (82 Prozent) erwachsene Einwohner. So gesehen befinden sich 45 Prozent aller Ledigen noch unter dem heiratsfähigen Alter. Die erwachsenen ledigen Männer sind gegenüber den weiblichen Singles in der Überzahl. Das werden sie vermutlich schon wegen der Geburtenstrukturen immer bleiben. Erste Prognosen besagen, dass im Jahr 2020 voraussichtlich 25 Prozent aller volljährigen Frauen in den westlichen Ländern dauerhaft als Singles leben werden.[40] Die Anzahl der allein lebenden Männer wird also aller Wahrscheinlichkeit nach ebenso steigen.

1950 trauten sich – im doppelten Wortsinn – noch 750 000

Paare. Seitdem ist Heiraten aus der Mode gekommen, denn 2002 waren es nur noch 292 000. Braut und Bräutigam werden jedes Jahr älter. 2002 waren Frauen im Durchschnitt 28,8 Jahre alt, wenn sie das Ja-Wort gaben, und ihre Männer exakt drei Jahre älter. 1992, nur zehn Jahre zuvor, waren Frauen noch 26,4 Jahre und Männer 28,8 Jahre »jung«.

Dass Heiraten »out« ist, zeigt der Anstieg der nichtehelichen Lebensgemeinschaften. Zwischen 1996 und 2002, also in nur sechs Jahren, stieg ihre Anzahl um 24 Prozent auf 2,4 Millionen. Ganz offensichtlich ist die Risikofreude gesunken und die Erwartung, dass die aktuelle Beziehung früher oder später ein Ende findet, gestiegen. In 31 Prozent der unehelichen Lebensgemeinschaften leben Kinder. Insgesamt ist ein deutlicher Trend zur Patchwork-Familie festzustellen. In 68 Prozent aller nichtehelichen Lebensgemeinschaften leben Kinder der Frau aus früheren Beziehungen, während es nur in 28 Prozent Kinder des Vaters sind. Die verbleibenden vier Prozent stellen Kinder beider Elternteile aus früheren und/oder der aktuellen Verbindung dar.

Die jährliche Scheidungsrate liegt bereits seit 2001 weitgehend konstant bei über 50 Prozent. Zum Vergleich: 1960 trennen sich nur neun Prozent aller Paare endgültig. Der Anteil an Scheidungen ohne minderjährige Kinder liegt seit 1999 ebenfalls über 50 Prozent. Interessanterweise werden die Scheidungsanträge inzwischen zu 58 Prozent von Frauen, zu sechs Prozent von beiden Ehepartnern und lediglich zu 36 Prozent von Männern gestellt. Es sind demnach deutlich mehr Frauen, die eine Trennung von ihrem Mann wünschen. Sie sind es auch überwiegend, die die Kinder behalten: 84 Prozent aller Alleinerziehenden sind weiblich.

Geburtenrate und Geschlechterverhältnis

Im Jahre 2002 versorgten 12,3 Millionen Mütter minderjährige Kinder. Doch die Geburtenrate in Deutschland sinkt kontinuierlich. Ein Ende dieses Trends ist nicht abzusehen. Statistisch gesehen gebiert jede Frau in Deutschland 1,4 Kinder. Dabei zögern Frauen ihre Kinderwünsche immer weiter heraus. Im Jahr 2001 waren Frauen bei der Geburt ihres ersten Kindes durchschnittlich 29,1 Jahre alt, beim zweiten 30,9 Jahre und beim dritten 32,3 Jahre. Nicht selten geht dem eine reifliche Überlegung voraus, Kinder zu Gunsten der Karriere »aufzuschieben«.

Seit 1990 liegt der Anteil der Mädchen an allen Geburten weitgehend konstant bei 48,6 Prozent. Auf 1000 neugeborene Mädchen kommen somit 1056 Jungen zur Welt. Die Überzahl der männlichen Geburten in den westlichen Industriestaaten wird in direkten Zusammenhang mit üppigen Lebensbedingungen und einer reichhaltigen Ernährung gebracht. Italienische Forscher wollen entdeckt haben, dass Frauen mit einem Körpergewicht von unter 54 Kilogramm nur 98 Jungen je 100 Mädchen zur Welt bringen, während Frauen mit einem höheren Körpergewicht 110 Jungen auf 100 Mädchen gebären[41]. Davon ausgehend hat der anhaltende Trend zum schlanken Schönheitsideal ebenso einen direkten Einfluss auf die Bevölkerungsverteilung wie die grassierende Zunahme von Übergewichtigen in manchen Ländern, allen voran in den USA und Großbritannien. Doch auch Umweltgifte, Chemie und Nervengifte, zum Beispiel Dioxin, haben nach Aussagen der US-amerikanischen Forscherin Devra Davis von der Carnegie Mellon University in Pittsburgh Einfluss auf die Geburtenquote. Nach Ansicht dieser und weiterer Forscher sind Mädchen während ihrer embryonalen und späterer Entwicklung weniger anspruchsvoll als Jungen, welche sicherere Bedingungen benötigen, um gut zu gedeihen.

Die Geburtenraten von Mädchen und Jungen werden allerdings durch die Sterblichkeitsraten wieder ausgeglichen. Der Hirnforscher Manfred Spitzer schreibt in seinem Buch »Selbstbestimmen« über die genetischen Anlagen von Männern und den Zusammenhang mit lebensbedrohlichen Ereignissen:

Stellen Sie sich vor, die Wissenschaft würde die folgenden Tatsachen eindeutig nachweisen: Es gibt eine genetische Veranlagung für Mord,

Selbstmord, Risikobereitschaft und die Neigung zu Unfällen; 94 Prozent aller Mörder (in Deutschland) haben diese Veranlagung, und in manchen Volksstämmen des Amazonasgebiets sind mehr als die Hälfte der Träger dieser Veranlagung Opfer von Morden. Die Veranlagung erweist sich weiterhin als schwer wiegender Risikofaktor, von der Wiege bis zur Bahre: In der Kinder- und Jugendpsychiatrie haben die Genträger mehr Aufmerksamkeitsdefizite, mehr Leserechtschreibstörungen, deutlich mehr Gewaltbereitschaft und mehr Drogenkonsum. Wer diese Veranlagung hat, erkrankt beispielsweise etwa fünf Jahre früher an Schizophrenie als jemand, der sie nicht hat. Die Veranlagung betrifft jedoch keineswegs nur psychische Störungen, sondern auch körperliche Krankheiten: Wer sie hat, erkrankt mit wesentlich größerer Häufigkeit an Herz-Kreislauf-Leiden. Sie führt sogar dazu, dass die Genträger im Durchschnitt fünf Jahre früher sterben als diejenigen, die die Veranlagung nicht aufweisen. Was würden wir mit einer solchen wissenschaftlichen Erkenntnis anfangen? – »Die gibt es doch nicht!«, werden Sie sagen – und haben Unrecht.

Die genetische Veranlagung, von der die Rede ist, gibt es tatsächlich; sie besteht im Vorhandensein eines Y-Chromosoms oder kurz gesagt: im männlichen Geschlecht.[42]

Von der Geburt bis zum Alter von circa 75 Jahren sterben tatsächlich doppelt so viele Männer wie Frauen an Unfällen, Krankheiten und Gewaltverbrechen. Ab 75 Jahren verkehrt sich das Verhältnis ins genaue Gegenteil. Dann sterben doppelt so viele Frauen wie Männer, was aber vor allem daran liegt, dass es mehr Seniorinnen als Senioren gibt.

Die Lebenserwartung steigt bei Frauen und Männern auf Grund einer guten medizinischen und allgemeinen Versorgung weiter an. Die Männer legen neuerdings aber stärker an Lebenszeit zu als die Frauen. Der Grund dafür wird auf die Zunahme von Stress im Alltag von Frauen zurückgeführt.

Ausbildung

In Deutschland bestehen bezüglich des Bildungsstands noch immer Unterschiede zwischen Frauen und Männern. Betrachtet man den Bevölkerungsdurchschnitt, dann verfügen Männer über eine eindeutig bessere Ausbildung als Frauen. Seit einigen Jahren hat sich der Trend bei den jüngeren Altersklassen jedoch umgekehrt. Hier sind es die Mädchen und jungen Frauen, die in der schulischen und in der beruflichen Ausbildung inzwischen deutlich besser abschneiden als ihre männlichen Altersgenossen.

21 Prozent aller Frauen und 17 Prozent aller Männer ab 15 Jahren besitzen einen Realschul- oder gleichwertigen Abschluss. Dagegen haben Männer – noch immer im Bevölkerungsdurchschnitt – beim Abitur und bei der Fachhochschulreife die Nase vorn. Unter den Absolventen der höchsten Schulabschlüsse fanden sich 23 Prozent aller Männer, jedoch nur 18 Prozent aller Frauen. Darum ist es kaum verwunderlich, dass nur neun Prozent aller Frauen einen Hochschul- oder Fachhochschulabschluss vorweisen können, dafür aber immerhin 14 Prozent aller Männer. Bei der Lehrausbildung sind die Geschlechter fast gleichauf. 51 Prozent der Frauen und 53 Prozent der Männer haben eine berufliche Ausbildung abgeschlossen. Die Ursachen für die großen Unterschiede in der Bildung sind vor allem auf die höheren Altersgruppen zurückzuführen. Sie gingen zur Schule, als eine gute Ausbildung überwiegend den Jungen vorbehalten war, während das Leben vieler Mädchen schon früh vorgezeichnet war. Den Mädchen, die während der Weimarer Republik, während des Dritten Reiches oder in der BRD aufwuchsen, war es vorausbestimmt, Ehefrau und Mutter zu werden. In der DDR dagegen hatten Mädchen und Jungen einen gleichberechtigten Zugang zu Bildung, jedoch waren die Zugänge zum Abitur und zum Studium für alle in ihrer Anzahl begrenzt. In den Abiturklassen zeigte sich dort aber derselbe Trend, der nach der Wiedervereinigung bundesweit festgestellt wird: Der Mädchenanteil war höher als der der Jungen.

Bei der jüngeren Generation verfügen Frauen und Männer inzwischen über ein im Grunde identisches Bildungsniveau. 2002 besaßen in der Altersgruppe der 25- bis 35-Jährigen 32 Prozent der Frauen und 33 Prozent der Männer die Fachhochschul- oder Hochschulreife. Weniger als die Hälfte von ihnen, also 14 Prozent der Frauen und 15 Prozent der Männer, schlossen ein Studium ab. Zum Vergleich: Bei den über 65-Jährigen sind es drei Prozent der Frauen und ein viermal so hoher Anteil bei den Männern.

Bei den unter 25-Jährigen hat inzwischen sogar das weibliche Geschlecht die Nase vorn. 57 Prozent aller Abiturienten des Jahres 2003 sind weiblich. Von den insgesamt 9,18 Prozent Schulabgängern ohne Abschluss sind rund zwei Drittel männlich. Der Anteil von Mädchen an Hauptschulen betrug 2002 44 Prozent, an den Gesamtschulen 47 Prozent, an den Realschulen 51 Prozent und an den Gymnasien 54 Prozent. Dabei ist zu bemerken, dass der Anteil der Mädchen an allen Schülern auf Grund der höheren Geburtenrate von Jungen bei 49 Prozent liegt.

Waren es früher Mädchen, die in naturwissenschaftlichen Fächern hinter den Jungen zurückblieben, wird heute über die mangelnden sprachlichen Fähigkeiten von Jungen geklagt. In den mathematischen und naturwissenschaftlichen Fächern haben die Mädchen die Jungen schon längst ein- und teilweise sogar überholt. Brauchte es früher in diesen Fächern einen nach Geschlechtern getrennten Unterricht, um die Chancen der Mädchen zu erhöhen, wird jetzt die Frage gestellt, ob die Schulen nicht zu stark an die weiblichen Lernschemata angepasst wurden, sodass nun die Jungen benachteiligt sind.

Von den Sonderschülern sind nur 37 Prozent Mädchen. Im zweiten Bildungsweg zur Erlangung eines höheren Abschlusses sind 52 Prozent der erwachsenen Schüler Frauen. Sie zeigen also auch im höheren Alter das größere Bestreben, sich fortzubilden.

Frauen steht mit Ausnahme des Bergmanns jeder Beruf offen. Dennoch wählten Frauen auch 2002 »typisch weibliche« Ausbildungsgänge. Während Männer die so genannten Fertigungsberufe dominieren, fühlen sich Frauen scheinbar in den Dienstleistungen am wohlsten. Mit einem Frauenanteil von jeweils mehr als 90 Prozent werden die Berufe Zahnmedizinische Fachangestellte, Arzthelferin, Fachverkäuferin im Nahrungsmittelhandwerk und Friseurin als nahezu reine Frauenberufe angesehen. Unter zehn Prozent Frauenanteil haben die Berufe Kraftfahrzeugmechaniker, Elektroinstallateur, Maler/Lackierer sowie Metallbauer. Am ehesten zeigt sich eine Parität der Geschlechter bei den kaufmännischen Berufen.

Tabelle 2: Statistik der allgemeinbildenden Schulen – Schulabschlüsse von Absolventen

Schulabschlüsse	Männl.	Anteil an allen Abgängern	Weibl.	Anteil an allen Abgängerinnen	Insges.	Anteil alle Abgänger
Ohne Hauptschulabschluss	54 395	11,52 %	30 919	6,76 %	85 314	9,18 %
Hauptschulabschluss	134 278	28,43 %	99 848	21,84 %	234 126	25,19 %
Realschulabschluss	181 408	38,41 %	193 708	42,36 %	375 116	40,35 %
Fachhochschulreife	5688	1,20 %	6387	1,40 %	12 075	1,30 %
Allgemeine Hochschulreife	96 567	20,44 %	126 410	27,64 %	222 977	23,99 %
Summe 2002/2003	472 336		457 272		929 608	

Quelle: Statistisches Bundesamt, 2004

Im Wintersemester 2002/2003 waren 47 Prozent der eingeschriebenen 1,9 Millionen Studenten Frauen. Die Studienanfänger im selben Semester waren jedoch zu 51 Prozent weiblich. Zum Vergleich: Der Anteil der Studienanfänger beträgt etwa ein Sechstel an allen immatrikulierten Studierenden. Die Zahl der Studienanfänger steigt seit 1998/1999 ungebrochen. Dabei ist bei den Frauen ein stärkerer Zuwachs zu verzeichnen als bei den Männern. Im selben Zeitraum ist auch ihr Anteil an Universitätsabschlüssen, Promotionen und Habilitationen gestiegen. Die Besetzung von Professoren-Stellen durch Frauen ist nach wie vor zu gering, es ist inzwischen aber eine langsame Steigerung zu verzeichnen. Die Professorinnen-Quote stieg von neun (1998/ 1999) auf zwölf Prozent (2002/2003) und bei den C4-Professuren von sechs auf acht Prozent, also jeweils um 33 Prozent in nur vier Jahren.

Bei der Studienwahl fällt die Nähe der Studierenden zu ihren geschlechtsspezifischen Fähigkeiten auf. So dominieren Frauen klar in den medizinischen, psychologischen, soziologischen, kulturellen und gestalterischen Studiengängen wie auch bei den Lehrämtern. In den Sprach- und Kulturwissenschaften überwiegen Frauen mit 72 Prozent. Darüber hinaus schätzen sie insbesondere interdisziplinäre Studienangebote. Die Studienanfängerinnen im Wintersemester 2002/2003 zeigten sich inzwischen auch an den naturwissenschaftlichen Fächern sehr interessiert. Ihre Verteilung gestaltete sich folgendermaßen:

- Mathematik: 60 Prozent
- Biologie: 68 Prozent
- Biotechnologie: 63 Prozent
- Biochemie: 61 Prozent
- Chemie: 48 Prozent

Lediglich die Physik (21 Prozent), die Informatik (13 Prozent) und die Wirtschaftsinformatik (16 Prozent) sind nach wie vor Männerdomänen. Den geringsten Frauenanteil haben die Studienfächer Energietechnik (drei Prozent) und Fahrzeugtechnik (vier Prozent).

Analog zu den kaufmännischen Ausbildungsberufen ist das Interesse an einem Wirtschaftsstudium bei beiden Geschlechtern gleichermaßen ausgeprägt. Das Studium der Betriebswirtschaft nahmen zu 50 Prozent Frauen auf, Wirtschaftswissenschaften 45 Prozent, Volkswirtschaftslehre 38 Prozent. Von insgesamt 33 762 Studienanfängern in diesen Fächern waren 47 Prozent weiblich.

Während 1992 nur 13 Prozent der Habilitierten Frauen waren, steigerte sich ihr Anteil bis ins Jahr 2002 auf immerhin 22 Prozent. Zu bedenken ist dabei aber auch, dass in Deutschland zwischen Studienbeginn und dem Erwerb einer wissenschaftlichen Lehrbefähigung im Durchschnitt 20 Jahre vergehen. Somit ist der weitere Anstieg von Habilitantinnen mit Sicherheit nur eine Frage der Zeit.

Berufstätigkeit

Erwerbsquoten

In Deutschland waren im Jahr 2002 40,6 Millionen Erwerbstätige registriert, von denen rund 4,1 Millionen als arbeitssuchend gemeldet waren. Die verbliebenen 36,5 Millionen teilten sich in 20,3 Millionen berufstätige Männer und 16,2 Millionen berufstätige Frauen. Dem gegenüber standen im selben Jahr 17,7 Millionen männliche und 24,2 Millionen weibliche »Nichterwerbspersonen«, Menschen, die nicht im Arbeitsleben stehen. Die Erwerbsquote bei den 15- bis unter 65-jährigen bleibt bei den Männern mit 80,1 Prozent seit Jahren so gut wie unverändert, während sie bei Frauen stetig steigt. 2002 waren 65,3 Prozent aller Frauen dieser Alterskategorie berufstätig. Anders gesagt: Rund 40 Prozent aller Frauen in Deutschland standen in Lohn und Brot, und nur vier Prozent waren arbeitssuchend. Bei den Männern waren 51 Prozent beschäftigt und weitere fast sechs Prozent arbeitslos. Die Entwicklung der Geschlechter auf dem Arbeitsmarkt lässt sich anhand der folgenden Tabelle gut nachvollziehen:

Tabelle 3: Erwerbstätigkeit in Deutschland

Einheit	2000		2001		2002	
	in 1000	in %	in 1000	in %	in 1000	in %
Erwerbs-**personen****gesamt**	**40 326**		**40 550**		**40 607**	
Weibliche Erwerbstätige	15 924	43,5	16 187	44,0	16 200	44,3
Männliche Erwerbstätige	20 680	56,5	20 629	56,0	20 336	55,7
Erwerbstätige	**36 604**	**100,0**	**36 816**	**100,0**	**36 536**	**100,0**
Weibliche Erwerbslose	1726	46,4	1680	45,0	1782	43,8
Männliche Erwerbslose	1996	53,6	2054	55,0	2289	56,2
Erwerbslose**gesamt**	**3722**	**100,0**	**3734**	**100,0**	**4071**	**100,0**
Weibliche Nichterwerbs-personen	24 431	58,4	24 250	58,1	24 191	57,8
Männliche Nichterwerbs-personen	17 404	41,6	17 478	41,9	17 657	42,2
Nichterwerbs-**personen****gesamt**	**41 834**	**100,0**	**41 728**	**100,0**	**41 848**	**100,0**
Erwerbsquoten der 15- bis unter 65-Jährigen						
männlich		79,9		80,1		80,1
weiblich		64,0		64,9		65,3

Quelle: Statistisches Bundesamt, Ergebnisse des Mikrozensus –
2000 im Mai; 2001 und 2002 im April, Berechnungen: Bluestone AG

Die Summe der berufstätigen Männer sinkt, während die der Frauen überproportional steigt. Zwischen 2000 und 2002 nahm die Anzahl der auf dem Arbeitsmarkt verfügbaren Männer um 51 000 ab und die der Frauen stieg um 332 000. Obwohl die Arbeitslosenquote nach wie vor weiter wächst, werden inzwischen weniger Frauen als Männer arbeitslos. Frauen bauen ihr berufliches Engagement unaufhaltsam aus.

85 Prozent aller Frauen hielten bereits 1998 die Berufstätigkeit für Frauen für genauso wichtig wie für Männer, das sind 14 Prozent mehr als noch 1973. Der Aussage »Eine Frau kann nur mit Kindern wirklich glücklich sein« stimmten 1973 noch 45 Prozent zu. 25 Jahre später bejahten dies nur noch 39 Prozent[43]. Frauen wollen berufliche Aufgaben übernehmen, die sie ausfüllen und auch herausfordern.

Berufsstand

Im Jahr 2002 standen 64,7 Prozent aller berufstätigen Frauen in einem Angestelltenverhältnis, 22,3 Prozent waren Arbeiterinnen, gefolgt von 6,3 Prozent Selbständigen und 4,6 Prozent Beamtinnen. Immerhin zwei Prozent waren mithelfende Familienangehörige in Betrieben. Bei den Männern wird ein gänzlich anderes Verhältnis deutlich: Nur 40,2 Prozent der männlichen Berufstätigen waren im selben Jahr angestellt, gefolgt von 39,1 Prozent Arbeitern. 12,9 Prozent von ihnen waren selbständig, 7,2 Prozent Beamte, jedoch nur ein halbes Prozent half im Familienbetrieb mit.

Im Vergleich der Jahre 2000 bis 2002 offenbart sich eine interessante Entwicklung. Frauen konnten in fast allen Berufsständen Zuwächse verzeichnen. Lediglich bei den Arbeiterinnen fielen 5,7 Prozent der Arbeitsplätze weg. Die Männer traf es in diesem Bereich noch härter. Zehn Prozent ihrer Arbeitsplätze wurden reduziert. Die Beamtinnen nahmen um 1,6 Prozent zu, die Beamten um 6,5 Prozent ab. Ein deutlicher Zuwachs wurde bei den Angestellten verzeichnet. Der männliche Anteil nahm hier um 8,3 Prozent, der weibliche um rund die Hälfte zu. Im Verlauf der beiden Jahre stieg die Anzahl der selbständigen Frauen um 1,4 Prozent, während der ihrer männlichen Kollegen geringfügig abnahm. Das Mithelfen in familiären Betrieben ist und bleibt eine weibliche Domäne. Hier war zuletzt ein Zuwachs von 32,1 Prozent messbar. Männliche Familienangehörige legten lediglich um 16,3 Prozent zu.

Tabelle 4: Berufsgruppen im Jahr 2002 nach Geschlecht

Einheit	in 1000	in %
Erwerbstätige gesamt	**36 604**	
Weibliche Angestellte[1]	10 489	56,2
Männliche Angestellte[1]	8179	43,8
Angestellte gesamt[1]	**18 668**	
Beamtinnen	750	33,7
Beamte	1474	66,3
Beamte gesamt	**2224**	
Weibliche Selbständige	1026	28,1
Männlich Selbständige	2628	71,9
Selbständige gesamt	**3654**	
Arbeiterinnen[2]	3615	31,2
Arbeiter[2]	7961	68,8
Arbeiter gesamt[2]	**11 576**	
Weibliche mithelfende Familienangehörige	321	77,5
Männliche mithelfende Familienangehörige	93	22,5
mithelfende Familienangehörige gesamt	**414**	
Sonstige	**68**	

Quelle: Statistisches Bundesamt, Ergebnisse des Mikrozensus –
April 2002, Berechnungen: Bluestone AG
[1] Einschl. Auszubildender in anerkannten kaufmännischen
und technischen Ausbildungsberufen.
[2] Einschl. Auszubildender in anerkannten
gewerblichen Ausbildungsberufen.

Gehälter

Zweifellos ist die traditionelle Rollenverteilung in unserer Gesellschaft aufgelöst worden. Viele Frauen sind heute nicht mehr auf einen Mann als ihren Versorger angewiesen. Nur noch 25 Prozent der Männer sind in der Lage, ihre Familie allein zu ernähren.[44] Alle anderen sind auf ein Zweiteinkommen angewiesen. Und bereits 35 Prozent aller Hauptverdiener sind Frauen.[45]

Deutschland ist noch weit von der Gleichstellung entfernt, wenn es um das Gehalt geht. Der Großteil aller Statistiken bezieht sich auf Durchschnittswerte für das Einkommen von Frauen und Männern. Ihre Aussagekraft ist also begrenzt. Wenn es daher in der Untersuchung von EUROSTAT, dem Statistischen Amt der Europäischen Gemeinschaft, heißt, Frauen würden im öffentlichen Sektor lediglich 77 Prozent (EU-weit: 87 Prozent) und im Privatsektor sogar nur 73 Prozent (EU-weit: 82 Prozent) des Lohnniveaus ihrer männlichen Kollegen verdienen, dann sind die Zahlen mit einer gewissen Vorsicht zu genießen. Solche Aussagen beziehen alle Alters- und Berufsgruppen ein. Wie bereits gezeigt, sind die älteren Arbeitnehmerinnen auf Grund einer schlechteren Ausbildung auf dem Arbeitsmarkt benachteiligt. Junge Frauen betrifft das in einem geringeren Maße. Immerhin zählen laut Aussagen des Statistischen Bundesamts bereits 8,5 Millionen zu den so genannten jungen Karrierefrauen. Die Kluft zu ihren männlichen Kollegen im jeweils selben Alterssegment ist im Vergleich mit ihren älteren Kolleginnen weniger tief.

Fakt ist jedoch, dass Frauen in Deutschland stärker benachteiligt werden als in anderen EU-Ländern. Ebenso bemerkenswert ist, dass auch der öffentliche Dienst trotz aller Gleichstellungsbemühungen seine Mitarbeiterinnen diskriminiert, wenn diese Zahlen zutreffen wie angegeben. Dabei fällt dieser Zustand unter den Artikel 3 des deutschen Grundgesetzes:

Artikel 3 GG
[Gleichheit vor dem Gesetz; Gleichberechtigung von Männern und
Frauen; Diskriminierungsverbote]
(1) Alle Menschen sind vor dem Gesetz gleich.
(2) Männer und Frauen sind gleichberechtigt. Der Staat fördert die
tatsächliche Durchsetzung der Gleichberechtigung von Frauen
und Männern und wirkt auf die Beseitigung bestehender
Nachteile hin.
(3) Niemand darf wegen seines Geschlechtes, seiner Abstammung,
seiner Rasse, seiner Sprache, seiner Heimat und Herkunft, sei-
nes Glaubens, seiner religiösen oder politischen Anschauungen
benachteiligt oder bevorzugt werden. Niemand darf wegen sei-
ner Behinderung benachteiligt werden.

Kritisch wird es da, wo tatsächlich einmal einzelne Berufe unter
dem Gender-Aspekt untersucht werden. Wenn es da heißt, dass
ein Buchhalter im Durchschnitt 3698 Euro im Monat verdient,
eine Buchhalterin für dieselbe Tätigkeit jedoch nur 2706 Euro
erhält, dann stimmt etwas ganz ernsthaft nicht. Als Begründung
wird nicht selten angegeben, eine Auszeit für Mütter würde ihre
Berufserfahrung »entwerten«. Es ist aber stets so, dass Frauen für
dasselbe Gehalt mehr leisten müssen als ihre männlichen Kollegen. Umgekehrt sieht es in Portugal und Italien aus, wo Frauen
108 Prozent beziehungsweise 101 Prozent der Gehälter ihrer
männlichen Kollegen verdienen.

In Deutschland existiert nach wie vor ein Ost-West-Gefälle. Es
zeigt sich, dass der Osten noch immer von der Gleichberechtigung der Frau aus früheren Zeiten profitiert. Hier kommen die
Frauen immerhin auf 94 Prozent des männlichen Lohnniveaus,
während es im Westen nur 75 Prozent sind.

Tatsächlich zahlt sich eine gute Ausbildung für Männer immer
noch mehr aus als für Frauen. Bereits beim Berufseinstieg können sie mehr für sich herausschlagen. Das Nürnberger Institut
für Arbeitsmarkt- und Berufsforschung (IAB) hat für die Jahre
1980 bis 1997 untersucht, wie sich die Einkommen von Männern

und Frauen in Vollzeitbeschäftigung entwickelt haben. Noch im Jahr 1997 erzielte eine Berufsanfängerin durchschnittlich nur 84 Prozent des Einstiegsgehalts eines männlichen Kollegen. Ausgerechnet in typisch männlichen Handwerksberufen scheinen Frauen aber die besten Chancen zu haben. 1997 erzielten Tischlerinnen 90 Prozent, Kfz-Mechanikerinnen 91 Prozent und Malerinnen 96 Prozent. Doch auch hier zeigte sich das treffsichere Händchen der Frauen: Sie entschieden sich fast durchgehend für Männerberufe, die in ihrer eigenen Berufsgruppe zu den schlechter bezahlten zählen. Dennoch gibt es eine Reihe Berufe, zu denen beispielsweise Kommunikationselektroniker und Physiklaboranten gehören, in denen im Hinblick auf das Einkommen tatsächlich Gleichstellung herrscht. Und bei der Gebäudereinigung verdienen Frauen rund zehn Prozent mehr.

Die eine Seite der Medaille weist darauf hin, dass sicherlich zu viele Frauen seitens ihrer Arbeitgeber im Gehalt und in der beruflichen Förderung vernachlässigt werden. Die andere Seite zeigt, dass viele Frauen ihre Gehaltsforderungen von vornherein zu niedrig ansetzen. Im Jahr 2002 führte die Online-Jobbörse JobScout24 eine Studie zu Gehaltsforderungen bei Online-Bewerbungen durch. Das Ergebnis war eindeutig: Bewerberinnen für Führungspositionen forderten nur halb so oft ein Jahresgehalt oberhalb der 75 000 Euro ein wie männliche Kandidaten. Einen Gehaltswunsch zwischen 75 000 und 100 000 Euro pro Jahr gaben nur 5,5 Prozent der Frauen, dagegen 14 Prozent der Männer an. Im Gehaltsspektrum zwischen 20 000 und 30 000 Euro zeigte sich das genaue Gegenteil. Von 3400 Bewerberinnen des Jobportals, die eine Leitungsfunktion in Unternehmen, Forschungseinrichtungen, Medien, Verwaltung oder Kultur anstrebten, wollten 16,2 Prozent der Frauen ein durchschnittliches Jahresgehalt in dieser Höhe, doch nur 6,6 Prozent der Männer. Haben Frauen Angst vor einem hohen Gehalt?

Möglicherweise trauen sich einige Frauen wirklich nicht zu, mehr Geld zu verdienen. Die Hauptgründe sind aber eher an anderen Stellen zu finden. Zunächst einmal nutzen Frauen andere

Maßstäbe für die Bewertung ihrer Leistung als Männer und sie setzen ihr persönliches Analyseergebnis anders in Zahlen um. Dabei hat es sich längst herumgesprochen, dass Frauen in denselben Berufen häufig bessere Ergebnisse abliefern als viele ihrer männlichen Kollegen. Auch vergleichen die wenigsten Frauen ihre Gehaltswünsche mit den Einkommen von Männern.

Der zweite Grund ist allerdings noch viel aufschlussreicher. Es hat sich gezeigt, dass Männer ihren Job nach seinem Prestige und der Höhe des damit verbundenen Gehalts auswählen. Frauen dagegen gehen nach Inhalten. Sie wollen Berufe, die sie interessieren und ausfüllen. Männer und Frauen wechseln aus denselben Motiven ihre Jobs, wobei sich gezeigt hat, dass Männer sich mittelfristig finanziell schlechter stellen, während Frauen finanziell dazugewinnen. Allerdings lehnen Frauen nicht selten besser dotierte Jobs ab, wenn sie feststellen müssen, dass der Beruf mit dem Privatleben kollidiert. Geld und Status sind für Frauen eher nebensächlich. Unternehmen, die sich ernsthaft um einen höheren Anteil weiblicher Top-Manager bemühen, müssen das in ihre Kalkulationen einbeziehen und dem Wunsch nach einem Privatleben stärker Rechnung tragen.

Betrachtet man allerdings das Haushaltsnettoeinkommen in den Tabellen 5 und 6 nach Frauen und Männern getrennt, dann fällt auf, dass die Unterschiede de facto vergleichsweise niedrig ausfallen.

Ein direkter Vergleich der Einkommen von Männern und Frauen zeigt, dass die Unterschiede überwiegend gering sind. Besonders auffällig ist der Anteil allein stehender Witwen, die mit wenig Geld auskommen müssen. Auch gibt es fast 0,9 Millionen geschiedener Frauen mehr, die mit einem monatlichen Nettoeinkommen bis 1500 Euro haushalten müssen, was durch eventuelle Kinder im Haushalt erschwert wird. Tabelle 7 zeigt die einzelnen Differenzen anhand der absoluten Bevölkerungszahlen. Negative Zahlen kennzeichnen eine höhere Anzahl von Männern in der jeweiligen Kategorie.

Tabelle 5: Haushaltsnettoeinkommen – Frauen

Frauen	Ledig ohne Partner		Verwitwet ohne Partner		Geschieden ohne Partner		Verheiratet		Ledig, verwitwet oder geschieden mit Partner	
	in Mio.	in %	in Mio.	in %	in Mio.	in %	in Mio.	in %	in Mio.	in %
Gesamt	6,06	18 %	4,94	15 %	2,3	7 %	16,9	50 %	3,5	10 %
Unter 1000 €	1,12	26 %	1,51	35 %	0,81	19 %	0,66	15 %	0,24	6 %
1000–1499 €	1,39	20 %	1,87	27 %	0,8	12 %	2,37	34 %	0,53	8 %
1500–1999 €	1,04	16 %	0,64	10 %	0,36	5 %	3,88	58 %	0,76	11 %
2000–2499 €	0,67	14 %	0,4	8 %	0,17	3 %	3,04	63 %	0,57	12 %
2500–2999 €	0,52	15 %	0,21	6 %	0,07	2 %	2,3	65 %	0,45	13 %
3000–3499 €	0,4	15 %	0,11	4 %	0,05	2 %	1,78	66 %	0,37	14 %
3500 € u. mehr	0,92	20 %	0,2	4 %	0,04	1 %	2,88	62 %	0,58	12 %

Quelle: AWA 2004

Tabelle 6: Haushaltsnettoeinkommen – Männer

Männer	Ledig ohne Partner		Verwitwet ohne Partner		Geschieden ohne Partner		Verheiratet		Ledig, verwitwet oder geschieden mit Partner	
	in Mio.	in %	in Mio.	in %	in Mio.	in %	in Mio.	in %	in Mio.	in %
Gesamt	7,55	24 %	1,14	4 %	1,33	4 %	17,38	56 %	3,76	12 %
Unter 1000 €	1,22	45 %	0,26	10 %	0,37	14 %	0,61	22 %	0,25	10 %
1000–1499 €	1,45	27 %	0,36	7 %	0,36	7 %	2,58	48 %	0,67	12 %
1500–1999 €	1,27	20 %	0,21	3 %	0,27	4 %	3,89	61 %	0,76	12 %
2000–2499 €	0,89	18 %	0,1	2 %	0,12	3 %	3,13	65 %	0,59	12 %
2500–2999 €	0,81	21 %	0,05	1 %	0,08	2 %	2,37	62 %	0,5	13 %
3000–3499 €	0,65	23 %	0,06	2 %	0,04	1 %	1,67	58 %	0,44	16 %
3500 € u. mehr	1,26	25 %	0,1	2 %	0,09	2 %	3,13	61 %	0,55	11 %

Quelle: AWA 2004

Tabelle 7: Haushaltsnettoeinkommen – Differenz zwischen Frauen und Männern

Differenz: Frauen – Männer in Mio.	Ledig ohne Partner	Verwitwet ohne Partner	Geschieden ohne Partner	Verheiratet	Ledig, verwitwet oder geschieden mit Partner
Gesamt	− 1,49	3,8	0,97	− 0,48	− 0,26
Unter 1000 €	− 0,1	1,25	0,44	0,05	− 0,01
1000–1499 €	− 0,06	1,51	0,44	− 0,21	− 0,14
1500–1999 €	− 0,23	0,43	0,09	− 0,01	0
2000–2499 €	− 0,22	0,3	0,05	− 0,09	− 0,02
2500–2999 €	− 0,29	0,16	− 0,01	− 0,07	− 0,05
3000–3499 €	− 0,25	0,05	0,01	0,11	− 0,07
3500 € u. mehr	− 0,34	0,1	− 0,05	− 0,25	0,03

Quelle: AWA 2004; Berechnungen: Bluestone AG

Das Gehaltsniveau von Frauen wird sich dem der Männer in den kommenden Jahren weiter annähern. Der Anteil der Haushalte, in denen Einkommensparität besteht oder Frauen sogar besser verdienen als ihre Männer, steigt. Laut einer *Brigitte*-Studie von 2004 soll bereits jede siebte Frau mehr Geld nach Hause bringen als ihr Partner.

Die Wahrheit über die Quote der weiblichen Kaufentscheidungen

In Deutschland kursiert die viel zitierte Aussage, 80 Prozent aller Kaufentscheidungen würden von Frauen getroffen oder zumindest wesentlich beeinflusst werden. Eine Quelle für diese Angabe ist jedoch unauffindbar. Tatsächlich tauchte diese Zahl zuerst in den USA auf und ist dort in einigen Veröffentlichungen inzwischen auf 83, 85 oder sogar 88 Prozent gestiegen. Es entsteht der Eindruck, dass diese Zahl vor einigen Jahren den Atlantik übersprungen hat und in Deutschland einfach als Tatsache aufgegriffen wurde. Die zuletzt 1983 durchgeführte Untersuchung Kaufeinflüsse der Burda GmbH scheint als Einzige die Frage nach den unterschiedlichen Einflussanteilen von Frauen und Männern auf Käufe in den Fokus gestellt zu haben. Was immer damals die Ergebnisse waren – sie sind auf Grund der enormen Weiterentwicklung unserer Gesellschaft nach über 20 Jahren definitiv veraltet.

Die Abwesenheit aktueller und umfassender Forschung bedeutet jedoch nicht automatisch, dass der überwiegende Anteil aller Kaufentscheidungen doch von Männern getroffen wird. Wir können getrost davon ausgehen, dass das Gros der Frauen in ihren Rollen als Single, Partnerin oder Mutter für die Haushaltsführung zuständig ist und noch eine Weile lang bleibt. Neben Lebensmitteln kümmern sie sich um den Erwerb von Kindersachen, Männerunterwäsche, großen und kleinen Haushaltsgeräten, um ihr eigenes Shopping-Vergnügen und vieles andere mehr. Doch die existierenden Einzelstudien erlauben bislang keine Vergleiche zwischen den verschiedenen Erhebungsergebnissen und schon gar keine gesicherten pauschalen Angaben zu der Gesamtheit aller Kaufentscheidungsprozesse.

Einige Angaben, die als gesichert gewertet werden können:

1. Die belgische Unternehmensberatung Fé.losophy[46] hat im Rahmen einer Europäischen Studie lediglich für Belgien ermitteln können, dass dort 79 Prozent aller Kaufentscheidungen von Frauen getroffen beziehungsweise stark beeinflusst werden. Die Ergebnisse der Studie wurden bisher ausschließlich in dem Buch »Het Verboden Recept« veröffentlicht. Diese Zahl bestätigte mir die Autorin Katja van Putten jedoch ausdrücklich.

2. Eine Nachfrage bei der Gesellschaft für Konsumforschung (GfK)[47] ergab, dass die Konsumentenpanels dort bislang nicht geschlechtsspezifisch ausgewertet werden. Tatsächlich, so die Aussage, sind die Schwankungen zwischen den Produktgruppen teilweise sehr groß. Man konnte aber zumindest eine

Zahl nennen: Frauen entscheiden über den Kauf von 90 Prozent aller Güter des alltäglichen Bedarfs, der so genannten Fast Moving Consumer Goods (FMCG).

Hier eröffnet sich für die Marktforscher ein riesiges neues Arbeitsgebiet, das den dezidierten Vergleich zwischen Frauen und Männern in ihrer Rolle als Konsumenten ermöglicht.

Fazit

Frauen stellen die Mehrheit der Bevölkerung dar. Die jüngeren Generationen unterscheiden sich in allen Lebensbereichen immer stärker von den älteren. Die jungen Frauen werden immer selbständiger und gestalten ihr Leben nach ihren eigenen Vorstellungen. Sie werfen viele traditionelle Bestandteile des weiblichen Rollenschemas mit großer Selbstverständlichkeit über Bord.

FRAUEN

- leben länger allein und warten immer länger mit der Heirat und der Geburt von Kindern;
- probieren viele verschiedene Lebens- und Familienmodelle aus, wenn die traditionellen Lebensweisen für die Gestaltung der individuellen Lebenswelt nicht mehr ausreichen;
- bewohnen 58 Prozent der Single-Haushalte in Deutschland, wobei die überwiegende Anzahl von ihnen ältere Witwen sind; insgesamt leben 19 Prozent aller Frauen allein; Prognosen besagen allerdings, dass ihr Anteil bis 2020 auf 25 Prozent steigen wird;
- sind zu 45 Prozent verheiratet; das entspricht 18,8 Millionen Frauen. Rund zwei Millionen leben in festen Partnerschaften ohne Trauschein;
- leben zu 28 Prozent mit zumeist minderjährigen Kindern in einem Haushalt zusammen, für die sie eine Vielzahl von Kaufentscheidungen tätigen;

- lassen sich immer häufiger scheiden; sie stellen 58 Prozent aller Scheidungsanträge, was zu der hohen Scheidungsquote von über 50 Prozent beiträgt;
- sorgen meistens nach der Scheidung dafür, dass die Kinder bei ihnen bleiben; 84 Prozent aller Alleinerziehenden sind Frauen;
- legen inzwischen besonderen Wert auf ihre Ausbildung; sie schneiden sowohl in der Schule als auch in der Berufsausbildung beziehungsweise im Studium besser ab als die männlichen Mitschüler oder Kommilitonen und die Kluft scheint sich immer weiter zu vergrößern;
- erbringen heutzutage in den naturwissenschaftlichen Fächern dieselbe oder sogar bessere Leistungen als Jungen beziehungsweise junge Männer;
- ziehen nach wie vor typische »Frauenberufe« vor, weil sie sich auf Grund ihrer natürlichen Fähigkeiten stärker zu den damit verbundenen Tätigkeiten und Aufgabenbereichen hingezogen fühlen; ein beträchtlicher Teil hat inzwischen begonnen, männliche Domänen, beispielsweise die Naturwissenschaften, zu erstürmen; die Studienfächer Mathematik, Biologie, Biotechnologie und Biochemie sind unterdessen fest in weiblicher Hand; in den Wirtschaftswissenschaften sind mittlerweile ebenso viele Frauen wie Männer vertreten;
- sind nach wie vor zu wenig im Top-Management von Unternehmen vertreten und besetzen lediglich zwölf Prozent der Professuren an Universitäten; gerade in Forschung und Lehre steigt ihr Anteil aber vergleichsweise schnell;
- entscheiden sich immer öfter für eine Berufstätigkeit; 2002 arbeiteten 65,3 Prozent aller 15- bis unter 65-jährigen Frauen; damit stellten sie 43,5 Prozent aller Berufstätigen in Deutschland;
- werden inzwischen seltener arbeitslos als Männer;
- sind zumeist Angestellte, doch der Anteil selbständiger Frauen steigt stetig an;
- verdienen noch immer weniger Geld als Männer; das liegt zum einen an ihrer Berufswahl (geringer bezahlte Frauenberufe),

zum anderen an einer tatsächlich geringeren Entlohnung, als Männer für dieselben Aufgabenbereiche erhalten; Letzteres ist teilweise auch dadurch begründet, dass Frauen weniger Gehalt fordern; insgesamt fallen die Unterschiede jedoch geringer aus, als vielfach publiziert wird;

- suchen sich ihre Jobs nach anderen Kriterien aus als Männer: Frauen wünschen sich Aufgaben, die sie interessieren und ausfüllen; darüber hinaus darf der Beruf nicht mit ihrem Privatleben kollidieren.

Frauen sind schon längst eine hoch interessante Zielgruppe für die Wirtschaft. Der Großteil verfügt inzwischen über finanzielle Autonomie. Auch wenn Frauen momentan noch weniger als Männer verdienen, so zeigt sich seit Jahren, dass die Schere schon längst begonnen hat, sich zu schließen. Beruflich haben insbesondere die jungen Frauen glänzende Chancen.

Die gesamte demografische Entwicklung weist auf eine verstärkte selbständige Lebensführung von Frauen hin. Sie gehen immer weniger Kompromisse ein, wenn es um die Gestaltung ihres (Privat-)Lebens geht. Statt ihr Dasein unglücklich zu verbringen, entschließen sie sich immer öfter zur Trennung von ihrem Partner. In dieser und in anderer Beziehung wächst ihr Anspruch stetig. Es ist daher nicht verwunderlich, dass sie es vorziehen, zumindest zeitweise auf einen Lebensgefährten zu verzichten, wenn »der Richtige« noch nicht in Sicht ist. Dieses Verhalten hat natürlich großen Einfluss auf Haushaltsstrukturen. Je mehr Menschen sich für ein Leben als Single oder Alleinerziehende entscheiden, desto mehr einzelne Haushalte entstehen. Für die Anbieter von Produkten für die Ausstattung von Wohnungen bedeutet das künftig eine deutliche Verschiebung auf ihrem Markt. Die Nachfrage nach großen Möbelstücken wird zurückgehen, dafür wird der Bedarf an Möbeln für kleinere Wohnungen und für weniger Personen steigen. Hersteller von technischen Haushaltgeräten sehen einem steigenden Absatz entgegen, denn Kühlschränke, Telefone, Unterhaltungselektronik und der persönliche Computer gehören in jeden Haushalt. Wenn jedoch Männer und Frauen zunehmend voneinander getrennt leben, dann steigt auch die Notwendigkeit für Gender Marketing, weil Männer verstärkt dazu übergehen müssen, ihre Möbel selbst auszusuchen, während Frauen sich selbst um die Anschaffung von technischem Gerät kümmern.

Überhaupt gestalten die Frauen ihr Leben heute selbständiger als je zuvor. Traditionelle Rollenmodelle werden insbesondere von den jüngeren Frauen reihenweise gestürzt. Sie sind besser ausgebildet als ihre Mütter und sogar als viele Männer ihres Alters. Sie wachsen zu einer neuen Generation von Konsumentinnen heran, die aufgeklärter und bewusster ist als diejenige ihrer Mütter und Großmütter. Sie stellen ganz neue Anforderungen an Gesellschaft und Unternehmen, sowohl als Arbeitnehmerinnen als auch als Konsumentinnen. Und es besteht gar kein Zweifel, dass sie ihre neu gewonnenen Freiheiten mit der größten Selbstverständlichkeit an ihre Kinder weitergeben.

4. Natürliche Unterschiede zwischen Frauen und Männern

Unzählige Bücher wurden in den letzten Jahren über die Unterschiede zwischen Frauen und Männern geschrieben. Die Leserinnen und Leser geben den Autoren Recht. Das Bedürfnis, das andere Geschlecht, aber ebenso die eigenen Reaktionen im Umgang damit zu verstehen, ist größer denn je. Die Veränderung sozialer Rollenbilder trägt dazu bei, dass die Interaktionen zwischen Männern und Frauen nicht nur immer zahlreicher, sondern auch komplexer werden. Letztlich sind sich Männer und Frauen wahrscheinlich in nur einem Punkt jemals einig: Dass Männer und Frauen einander wahrscheinlich nie verstehen werden. Die Erklärung dafür findet sich – wie so oft – in der Vergangenheit.

Als Menschen noch in der Steinzeit lebten, war die Rollenverteilung eindeutig. Die Aufgabe der Männer bestand in der Jagd, um die Familie mit Fleisch zu versorgen. Darüber hinaus hatten sie zur Verteidigung der Gruppe beizutragen. Diese Verteidigung konnte sich einerseits gegen äußere Feinde richten, die die Sippe anzugreifen drohten, andererseits kämpften Männer aber auch um Territorien und Ressourcen. Ziel solcher Auseinandersetzungen war der Schutz der eigenen Nachkommen und damit die Erhaltung der Art.

Frauen dagegen gebaren Kinder, sorgten für deren Aufzucht und pflegten die Gemeinschaft mit anderen Frauen in der Gruppe. Sie sammelten Früchte und Wurzeln, kümmerten sich um die Nahrungszubereitung und häusliche Tätigkeiten. Ihr Leben war ebenfalls vollständig auf die Erhaltung der Art ausgerichtet.

Die Evolution bildete die Fähigkeiten von Männern und Frauen perfekt aus, um sich in den unterschiedlichen Tätigkeiten ergänzen zu können, die das Überleben sicherten. Neben der Ausbildung verschiedener physiologischer Merkmale passte sich das Gehirn mitsamt aller Funktionen an die Lebensweise und damit an die Geschlechterrollen an. Männer waren auf die Talente der Frauen in gleichem Maße angewiesen wie die Frauen auf männliche Fertigkeiten. Die Aufgabenverteilung blieb seit Jahrmillionen bis zum Anbruch des 19. Jahrhunderts unserer Zeitrechnung beinahe unverändert, auch wenn sich vor 7000 Jahren Ackerbau, Viehzucht und daraufhin das Handwerk zu entwickeln begannen.

Gene oder Prägung?

Eine seit Jahren viel diskutierte Frage lautet, ob der Mensch ein Produkt seiner Gene oder seiner Umwelt ist. Wie wir aber noch sehen werden, ist die Antwort auf diese Entweder-oder-Frage tatsächlich eine Sowohl-als-auch-Angelegenheit.

Die Vertreter der reinen Gen-These folgen einem deterministischen Weltbild. Sie argumentieren folgendermaßen: Wenn unsere körperlichen und geistigen Eigenschaften von den Genen festgelegt werden, dann ist es nur logisch, dass wir tun, was wir tun. Wir können gar nicht anders. Einer Schablone entsprungen, sind wir demnach weder freiheitlich handlungsfähig noch für unsere Taten verantwortlich. Für seine Gene kann schließlich niemand etwas. Dieser Ansatz geht auf ein mechanistisches Verständnis von Wissenschaft und Natur zurück[48].

Die Vertreter der Gegenseite verfechten vornehmlich den Ansatz des Behaviourismus. Die Grundaussage dieser Lehre lautet, dass alle Menschen ein Produkt ihrer Umwelt sowie ihrer Sozialisation sind. Im Prinzip wird dadurch die These vertreten, dass alle Menschen wie weiße Blätter geboren werden, die von ihrer Umgebung bemalt werden. Der Feminismus übernahm diese Ansichten und erkor den ursprünglich von Simone de Beauvoir formulierten Ausspruch zu ihrem Leitsatz: »Niemand wird als Frau geboren. Man wird dazu gemacht.«

Beide Ansätze widersprechen zunächst einmal der grundlegenden Haltung unserer Kultur, die von der Aufklärung geprägt ist. Wir verdanken Immanuel Kant die Annahme, der Mensch würde einen freien Willen besitzen, der sich durch seine Autonomie definiert[49]. Auf dieser Annahme basiert das gesamte Rechtssystem der westlichen Welt. Wer wegen einer Straftat vor Gericht steht, hat sich für eine frei entschiedene Tat zu verantworten. Als mildernde Umstände für die Urteilssprechung werden nur Beeinträchtigungen des Urteilsvermögens zur Tatzeit zugelassen. Dazu gehören verminderte Zurechnungsfähigkeit, geistige Behinderung, ein alkoholisierter Zustand, Affekthandlungen und in den USA der übermäßige Genuss von Schokolade. Der freie Wille wird sowohl von den Genetikern als auch den Behaviouristen negiert.

Die Forschung von Martin P. Seligman widerlegt nicht nur den Behaviourismus in seiner Reinform, sie bringt zudem Dinge zusammen, die vorher strikt voneinander getrennt waren. Seit 1965 forscht Seligman an der University of Pennsylvania zu Themen wie Hilflosigkeit, Optimismus, Depressionen etc. In seinem Buch »Learned Optimism« beschreibt er, wie er mit Tim Beck Therapien gegen Depression entwickelte. Tim Beck hatte in den späten sechziger Jahren entdeckt, dass Depressionen nicht Symptome für eine zu diesem Zeitpunkt noch unbekannte Krankheit seien, sondern die Krankheit selbst. Nancy Andreasen, Psychiatrieprofessorin an der University of Iowa, ist nur eine von vielen, die der Depression ausschließlich biologische Ursachen zuschrieb. Diese biologischen Ursachen wurden als »chemisches Ungleichgewicht« im Gehirn umschrieben. Zahlreiche Forscher fanden verschiedene Erklärungen, von denen ein Großteil einen Mangel oder eine zu hohe Menge an Botenstoffen im Gehirn, so genannten Neurotransmittern, vermutete. Verdächtigt wurden aber auch Hormonschwankungen, Lichtmangel und sogar einzelne Gene (Gen 5-HTT). Andere Wissenschaftler[50] übertraten die Grenzen, die traditionell zwischen Psychologie und Biochemie lagen. Sie stellten fest, dass eine enge Verbindung zwischen psychischen Prozessen und dem biochemischen Cocktail im Gehirn besteht. Antidepressiva tragen zur Steigerung der Ausschüttungsmenge des Botenstoffs Serotonin bei, was zu einer Stimmungsaufhellung führt. Umgekehrt hat sich aber auch herausgestellt, dass mit der so genannten Kognitiven Therapie, einem psychologischen Verfahren zur Veränderung von Denkweisen beziehungsweise Gedankenmustern, die Stimmung gehoben wird, was wiederum zu einer Veränderung der Konzentration von Neurotransmittern und Hormonen führt. Auf dieselbe Weise funktioniert der so genannte Placebo-Effekt. In unzähligen Studien wurde festgestellt, dass Zuckerpillen dieselbe Wirkung auf Patienten haben können wie echte Medikamente. Der Glaube an die in Wirklichkeit wirkungslosen Pillen löst eine echte körperliche Heilung aus. Aus diesem Grund trägt der Besuch von Wunderheilern und Schamanen bei vielen Menschen tatsächlich zu einer Verbesserung ihres Gesundheitszustands bei. Dieser Zusammenhang wird in der Psychosomatik beschrieben, einem zunehmend auch von der Schulmedizin anerkannten Prinzip. Es besagt, dass im Grunde alle körperlichen Erkrankungen eine seelische Ursache haben und dass umgekehrt körperliche Symptome Auswirkungen auf die geistige Verfassung haben. Es kann also festgestellt werden, dass zumindest in diesem Punkt Geist und Materie eng miteinander verbunden sind.

In der Vertiefung der Thematik finden sich noch viel mehr Abhängigkeiten. Gene bilden den Bauplan des Körpers. Sie steuern den Aufbau des Organismus sowie die Stoffwechselprozesse in den Zellen. Gene sind somit für die Grundstruktur des Gehirns zuständig. Der Mensch besitzt etwa 35 000 Gene. Das ist deutlich weniger, als die Wissenschaftler vor Abschluss des Human Genome Project angenommen hatten. Damit hat der Mensch nur doppelt so viele Gene wie eine Fliege und deutlich weniger als ein Molch. 99,9 Prozent der Gene aller Menschen sind gleich, auch doch durch die eine verbleibende Promille ergeben sich zwei Millionen Variationsmöglichkeiten. Das womöglich Wichtigste ist aber, dass fast alle Gene mittelbar oder unmittelbar Auswirkungen auf die Prozesse im Gehirn haben.

Kommen wir nun noch einmal zurück zu der Frage, ob der Mensch durch seine Gene oder seine Umwelt beherrscht wird. Hierzu lohnt sich ein Blick auf die Grundlagenforschung. Das National Institute of Mental Health in den USA erforscht seit Jahrzehnten die Einflussfaktoren auf die Entwicklung von Kindern im Tierexperiment an Affen.[51] Dabei hat sich gezeigt, dass das Überleben aggressiver Affenkinder von der Geduld ihrer Mutter abhängt, während pflegeleichte Affenjungen von geduldigen und ungeduldigen Müttern gleichermaßen aufgezogen werden. Hieraus wird abgeleitet, dass die Kombination aus den genetischen Anlagen (Aggressivität) und der Umwelt (Mütter) über die Entwicklung entscheidet. Die Forschungsergebnisse gelten als auf den Mensch übertragbar.

Wenn also festgestellt werden kann, dass sowohl die Gene als auch die Prägung eine Rolle spielen, dann stellt sich unweigerlich die Frage, was davon wichtiger ist. Tatsächlich lässt sich diese Frage nicht ohne weiteres beantworten. Ein Sportler mit optimalen genetischen Anlagen ist einem Sportler mit einer körperlich schlechteren Disposition definitiv überlegen, selbst wenn beide dasselbe Training absolvieren. Sind zwei Sportler genetisch gleichermaßen gut ausgestattet, entscheidet das bessere Training über den größeren Erfolg.

Zusammenfassend ist festzuhalten, dass die genetischen Anlagen den Menschen in Wechselwirkung mit der Umwelt zu dem machen, was er ist. Das Zusammenspiel dieser beiden Teile ergibt für den Einzelnen das große Spektrum seines Entwicklungspotenzials. Ethischen Diskussionen zum Trotz würde die Kenntnis der eigenen genetischen Zusammensetzung Menschen erlauben, bewusst mit dem Wissen um ihre Anlagen umzugehen. Sie würden Anlagen bewusst fördern oder diesbezüglichen Auswirkungen entgegensteuern können.

Schauen wir uns also noch einmal die ursprüngliche Aussage

an: »Niemand wird als Frau geboren. Man wird dazu gemacht.« Frauen werden als Frauen geboren und Männer als Männer, sieht man von den weniger eindeutigen Variationen der Natur ab, die sich in Form von Hermaphroditen, transsexuellen und homosexuellen Menschen manifestieren. Es hängt aber stark von der Erziehung und der sozialen Umwelt ab, wie sehr die typischen Charaktermerkmale der Geschlechter ausgeprägt werden. In einer Gesellschaft können genetische Faktoren verstärkt oder abgemildert werden. Als Frauen in den sechziger Jahren des 20. Jahrhunderts ihre Büstenhalter zu verbrennen begannen und auf diese Weise unter anderem die Abkehr von den Werten der älteren Generationen im Hinblick auf Frauenbilder und -rollen signalisierten, hatte dies auch Auswirkungen auf das Konsumverhalten. In Deutschland ging die Emanzipation der Frau mit dem Verzicht auf dekorative Kosmetik einher. Schönheit und Attraktivität, die eigentlich tief im Wesen von Frauen verwurzelt sind, verloren mittels gezielter Kampagnen an Wert. In manchen sozialen oder politischen Gruppierungen waren gestylte Frauen nur ungern gesehen und wurden zuweilen selbst von anderen Frauen regelrecht diskriminiert. In unseren Zeiten müssen wir uns um viel schwerwiegendere Dinge Gedanken machen. Wenn die Medien Formate wie »The Swan«[52] (2004 auf Pro7) ausstrahlen, ist das sehr bedenklich: Welchen Einfluss üben sie auf die Gesellschaft aus und welche Konsequenzen hat das insbesondere für die weiblichen Zuschauer? Es drängen sich weitere Fragen auf. Soll Schönheit als etwas Relatives, etwas Käufliches, etwas, das nur Privilegierten zugänglich ist, oder als etwas unbedingt Notwendiges verstanden werden? Sollen sich alle Frauen unters Messer legen (und Geld in die Kassen von Chirurgen spülen, die bereitwillig gesunde Körper operieren)?

Solche Beispiele gibt es an allen Ecken und Enden. Unternehmen mischen kräftig bei diesem Spiel mit, indem sie ihre Kommunikation auf Images und Bildern aufbauen. Die Frage ist nur, ob die gewählten kommunikativen Mittel und Wege den Verbrauchern nützen oder schaden. Für manche Firmen mag diese

Fragestellung unerheblich sein, weil ihre Priorität beim eigenen finanziellen Vorteil liegt. Gerade jetzt aber ändert sich vieles, insbesondere bei den Verbraucherinnen. Sie beginnen verstärkt darauf zu achten, welche Marke sie im Erreichen ihrer persönlichen Ziele unterstützt und welche ihren Selbstwert untergräbt. Doch dazu später mehr.

Männliche und weibliche Gehirne – und was ihre Unterschiede bewirken

Biologen und Mediziner nahmen bis in die sechziger Jahre des 20. Jahrhunderts an, dass männliche und weibliche Gehirne identisch aufgebaut sind und auf dieselbe Weise funktionieren. Das Gehirn galt nicht als zu den Geschlechtsorganen gehörend, also gab es für Wissenschaftler keine Veranlassung anzunehmen, hier könnten physiologische Unterschiede bestehen. Alle bis dahin gewonnenen Erkenntnisse über das Denkorgan stammten aus Untersuchungen gefallener Soldaten.[53] Und die waren damals ausschließlich männlich.

Der Standard in der Hirnforschung ist nach wie vor die Erforschung männlicher Gehirne. Vergleichende Studien finden in aller Regel nur da statt, wo die Fragestellung ebendies erfordert. Und so sind manche wichtigen Forschungsergebnisse nur dem Zufall zu verdanken. Dabei sind weibliche und männliche Gehirne so auffallend unterschiedlich, dass daraus gravierende Konsequenzen entstehen.

Die nachfolgend aufgeführten Forschungsergebnisse sind für das Marketing tatsächlich relevant, denn sie definieren diejenigen Unterschiede zwischen Frauen und Männern, die bei der Entwicklung von Produkten, in der Kommunikation sowie bei der Gestaltung des Vertriebs von größter Bedeutung sind.

Das menschliche Hirn wiegt ungefähr 1,4 Kilogramm. Damit ist es über dreimal größer als das Gehirn eines Gorillas. Es hat sich in den vergangenen 50 000 Jahren nicht verändert und ist seither kaum gewachsen.[54] Die linke Gehirnhälfte ist bei Frauen und Männern gleichermaßen für Logik, Vernunft und Sprache zuständig, während die rechte Gehirnhälfte für die Verarbeitung von Emotionen und Kreativität verantwortlich ist. Die linke Gehirnhälfte steuert die rechte Körperhälfte und umgekehrt. So viel zu den Gemeinsamkeiten.

Weibliche Gehirne sind ihre Gesamtmasse betreffend geringfügig kleiner als Gehirne von Männern. Dafür verfügen Frauen über mehr graue Gehirnmasse als Männer. Außerdem weist die Oberfläche ihrer Großhirnrinde mehr Falten und tiefere Furchen auf als bei Männern. Auf diese Weise wird die Gehirnoberfläche vergrößert, denn der Schädel bietet nur ein begrenztes Platzangebot. Diese Anordnung hat einen interessanten Effekt. Sie erlaubt Frauen eine höhere Anzahl von Verschaltungen zwischen Nervenzellen[55], was die Leistungsfähigkeit ihrer Gehirne erhöht. Demnach ist das uralte Vorurteil, Frauen könnten keine komplexen Zusammenhänge erkennen, schlichtweg falsch. Frauen sind tatsächlich in der Lage, komplexere Informationen zu verarbeiten als Männer. Weibliche Gehirne arbeiten effizienter als männliche, da die »grauen Zellen« – salopp gesagt – für die Rechnerleistung zuständig sind. Mehr noch: Frauen sind Männern hinsichtlich der allgemeinen Intelligenz um durchschnittlich drei Prozent überlegen.[56] Zudem ist die weibliche rechte Gehirnhälfte noch stärker ausgebildet als die linke. Daraus erklären sich die höheren emotionalen Fähigkeiten von Frauen.

Die beiden Gehirnhälften sind über einen Nervenfaserstrang, Corpus callosum genannt, miteinander verbunden. Das weibliche Corpus callosum ist nicht nur um zehn Prozent dicker als das männliche, es bestehen auch um 30 Prozent mehr neuronale Verbindungen zwischen den Hemisphären. Das Corpus callosum steht in unmittelbarem Zusammenhang mit der weiblichen Eigenschaft, stets beide Gehirnhälften gleichzeitig zu benutzen. Daraus ergeben sich viel mehr Unterschiede als nur die Tatsachen, dass etwa 50 Prozent aller Frauen Schwierigkeiten haben, ihre linke und rechte Hand auseinander zu halten, und dass es mehr beidhändig veranlagte Frauen als Männer gibt. Männer dagegen nutzen beide Gehirnhälften im Wechsel, bevorzugt jedoch die linke Gehirnhälfte.

Aus der gleichzeitigen beziehungsweise sequenziellen Nutzung der Gehirnhälften resultieren die gänzlich unterschiedlichen Denkschemata von Männern und Frauen. Männer sind in der Regel nur in der Lage, eines nach dem anderen zu erledigen. Die Gehirne von Männern sind durch ihre starke Segmentierung in einzelne Bereiche gekennzeichnet. Männer vollziehen deswegen das landläufig bekannte Schubladendenken. Sie gliedern und ordnen Informationen, weisen ihnen gesonderte Speicherplätze zu und erstellen ein Verzeichnis. Dadurch sind sie in der glücklichen Lage, Probleme tatsächlich bis zu einem festgelegten Zeitpunkt beiseite zu legen. Sie können sich darauf verlassen, nichts Wichtiges zu vergessen. Ist dies am Ende eines langen Tages geschehen, begibt sich das Gehirn eines Mannes in den Ruhezustand. Messungen zeigen, dass sich die Gehirnaktivität dann um mindestens 70 Prozent reduziert. Wenn Männer sich heute in ihren Ruhemodus begeben, dann geschieht das analog zu dem Ausruhen nach der Jagd in Vorzeiten. Fast drängt sich der Verdacht auf, dass das männliche Gehirn herunterfährt, damit sein Besitzer nicht auf den Gedanken kommt, sich nach einem anstrengenden Tag körperlich weiter zu verausgaben. Nicht selten beschränkt sich ihre restliche Aktivität des Abends auf den Daumen an der TV-Fernbedienung.

Ihr konzentrierter Zugang zu einzelnen Hirnbereichen erlaubt Männern, im Gegensatz zu vielen Frauen, Spezialisten in einem begrenzten Fachbereich zu werden. So sind weltweit 96 Prozent aller technischen Experten Männer.[57] Das weibliche Hirn dagegen kann Informationen nicht in derselben Weise verarbeiten. Frauen empfangen und analysieren ständig Informationen aus ihrer Umwelt und unterscheiden sich darin stark von Männern. Probleme werden erst dann abgelegt, wenn sie zufrieden stellend gelöst worden sind. Bis es so weit ist, ziehen die Probleme marodierend durch das weibliche Gehirn. Und so ist es auch nicht weiter verwunderlich, dass weibliche Gehirne in ihrem »Ruhezustand« noch immer eine Aktivität von 90 Prozent aufweisen.

Frauen empfinden die von sequenziellem Hirngebrauch geprägte männliche Denkweise als »einspurig«, denn sie selbst sind fähig zum Multitasking. Das weibliche Gehirn ist in der Lage, völlig unterschiedliche Tätigkeiten gleichzeitig zu koordinieren. Und wenn Männer die geborenen Spezialisten sind, dann sind die Frauen geborene Generalisten. Sie jonglieren jederzeit mit den unterschiedlichsten Informationen, Aufgaben, Tätigkeiten und denken dabei noch an andere Menschen in ihrer Umgebung.

Männliche Domänen

Männer können sich stets nur auf eine Sache richtig konzentrieren. Während Frauen gleichzeitig kochen, das Rezept lesen, telefonieren, sich um die Kinder kümmern und zwischendurch etwas im Internet nachschauen können, ist ein Mann im extremen Fall nicht in der Lage, den Videorekorder zu programmieren, wenn sich zwei Leute neben ihm unterhalten. Männer brauchen Bastelkeller und andere Refugien mit abschließbaren Türen, ausgestattet mit einer Vielzahl von Handwerkszeug mit jeweils genau einer Funktion. Dann können sie sich zurückziehen, um sich, von allen anderen Störfaktoren befreit, sequenziellen Abläufen zu widmen. Beobachtet man bei Frauen eine hohe Gegenwärtigkeit von Radios in Küchen oder am Arbeitsplatz, sucht man bei Männern in ihren Hobbyräumen vergebens danach. Männer, die telefonieren, während sie ein Regal zusammenschrauben oder ein Sportereignis verfolgen, sind so gut wie undenkbar. Aber ausgerechnet beim Autofahren entdeckt man sie dann, wie sie in vermeintliche Selbstgespräche vertieft oder gar mit dem Handy am Ohr ein gefährliches Fahrmanöver nach dem anderen vollziehen. Die Wahrscheinlichkeit, dass sie dabei einen Verkehrsunfall verursachen, ist bei Männern doppelt so hoch wie bei Frauen[58].

Dabei hat Mutter Natur die Männer eigentlich mit der besseren Befähigung für das Autofahren versehen. Einer der ganz wesentlichen Unterschiede liegt in den für die meisten Frauen nicht nachvollziehbaren visuell-räumlichen Fähigkeiten. Der Bereich, der für das räumliche Vorstellungs- und Verarbeitungsvermögen zuständig ist, ist eine der am stärksten ausgebildeten Gehirnregionen bei Männern. Es diente Männern vor Urzeiten dazu, ihre Aufgabe als Jäger wahrzunehmen. Sie mussten die Entfernung ihrer Beute abschätzen können und die Geschwindigkeit, mit der sie sich von ihnen weg oder auf sie zu bewegte. Der Ausgang der Jagd hing davon ab, wie genau die Männer ihre Steine oder Speere zielen konnten und wie viel Kraft sie in den Wurf legen mussten. Um überhaupt so weit zu kommen, mussten sie oft weite Wege auf sich nehmen, um die Beute aufzuspüren, und nach der Jagd wieder in die heimische Höhle zurückfinden. Die Beute, die Verteidigung und die Zeugungsfähigkeit waren über Jahrtausende die männlichen Beiträge zur Arterhaltung.

Das männliche Gehirn verfügt in der rechten vorderen Gehirnhälfte über einen definierten Bereich für das räumliche Vorstellungsvermögen. Frauen dagegen besitzen kein solches Zentrum. Bei ihnen ist das räumliche Vorstellungsvermögen über beide Gehirnhälften verteilt. Lediglich zehn Prozent aller Frauen haben dieselben räumlich-visuellen Fähigkeiten wie Männer.

Das vermutlich verblüffendste Exemplar der Gattung Homo technicus traf ich 1998 während einer Geschäftsreise in St. Petersburg. Der ursprünglich in Lettland geborene Mann verfügte über ein so phänomenales räumliches Vorstellungsvermögen, dass er auch jeden anderen Mann wort- und ratlos zurückließ. Er war in der Lage, aus Schaumstoffen die unglaublichsten Dinge zu schnitzen. Er erfand eine Technik, die bis zum heutigen Tage weltweit niemand mit Maschinen umzusetzen vermochte, einfach weil sie niemand versteht. Ich versuche sie mit meinen Worten zu erklären: Er faltet und knautscht Schaumstoffwürfel auf vielfältige Weise und setzt mit einem Cutter ausschließlich gerade Schnitte an. Wenn er fertig ist, dann sieht man nur an einer Seite des Würfels, dass irgendetwas passiert ist. Anschließend krempelt er das Innere nach außen. Was dann zum Vorschein kommt, ist schier unglaublich: Von Tieren bis zu stabilen Möbeln ist fast alles dabei. Er vermag die Objekte in jeder erdenklichen Größe herzustellen und tüftelt vermutlich bis an sein Lebensende an Weiterentwicklungen. Als wir uns vorgestellt wurden, verdiente er seinen Lebensunterhalt mit dem Verkauf kleiner Schaumstofftieren an Touristen. Er war schwerer Legastheniker und begann mit Mitte 30 noch einmal von vorn, sich das Lesen und Schreiben beizubringen, weil er ein Buch über seine Technik veröffentlichen wollte. Leider habe ich nie wieder von ihm gehört. Seit unserer Begegnung ziert ein kleiner Schaumstoffhund in Orange meinen Schreibtisch. Egal wie oft und wie lange ich ihn anstarre – ich werde wohl niemals dahinterkommen, wie er entstanden ist, obwohl ich es selbst gesehen habe.

Frauen stellen nur rund ein Prozent aller Piloten[59] kommerzieller Fluggesellschaften. Die überwiegende Anzahl der Frauen steht Männern in der Verarbeitung von Formen, Maßen, Koordinaten, Proportionen, Bewegungen, dreidimensionalen Eindrücken und der Lage von Objekten nach. Männer lieben alles, was damit zu tun hat. Sie wählen Berufe, die genau diese Fähigkeiten erfordern. Deswegen werden die meisten von ihnen bevorzugt Techniker, Naturwissenschaftler, Schach-Großmeister, Soldaten, Chirurgen, Erfinder, Computer-Fachleute und Sportler. All diese und andere Berufe enthalten in ihrer Ausprägung, wie wir sie heute kennen, die Fähigkeiten des Jägers und das sequenzielle Denkschema.

Es ist aber keinesfalls so, dass alle Frauen in diesen Bereichen hinter den Männern zurückbleiben. In Australien sind fünf Prozent aller Ingenieure weiblich. Ihr Gehalt ist im Durchschnitt 14 Prozent höher als das ihrer männlichen Kollegen[60]. Für Deutschland gibt es keine entsprechenden Studien, aber es zeigt sich auch in unseren Breiten immer wieder, dass Frauen stets die bessere Leistung als Männer erbringen, wenn beide über dieselben Fähigkeiten verfügen. Dafür sprechen nicht zuletzt die besseren

Studienabschlüsse von Studentinnen an technischen Fachbereichen. Dennoch sind auch hier geschlechtsspezifische Unterschiede festzustellen. Ingenieurinnen sind geschickter im Umgang mit Buchstaben, Ingenieure mit Zahlen. Buchstaben stehen für verbale Fähigkeiten, die für den Aufbau von Beziehungen zu anderen Menschen benötigt werden. Zahlen dagegen repräsentieren das räumliche Verhältnis von Objekten zueinander.[61]

Während Frauen in Parkhäusern auf der Suche nach ihrem Auto herumirren, haben Männer eine Karte in ihrem Kopf. Den meisten Männern reicht es vollkommen aus, ein einziges Mal einen Ort zu besuchen, um ihn noch Jahrzehnte später wieder zu finden. Sie sind in der Lage, mündliche Richtungsanweisungen in bildliche Karten umzuwandeln. Wenn eine Frau hört, sie solle nach 3,1 Kilometern links und nach 1,9 Kilometern rechts abbiegen, ist sie rettungslos verloren, sofern sie niemanden findet, den sie erneut nach dem Weg fragen kann. Vermutlich habe ich selbst den Erdball allein durch die Kilometer, die ich auf Irrfahrten zurückgelegt habe, mindestens einmal mehr als nötig umrundet. Viele Frauen werden mir zustimmen, wenn ich in meinem Auto sitze und innerstädtische Richtungsschilder verfluche. Wie können Mitarbeiter der Verkehrsministerien von mir nur verlangen, ich solle mir merken, in welchem Verhältnis die Stadtteile zueinander stehen? Der effektivste Weg, mein Ziel garantiert erst mit großer Verspätung zu erreichen, besteht darin, mich nach den Ausfahrtsschildern von Stadtautobahnen zu richten. Woher soll ich denn wissen, ob ich den Industriehafen passieren oder vorher abfahren muss, insbesondere dann, wenn sich dort ein Autobahnknoten auftut? Ich habe schon fast alle Hilfsmittel ausprobiert – und bin meistens kläglich gescheitert. Am schlimmsten sind für mich die so genannten Routenplaner, die es auf CD-ROM oder im Internet gibt. Wie häufig bin ich verzweifelt, wenn ich mich so auf sie verlassen habe, dass ich keinen Blick mehr auf den Stadtplan riskiert habe! Es ist völlig zwecklos, mich anzuweisen, nach 332 Metern auf die innerstädtische B5 in irgendeine Richtung abzubiegen. Ich finde weder die B5 noch die Richtung, und das alles schon gar nicht nach 332 Metern. Allerdings habe ich ein weiteres Handicap gegenüber anderen Frauen: Ich komme im Gegensatz zu ihnen auch nicht besonders gut mit der Angabe von Orientierungspunkten zurecht, wie »an der Kreissparkasse links«, »geradeaus an der Skulptur, die wie ein Riesenkäfer aussieht« oder »hinter dem Eiffelturm rechts«. Böse Zungen aus meinem Freundes- und Familienkreis behaupten seit vielen Jahren, man könne mich am einfachsten aussetzen, indem man mich vor meine Haustür stelle und mehrmals um die eigene Achse drehe. Sie sind überzeugt, ich würde nie wieder nach Hause finden. Aber ganz so ist es doch nicht, jedenfalls dann nicht, wenn ich einen Stadtplan bei mir habe. Wie die meisten Frauen verstehe ich zweidimensionale Abbildungen, also kann ich, wenn wohl nicht ganz so schnell wie viele Männer, Karten lesen. Im Urlaub kann ich aus meiner Orientierungsnot sogar Vorteile ziehen. Ich setze mich in den Mietwagen, nur mit einer Straßenkarte für den Rückweg bewaffnet. Dann fahre ich los, ohne mir Gedanken über eine Route geschweige denn ein Ziel gemacht zu haben. Ich lasse mich auf eine Entdeckungsreise abseits touristischer Pfade ein und lege nur dort Zwischenstationen ein, wo es mir wirklich gefällt. Auf diese Weise habe ich schon viele Dinge erlebt, die in keinem Reiseführer stehen. Die mitgeführte Karte kommt erst dann zum Einsatz, wenn es darum geht, meinen Flug nach Hause zu erwischen. Dann darf mir nur keine Stadtautobahn in die Quere kommen.

Wissenschaftler wollen herausgefunden haben, dass die rechte Gehirnhälfte von Männern eine höhere Konzentration an Eisen aufweist, mit der sie den magnetischen Nordpol spüren können[62]. Das wäre eine plausible Erklärung für die Tatsache, dass Männer im Gegensatz zu Frauen, mich selbst eingeschlossen, Straßenkarten nicht auf den Kopf drehen müssen, wenn sie nach Süden fahren. Und es erklärt auch, weshalb es Männern so peinlich ist, wenn sie sich doch einmal verfahren. Ein solches Eingeständnis, insbesondere einer Frau gegenüber, käme einem Versagen auf ganzer Linie gleich.

Für Männer hat sich das Leben in den letzten Jahrhunderten viel deutlicher verändert als für Frauen. Ihre natürlichen Stärken haben seit der Einführung verbesserter Methoden in der Viehzucht zum Ende des 18. Jahrhunderts an Bedeutung verloren. Die Fähigkeiten und das Bedürfnis, sie auszuleben, sind aber geblieben. Jungen und Mädchen spielen gleichermaßen. Aber die Spiele unterscheiden sich voneinander. Jungen trainieren ihre Fähigkeiten, die sie später als Männer gemäß ihres evolutionären Musters benötigen werden. Sie messen sich schon im Sandkasten mit anderen Jungs, betreiben Sportarten, die ihre räumlich-visuellen Fähigkeiten üben, und nehmen mit Vergnügen auch die moderne sportliche Herausforderung in Form von Computerspielen an, die ihre Hand-Augen-Koordination schulen. Der Hang zu all diesen Dingen verlässt sie ihr Leben lang nicht mehr. Als Männer lieben sie dann die Autofahrt auf Serpentinenstraßen bei manchmal geradezu atemberaubender Geschwindigkeit, Billard, Fußball, Schweizer Offiziersmesser, Orientierungsläufe und allerlei technisches Spielzeug, für das sie mit zunehmendem Alter immer mehr Geld ausgeben.

Und Männer lieben Konkurrenzsituationen. Sie bestreiten Wettkämpfe, wo und wann immer es sich anbietet. Noch heute wollen viele von ihnen, abhängig von ihrem Testosteronspiegel, Hordenführer sein. Sie tun es im Berufsleben genauso wie im Privatbereich, nur dass sie im Sport und bei Computerspielen keinen Doktortitel benötigen. Hier hängt die Leistung von ihrem Ur-Vermögen ab. Eine Frau wird niemals wirklich verstehen können, was in einem Mann vorgeht, wenn er während eines Fußballspiels mit seiner Lieblingsmannschaft mitfiebert. In diesem Zeitraum macht sein Gehirn keinen Unterschied mehr zwischen den Spielern auf dem Rasen und ihm selbst[63], der mit seinem Fanschal auf der Tribüne sitzt und den Schiedsrichter anpflaumt, als ob dieser ihn hören könnte. Er ist in diesen Momenten der Kapitän »seiner« Mannschaft – so wie die 50 000 anderen Männer im Stadion. Er ist wirklich glücklich, wenn »seine Männer« gewonnen haben, denn es ist tatsächlich auch sein Sieg. Sein Selbstwertgefühl basiert auf den Siegen, die er erzielt, und es ist gleichgültig, ob es sich um den Sieg über ein Mammut oder über einen Rivalen handelt.

Weibliche Stärken

In grauer Vorzeit galt die Fähigkeit von Frauen, Leben zu schenken, geradezu als magisch. Sie wurden dafür und für ihre Fähigkeiten als »Hausfrauen« von den Männern gewürdigt. Die damaligen Frauen waren sehr weit davon entfernt, wie so viele ihrer heutigen Ur-Ur-Ur-etc.-Enkelinnen aus Mangel an Anerkennung für ihren Beitrag zur Partnerschaft in Frustrationen oder sogar Depressionen zu versinken.

Bis vor wenigen tausend Jahren beschränkte sich das weibliche Aufgabengebiet darauf, Kinder zu gebären und für sie zu sorgen, bis diese alt genug waren, um mittels Initiationsritus als Erwachsene in die Gesellschaft aufgenommen zu werden. Dazu gehörte, dass die Mütter für Nahrung sorgten, falls ihren Gatten das Jagdpech ereilen sollte. So suchten sie in der Nähe der Höhle nach essbaren Pflanzen, Früchten, Wurzeln, Nüssen, Pilzen und entwickelten einen guten Orientierungssinn innerhalb naher Umgebungen, der Bäume, Felsformen und andere geografische Besonderheiten einbezieht. Natürlich hatten sie stets ihre Kinder dabei, also mussten sie in der Lage sein, die gesuchten Nahrungsmittel aufzustöbern, die Gegend ständig nach möglichen Gefahren für sich und die Kinder abzusuchen und auch noch darauf aufzupassen, dass die Kinder sich nicht in einem winzigen unbeobachteten Moment etwas Giftiges in den Mund steckten. Aus all dem erklärt sich, weshalb Frauen über Multitaskingfähigkeit verfügen und weshalb sie keinen Orientierungssinn für lange Distanzen ausgebildet haben. In der damaligen Zeit entwickelten sich viele weitere Fähigkeiten und körperliche Merkmale, die wir uns im Folgenden näher anschauen wollen.

Die fünf Sinne

Sehen und gesehen werden können

Mütter müssen in der Lage sein, die leisesten Anzeichen einer Erkrankung an ihrem Kind festzustellen, um schnellstmöglich darauf zu reagieren. Daher verfügen Frauen im Gegensatz zu Männern über die hoch entwickelte Fähigkeit, auch die winzigsten Details und Veränderungen im Aussehen oder Verhalten anderer wahrzunehmen. Mehr noch: Die Gehirne von Frauen sind geradezu darauf ausgelegt, visuelle Signale wie Mimik, Gestik und Körpersprache mit verbalen Botschaften abzugleichen. Männer haben keine Augen für solche Details und erkennen daher auch schlechter, wenn fremde Frauen mit ihnen flirten, ganz im Gegensatz zu ihren eigenen Frauen. Männliche Gehirne reagieren auf Gegenstände und Formen. Diese Fähigkeiten sind angeboren, denn sie zeigen sich bereits, bevor eine Prägung durch soziale Einflüsse überhaupt stattfinden könnte. Es konnte nachgewiesen werden, dass Mädchen und Jungen im Alter von acht bis elf Jahren unterschiedliche Bereiche ihres Gehirns nutzen, um Gesichter und Gesichtsausdrücke zu erkennen. Während Jungen überwiegend die rechte Gehirnhälfte benutzen, ist es bei Mädchen die linke.[64]

Das Weiß im Auge des Menschen ist im Gegensatz zu vielen anderen Tieren, darunter den Primaten, stark ausgeprägt. Dadurch werden die Augenbewegungen und Veränderungen der Blickrichtung erst ermöglicht. Sie sind neben ihrer reinen Funktion ein wesentlicher Bestandteil der Kommunikation. Am Blick lesen Frauen unzählige Botschaften ab, was insbesondere in Bezug auf Säuglinge wichtig ist, die ihre Wünsche noch nicht artikulieren können. Weil die ganzheitliche Kommunikation eine weibliche Domäne darstellt, verfügen Frauen über einen höheren Anteil von Augenweiß.

Frauen verfügen auch über ein größeres Gesichtsfeld als Männer. Das Gesichtsfeld wird durch den Sehbereich definiert, der bei ruhigem Kopf und Unterlassung jeglicher Augenbewegung wahrgenommen wird. Die visuelle Wahrnehmung setzt sich wiederum aus dem zentralen und dem peripheren Sehen zusammen. Eigentlich sieht der Mensch nur das scharf und bewusst, was er im jeweiligen Moment direkt anblickt. Das periphere Sehfeld umgibt den Zentralbereich, ist unschärfer als dieser, für die Wahrnehmung allerdings genauso wichtig. Autofahrer nehmen auf diese Weise spielende Kinder am Straßenrand, einbiegende Fahrradfahrer und gegebenenfalls hübsche Frauen wahr. Sie tasten die Umgebung quasi nach Zeichen ab, die eine Bedeutung haben könnten, ohne ihre gesamte Aufmerksamkeit darauf verwenden zu müssen, denn schließlich sollen sie ja auch noch dem Straßenverlauf folgen und auf die vorausfahrenden Fahrzeuge und das eventuelle Aufflammen von Bremsleuchten achten. Weil sich die Unterschiede schon in der Kindheit bemerkbar machen, sterben etwa doppelt so viele Jungen bei Unfällen im Straßenverkehr wie Mädchen. Sie können herannahende Fahrzeuge einfach nicht rechtzeitig genug wahrnehmen. Dasselbe erweist sich im Erwachsenenalter, wie die Statistiken von Autoversicherungen belegen. Frauen sind seltener in Unfälle verwickelt, bei denen ein Seitenaufprall vorkommt. Dieses ausgeprägte periphere Sehfeld ermöglicht es Frauen, beim Betreten eines Saals sogleich die gesamte darin befindliche Gesellschaft wahrzunehmen und zu analysieren. Männer verhalten sich viel auffälliger, wenn sie einer Frau auf der Straße hinterherblicken, weil sie dazu den ganzen Kopf drehen müssen. Möglicherweise stammt daher die Redewendung »jemandem den Kopf verdrehen«. Frauen schielen anderen Männern vermutlich ebenso häufig hinterher, genießen dabei aber den Vorteil, es sich nicht anmerken lassen zu müssen. Doch eigentlich hat das periphere Sehen einen ganz archaischen Ursprung. Je frühzeitiger eine Gefahr wahrgenommen werden kann, desto mehr Zeit bleibt für die eigentliche Flucht. Forscher von der Universität Tübingen haben nachgewiesen, dass das Gehirn bereits auf Gefahren reagiert, selbst wenn diese noch überhaupt nicht ins Bewusstsein vorgedrungen sind[65]. So konnte ein

unvermutet auftauchender Säbelzahntiger bereits den Fluchtre-
flex auslösen, bevor ein bedrohter Mensch überhaupt wusste,
dass er sich in Gefahr befand. Mit dieser Form der Wahrnehmung ist ein tieferer Sinn verbunden. Da solche Signale direkt
in die Amygdala geleitet werden, kann sie ohne jeden Umweg
instinktive Reaktionen auslösen. Indem das Bewusstsein umgangen wird, wird vermieden, dass zu viel Zeit mit Nachdenken verloren wird. Die ausgelöste schnelle Reaktion erhöht die Überlebenschancen. Weil Frauen langsamer laufen als Männer und
zudem in grauer Vorzeit noch ihre Kinder retten mussten, haben
sie durch ein erweitertes Sichtfeld vermutlich einen kleinen Aus-
gleich erhalten.

Die Farbwahrnehmung des Menschen wird durch die zapfen-
förmigen Zellen auf der Netzhaut ermöglicht, während die stäb-
chenförmigen Zellen für die Erkennung von Schwarz und Weiß
zuständig sind. Frauen verfügen über mehr Farbrezeptoren als
Männer, was sie in die Lage versetzt, mehr Farben nicht nur wahrzunehmen, sondern auch zu beschreiben. Ihr Repertoire an Farben ist so groß, dass Männer sich in Baumärkten regelmäßig wundern, zumal Farbenblindheit oder Farbschwäche sehr viel häufiger
bei Männern auftritt. Die Anlagen für die Farbsichtigkeit liegen
auf dem X-Chromosom. Davon haben Frauen bekanntlich zwei
Exemplare, während Männer sich mit nur einem begnügen müssen.

Frauen sind von der Natur viel besser für Computerarbeit ausgestattet als Männer, obwohl die Vorstellung von PCs in einer
Höhle schon etwas lachhaft wirkt. Männeraugen eignen sich für
große Distanzen, für das Absuchen des Horizonts. Daher über-
anstrengen Männer sich schnell, wenn sie lange Zeit auf einen
Bildschirm oder in ein Buch starren. Sie müssen ihren Blick ständig neu einstellen. Dafür setzen Männer zweidimensionale Bilder dreidimensional um. Wenn Frauen sich ein Foto anschauen,
dann sehen sie ein plattes Abbild der Wirklichkeit, während Männer abschätzen können, in welchem Abstand die porträtierten
Verwandten vor ihrem neuen Haus stehen.

Wer nicht hören will ... kann weiterschlafen

Das weibliche Gehör ist in Verbindung mit dem Gehirn in der Lage, hochfrequente Töne wahrzunehmen. Wie nicht anders zu erwarten, hängt diese Fähigkeit mit den Bedürfnissen von Kindern zusammen. Frauen sind gezwungen, auf das Weinen ihres Kindes unverzüglich zu reagieren. Davon bleiben sie auch nachts nicht verschont. Das Fluchen über friedlich weiterschlafende Ehemänner gehört zur Geschichte der Menschheit, aber es ist schließlich nicht deren Aufgabe, den Säugling zu stillen. Dafür gehört es durchaus zu den Aufgaben von Männern, selbst während des Schlafens auf mögliche Eindringlinge zu achten, denn schließlich sind sie für den Schutz ihrer Nachkommen verantwortlich. Frauen übernehmen diese Aufgabe nur dann, wenn kein Mann im Haus ist oder wenn sie glauben, dass sie sich auf ihn nicht verlassen können. Wenn aber tatsächlich ein Zweig vor dem Haus knackt, dann wissen Männer auf Grund ihres hoch entwickelten räumlichen Hörsinns genau, bei welchen Koordinaten der potenzielle Einbrecher sich gerade befindet.

Die Stimme eines Gesprächspartners liefert der Frau sehr detaillierte Informationen über seine Befindlichkeiten. Daher ist sie in der Lage, selbst die kleinsten Veränderungen herauszuhören und darauf zu reagieren. Männerstimmen stellen eine größere Herausforderung dar, weil sie eine reduzierte Modulation gegenüber den weiblichen Sprachmustern aufweisen und damit eine geringere Signalstärke besitzen.

»Großmutter, warum hast du eine so große Nase?« –
»Damit ich dich besser riechen kann.«

Der menschliche Geruchssinn kann manchmal recht gemeine Züge annehmen. Das weiß jeder, der schon einmal hungrig an einer Bäckerei vorbeigekommen ist und dann, ganz plötzlich übermannt von einem drängenden Hungergefühl, feststellen musste, dass das Portemonnaie zu Hause liegen geblieben ist. Die Geruchsrezeptoren korrespondieren auf direktem Wege mit dem limbischen System, einem sehr alten Gehirnteil. Gerüche haben daher unkontrollierbare Auswirkungen auf uns. Es gibt Menschen, die wir auf Anhieb »nicht riechen können«, und viele andere Auslöser, die Reaktionen hervorrufen, obwohl wir eigentlich gar nicht wissen, wieso.

Der weibliche Geruchssinn ist generell deutlich besser ausgeprägt als bei Männern. Zudem verändert er sich während ihres monatlichen Zyklus ebenso wie im Verlauf ihres Lebens. Dabei ist der menschliche Geruchssinn längst nicht mehr das, was er einmal war. Wissenschaftler des israelischen Weizmann-Instituts haben im Jahr 2000 entdeckt, dass etwa 1000 Gene von Menschen und Schimpansen für die Kodierung der Geruchsrezeptoren zuständig sind. Damit stellen sie die größte Gengruppe in der menschlichen DNA dar. Bei den Menschen ist inzwischen nur noch die Hälfte der Gene aktiv. Die andere Hälfte hat sich zu so genannten Pseudogenen zurückgebildet, also zu einem Erbgut, das keine Funktion mehr hat.

Frauen im fortpflanzungsfähigen Alter entwickeln ihren Geruchssinn ständig fort, ganz im Gegensatz zu Männern, jungen Mädchen und Frauen nach den Wechseljahren. Die Wissenschaftler, die für diese Entdeckung verantwortlich sind, führen das weibliche Lernen von Gerüchen auf die weiblichen Sexualhormone zurück[66]. Im gebärfähigen Alter müssen Frauen Beziehungen zu Männern, Kindern und anderen wichtigen Bezugspersonen aufbauen. Tatsächlich können Frauen innerhalb von nur drei Sekunden das gesamte männliche Immunsystem auf unbewusster Ebene analysieren. Auf Grund dieser Informationen entscheiden sie instinktiv, ob ein Mann attraktiv oder unattraktiv ist, schließlich suchen sie – natürlich auch völlig unbewusst – einen Vater mit gutem Erbmaterial für gesunde, überlebensfähige Kinder. Wenn die Kinder erst da sind, benötigt die Mutter diese Fähigkeiten vermutlich dazu, deren Gesundheitszustand zu überwachen. Daraus ergibt sich möglicherweise das diffuse Gefühl, dass irgendetwas nicht in Ordnung ist, obwohl noch keine äußeren Anzeichen einer Erkrankung sichtbar sind. Der weibliche Geruchssinn dient aber auch ganz profanen Gründen: Der Erkennung von Gefahren und giftiger oder verdorbener Nahrung.

Störungen des Geruchssinns sind bis zum heutigen Tag gefährlich geblieben. Menschen mit einer partiellen oder kompletten Anosmie, also einer hochgradigen Minderung oder sogar der völligen Abwesenheit der Geruchswahrnehmung, geraten leicht in lebensbedrohliche Situationen. Zwischenfälle beim Kochen, der Verzehr verdorbener Speisen, die Unfähigkeit, ein Leck in einer Gasleitung im Haushalt wahrzunehmen, oder selbst der Ausbruch eines Feuers sind die modernen Hürden für diese Menschen. Nicht umsonst stellt die Anosmie daher eine schwere Behinderung dar.[67]

Der Altersprozess und der weibliche Zyklus sind aber noch nicht die einzigen Ursachen für Veränderungen im Geruchssinn. Auch während einer Schwangerschaft zeigen sich häufig besondere Empfindlichkeiten oder eine vom Normalzustand abweichende Geruchswahrnehmung. Daniel Broman von der Universität Umeå und seine Kollegen berichteten auf der Jahrestagung der Gesellschaft für Neurowissenschaften in New Orleans 2003, dass knapp 70 Prozent der von ihnen untersuchten Frauen während der frühen Schwangerschaftsphase ungewöhnliche Geruchswahrnehmungen registrierten. Gleichzeitig entwickelten sie viele neue Abneigungen. Etwa 60 Prozent berichteten, dass sie plötzlich manche Speisen nicht mehr mochten. Gerüche wie beispielsweise von Kaffee, Vanille, Zigarettenrauch oder Parfüm wurden intensiver verspürt als sonst. Weitere Versuche zeigten, dass Schwangere Düfte schon bei sehr viel geringeren Konzentrationen wahrnehmen als nicht Schwangere. Auch lösten viele Gerüche unangenehme Gefühle bis hin zur Übelkeit aus. Schon lange vor dieser Erkenntnis war bekannt, dass sich die Essensvorlieben von Schwangeren teilweise dramatisch verändern. Da beide Sinne miteinander zusammenhängen, ist die Veränderung des olfaktorischen Sinns auf den hormonellen Umbau des Körpers zurückzuführen, der dem heranwachsenden Kind im Mutterleib eine optimale Versorgungsumgebung beschert.

Zu den nicht bewusst riechbaren Angelegenheiten gehören Angst und Freude. Eine Studie aus den USA bewies 1999, dass Menschen genau diese beiden psychologischen Zustände dennoch durch die Nase wahrnehmen. Bis dahin war lediglich bekannt, dass Tiere sich allein durch den Geruch verängstigter Artgenossen in Panik versetzen lassen. Denise Chen vom Monell Chemical Senses Center in Philadelphia und Jeannette Haviland von der Rutgers University konnten 1999 nachweisen, dass Menschen die olfaktorischen Begleiterscheinungen von Angst oder Freude immerhin erkennen können. Die Forscherinnen baten weibliche und männliche Probanden, Einlagen in den Achselhöhlen zu tragen, während ihnen Auszüge aus Komödien oder Angst erregenden Actionfilmen gezeigt wurden. Anschließend erhielt eine ebenfalls gemischte zweite Gruppe von Probanden unterschiedliche Behälter, die jeweils eine Einlage enthielten, getrennt nach weiblichen und männlichen Geruchserzeugern, nach Komödie und Actionfilm, dazu zwei völlig »unbeduftete« Kontrollgläser. Ihre Aufgabe bestand darin, die Gefühle »herauszuriechen«. Die Testriecher gaben zwar an, nichts riechen zu können. Als sie jedoch zum Raten aufgefordert wurden, war das Ergebnis eindeutig. Mehr als drei Viertel der Frauen und über die Hälfte der Männer identifizierten unter den sechs Gläsern eindeutig den Geruch der ängstlichen Männer. Mehr als die Hälfte der Frauen roch auch die glücklichen Männer heraus. Männer dagegen waren weder in der Lage, die Freude anderer Männer noch die Angst der Kandidatinnen herauszuriechen.

Dass Gerüche angenehme Effekte auf Frauen haben können, zeigt eine Studie aus Quebec. Bei der Untersuchung von Frauen und Männern stellte sich heraus, dass bestimmte Gerüche bei Frauen das Schmerzempfinden senken. Probanden beiderlei Geschlechts wurden angewiesen, ihre Hand so lange sie es aushielten in heißes Wasser zu tauchen. Während dieses Vorgangs wurden die Testpersonen unterschiedlichen Gerüchen ausgesetzt. Es stellte sich heraus, dass die Männer ihre Hände stets gleich schnell aus dem Wasser zogen. Anders die Frauen. Rochen sie Fauliges wie zum Beispiel Essig, verstärkte sich der Schmerz. Bei süßen Gerüchen wie Mandelextrakt und Rosenduft dagegen sank ihr Schmerzempfinden nachweislich. Bislang können sich die Wissenschaftler nicht erklären, woran dieser besondere Effekt von Düften auf Frauen liegt. Sie vermuten derzeit eine Verbindung zu einer ganz anderen Beobachtung. Es hat sich nämlich herausgestellt, dass angenehme körperliche Berührungen zur Aktivierung von Bereichen im Frontalen Kortex führen, die eigentlich für den Geschmacks- und Geruchssinn zuständig sind. Die Vermutung lautet, dass der Effekt sich möglicherweise umkehren lässt, indem die Gerüche auch den Gehirnbereich für die Verarbeitung von Berührungen beeinflussen.[68]

Allerdings ziehen Frauen nicht nur Vorteile aus der Feinheit ihres Geruchssinns. Ihr ständiger Feind hat einen Namen. Es ist der Olf. Jeder Mensch hat einen Olf, ob es ihm gefällt oder nicht. Niemand kann ihn los werden. Er ist hartnäckiger als der eigene Schatten, der wenigstens durch Dunkelheit vertrieben werden kann. Der Olf ist per definitionem die Geruchsquellstärke, die jeder Mensch mit normaler Drüsenfunktion bei leichter, sitzender Tätigkeit, täglich gewechselter Unterwäsche und statistischen 0,7 Duschen pro Tag erzeugt. Ein 12-jähriges Kind erzeugt beim Spielen zwei Olf, ein Athlet nach dem Sport 30 und ein starker Raucher bringt es auf 25. Dagegen hilft keine Kaschierung, kein Überdecken, kein Parfüm. Der Olf ist eine Abkürzung für den lateinischen Begriff Olfactus und bedeutet Geruchssinn. Die Einheit sagt nichts über die Qualität eines Geruchs aus, lediglich über seine Stärke. Dabei ist es gerade nicht die Stärke, die als störend empfunden wird. Entscheidend ist, ob der Olf als angenehm oder unangenehm wahrgenommen wird. Und genau hier kommt ins Spiel, ob wir jemanden riechen können oder nicht. Der Olf hat große Auswirkungen auf das Raumklima. Der individuelle, der »gefühlte Olf« entscheidet darüber, ob die Luft in Großraumbüros, Turnhallen oder Geschäften als ranzig und abstoßend empfunden wird. Der negativ empfundene Olf kann sogar das Sick Building Syndrome (SBS) auslösen. Zu den Krankheitssymptomen gehören unter anderem Kopf- und Rückenschmerzen, Augenbrennen und andere Reizungen der Schleimhäute, Konzentrationsstörungen, Hautausschläge oder sogar Übelkeit, wie eine Studie der Universität Jena ergab[69]. Die bis zu dieser Studie vermuteten Übeltäter wie Schadstoffbelastungen durch Baustoffe und Elektrosmog sind gänzlich unschuldig an den Erkrankungen. Es ist vielmehr der Olf. Interessanterweise steigen seine negativen Auswirkungen, wenn jemand in einem hässlichen Büro mit ebensolchen Möbeln gezwungen wird, mit unsympathischen Kollegen und einem übellaunigen Chef konfrontiert Aufgaben zu erledigen, die ihn unterfordern. Zufriedene Mitarbeiter werden viel seltener zu SBS-beziehungsweise Olf-Opfern. Die Forscher haben im Übrigen auch herausgefunden, dass Frauen auf Grund schlechter ausgestatteter Arbeitsplätze, unzureichender Aufgabenstellungen und einer stärker ausgeprägten allgemeinen Sensibilität gegenüber »atmosphärischen Störungen« im Betriebsklima über stärkere Beschwerden klagen. Es ist also höchste Zeit, dem Geruch von Arbeits- und Handelsplätzen mehr Beachtung zu schenken.

Über Geschmack lässt sich (noch) nicht streiten

Über die Unterschiede im Geschmackssinn von Männern und Frauen ist bislang noch sehr wenig bekannt. Wie es scheint, ist der weibliche Geschmackssinn dem männlichen überlegen. Das ist nicht weiter verwunderlich, weil Geschmack und Geruch miteinander zusammenhängen. Eigentlich besteht der Geschmack sogar aus 80 Prozent Geruch. Menschen verfügen über bis zu 10 000 Geschmacksrezeptoren, die nach den bisher gesicherten Erkenntnissen fünf Hauptgeschmacksrichtungen identifizieren können. Die Zungenspitze unterscheidet Süßes und Salziges, die Seiten der Zunge erkennen Saures und der hintere Zungenbereich Bitteres. Der japanische Chemiker Kikunae Ideda entfachte bereits 1908 einen Streit unter den internationalen Gelehrten, nachdem er bei dem Genuss einer Schale würziger Kombu-Brühe festgestellt hatte, dass sich ihr Aroma nicht aus den klassischen vier Geschmacksrichtungen mischen ließ. Daraufhin erklärte er die Entdeckung einer fünften Geschmacksrichtung: Umami. Der Begriff entstammt dem japanischen umai und bedeutet sowohl »lecker« als auch »herzhaft«. Der Hauptträger des Umami-Geschmacks ist ausgerechnet Glutamat, das am häufigsten in unserer Nahrung vorkommende Salz. Bis zum Jahr 2000 stritten die Gelehrten aller Länder, ob Umami wirklich eine gleichberechtigte Geschmacksrichtung sei. Dann konnte die amerikanische Physiologin Nirupa Chaudhari den Rezeptor für Glutamat in Geschmackszellen von Ratten isolieren und somit die Existenz eines weiteren »Geschmacks« beweisen. Inzwischen ist die Diskussion über eine sechste mögliche Geschmacksrichtung entbrannt: den Fettgeschmack. Letztlich sind beim Geschmackssinn noch fast alle Fragen offen. Wissenschaftler in aller Welt arbeiten mit Hochdruck an den Antworten.

»Wir haben keine Sprache für Geschmack«, wird Andreas Scharf, Ökonom an der Universität Göttingen und Experte für Geschmacksmarketing in der Fachzeitschrift *Technology Review* zitiert. Ihm zufolge seien Bilder und Klänge in unserer Kultur leicht zu beschreiben, nicht aber Geschmacksreize. Die molekularen Mechanismen des menschlichen Geschmacks sind für die Wissenschaft weit schwerer zu erfassen als diejenigen für Schall, Licht und den Geruch. Erst die noch recht neuen Entwicklungen in der Molekulargenetik in den neunziger Jahren ermöglichten einen ernst zu nehmenden Forschungsbeginn. Die Aromenindustrie kann endlich aufatmen. Denn nun kann sie auf Erkenntnisse hoffen, die sie bei der gezielten Manipulation des Geschmackssinns unterstützen. Vielleicht werden die künstlichen Aromen in Joghurts eines Tages tatsächlich besser schmecken als echte Früchte. Mit einem Jahresumsatz von nur rund 15 Milliarden US-Dollar verfügt die Branche jedoch nicht über das nötige Vermögen, um große Forschungsprojekte zu finanzieren. So müssen die Wissenschaftler auf eine großzügige Unterstützung durch die Industrie weitgehend verzichten und gute Köche werden noch auf lange Sicht gebraucht werden. Dennoch wurden bereits die ersten Patente vergeben, darunter für den Geschmacksblocker Adenosin-Monophosphat (AMP) von der US-amerikanischen Biotech-Firma Linguagen, der Konzernen wie Coca Cola, Campbell und Kraft ermöglicht, den lästigen Bittergeschmack in ihren koffeinierten Getränken und pasteurisierten Dosensuppen bei gleichzeitiger Reduktion der Zucker- und Salzbeimengung zu eliminieren.[70]

Aber zurück zu Frauen und Männern: Männer bevorzugen Salziges und Bitteres, was ihre Vorliebe für Bier erklärt. Frauen sind auf der süßen Seite verstärkt vertreten, was die besondere Liebe zu und Abhängigkeit von Schokolade teilweise erklärt. Für Frauen in ihrer Rolle als Sammlerin war es einstmals wichtiger, durch Feststellung der Fruchtsüße den Reifegrad von Obst festzustellen. Sie waren also die klassischen Vorkosterinnen für ihre Kinder und ihren Partner.

Greifbares Begreifen

Die weibliche Haut ist mindestens zehnmal berührungs- und druckempfindlicher als die der Männer. Sie ist dünner und mit einer zusätzlichen Fettschicht unter der Hautoberfläche ausgestattet, um den Organismus besser gegen Kälte zu schützen und eine körpereigene Energiereserve für ein hohes Durchhaltevermögen abzusichern. Die Haut von Männern ist unempfindlicher gegen Verletzungen, die während der Jagd oder eines Kampfes auftreten können. Zum Schutz vor einem Angriff aus dem Hinterhalt ist sie am Rücken viermal so dick wie am Bauch.

Die Haut von Frauen ist dagegen vollständig auf die Bedürfnisse von Kindern ausgerichtet. Da sie dünner ist, ist sie im Alter anfälliger für die Faltenbildung. Kinder brauchen bekanntlich die körperliche Nähe zu ihren Eltern, um physisch und psychisch gesund aufzuwachsen. Wahrscheinlich wollte die Natur vermeiden, dass die Kinder irgendwo abgelegt und vergessen werden, wo sie vierbeinigen Räubern schutzlos ausgeliefert wären, und hat den Frauen deshalb eine ordentliche Portion des Hormons Oxytozin mit auf den Weg gegeben. Es löst das Bedürfnis nach Berührung aus und regt die Tastzellen an. Die Untersuchung verschiedener Gesellschaften hat grundlegende Unterschiede in Bezug auf die Berührungshäufigkeit und -intensität ergeben. Es gibt Gesellschaften, in denen wenig Körperkontakt stattfindet, andere zeichnen sich durch ein hohes Maß an Zärtlichkeiten aus. Dort, wo wenig berührt wird, gibt es im Erwachsenenalter die meisten gewalttätigen Menschen. Häufig versuchen Menschen in solchen Gesellschaften ihren Mangel an Zärtlichkeit durch Haustiere zu kompensieren.

Wir haben bereits gesehen, dass bei Frauen der Geruchssinn einen Einfluss auf ihr Schmerzempfinden ausübt, während bei Männern keinerlei Zusammenhänge erkennbar sind. Dafür haben sie andere nützliche Verarbeitungsmechanismen. Bei ihnen entscheidet die jeweils aktuelle geistige Konzentration über ihr Schmerzempfinden. Sind sie geistig sehr beschäftigt, nehmen sie Schmerzen unter Umständen erst nach Absinken des Konzentrationspegels wahr, obwohl sie sich in der Zwischenzeit womöglich ernsthaft verletzt haben. Konzentrieren sich Männer gerade nicht, sind sie nachgewiesenermaßen deutlich schmerzempfindlicher als Frauen, womit der uralte Seufzer bestätigt wird: »Wenn Männer Kinder gebären müssten ...«

Der Tastsinn ist für Frauen ein ungemein wichtiger Begleiter beim Shopping. Sie müssen alle denkbaren Waren berühren. Sie gehen instinktiv mit Produkten auf Tuchfühlung. Die Berührung vermittelt ihnen wichtige Informationen, die das Auge nicht wahrzunehmen vermag. Nicht alle Produktdesigner nehmen Rücksicht darauf, dafür aber alle Verpackungsdesigner. Sie wissen genau, dass Frauen Packungsaufdrucke genau studieren. Während sie ein eingepacktes Produkt in den Händen halten und sich eigentlich auf das Kleingedruckte konzentrieren, vermitteln ihnen ihre Fingerspitzen unterschwellige Versprechen in Bezug auf das Produkt. Stifte, Telefone, Kaffeekannen, Zigarettenschachteln, Haushaltsgeräte, Briefpapier, kurz: alles, was in der Hand gehalten wird, wurde eingehenden Material- und Designprüfungen unterzogen, damit es bei Berührung das beabsichtigte Gefühl übermittelt. Nur bei technischen, traditionell als männlich geltenden Produkten wird darauf oft verzichtet. Männer bedürfen anderer haptischer Eindrücke als Frauen. Für sie ist es völlig in Ordnung, wenn sich Technik nach kaltem Metall oder nur nach Plastik anfühlt. Das unterstreicht aus ihrer Sicht gegebenenfalls noch den technischen Anspruch. Für Frauen sollten sich diese Dinge aber nach ganz anderen Kriterien anfühlen. Die jeweiligen »Botschaften« ergeben sich aus dem Kontext der Produktnutzung. Das haben einige Nischenanbieter auch schon erkannt. Sie verkaufen Plüschüberzieher aus Webpelz für Computer und Monitore. Die Käuferinnen sind überwiegend Frauen, die ihren Computer und das, was sie damit machen können, lieben.

Was die Wahrnehmung mit Beziehungen zu tun hat

Frauen sind eindeutig Beziehungsmenschen, während viele Männer eher dazu neigen, als einsamer Cowboy in den Sonnenuntergang zu reiten. In vielen Beziehungen sind es die Frauen, die für die sozialen Kontakte des Paares sorgen. Wären sie es nicht, die ihre Männer zu Familienfeiern, Hochzeiten, Treffen mit anderen Paaren und Veranstaltungen schleifen würden, kämen viele Männer gar nicht mehr aus dem Haus. Ihnen genügt die eigene Familie vollauf, sofern sie ihr Dasein mit einigen typisch männlichen Tätigkeiten und eventuell einem Mindestmaß an technischem Spielzeug garnieren dürfen. Es liegt schlichtweg nicht in ihrer Natur, viele Worte zu verlieren oder gar die Nähe zu anderen Menschen zu suchen.

Ganz anders Frauen. Ihr Kommunikationsbedürfnis ist so

sprichwörtlich, dass Männer manchmal annehmen möchten, sie brauchen Beziehungen nur, um zu reden. Dem ist natürlich nicht so. Die weibliche Beziehungsfähigkeit dient primär der Kindererziehung, gefolgt von der Funktion, Familien und soziale Gruppen zusammenzuhalten. Bereits im frühen Kindesalter kann beobachtet werden, wie Mädchen miteinander umgehen. Während die Jungs ihre Durchsetzungsfähigkeit trainieren, diskutieren Mädchen scheinbar endlos miteinander, um ein Spiel zu finden, das allen Anwesenden zusagt. Es ist wahrscheinlicher, dass sie die gesamte Zeit mit der Suche verbringen, als dass sie ein Spiel auswählen, das auch nur eines der Mädchen ausschließt.

Die gesamte Wahrnehmung von Frauen ist seit Kindesbeinen auf den Aufbau und den Erhalt von Beziehungen kalibriert. Viele verschiedene Studien, darunter die Untersuchung von Terrence Horgan von der Universität in Columbus, zeigen, dass Frauen viel mehr Details an Menschen registrieren als Männer. Sie erinnern sich an mehr körperliche Merkmale wie Frisur, Körperbau und Augenfarbe, aber auch an die Bekleidung, Schmuck und Accessoires.[71]

Noch viel wichtiger ist jedoch die weibliche Fähigkeit, in den Gesichtern anderer Menschen zu lesen. Frauen erkennen Gesichter nicht nur besser als Männer, sie lassen sich von den vielen äußerlichen Merkmalen wie eben Frisur und Bekleidung weniger vom Wesentlichen ablenken. Bei der Identifikation von Personen hängen Frauen die Männer um Längen ab, wie ein Forscherteam um Josef Bigun von der schwedischen Universität Halmstad herausfand. Aus einer Auswahl von Bildern konnten Frauen dieselben Personen erkennen, obwohl sie mit unterschiedlichen Gesichtsausdrücken und Gemütszuständen gezeigt wurden. Die Forscher empfahlen daraufhin, Sicherheitsunternehmen sollten viel mehr Frauen einstellen.[72]

Eigentlich merkt sich das Gehirn grundsätzlich viel weniger, als landläufig angenommen wird. Das wird insbesondere an dem Experiment von Daniel Simons, Psychologe an der Harvard University, und seinem Kollegen Daniel Levin von der Kent State

University in Ohio sichtbar. Ein Mann sprach einen Passanten auf der Straße an, um ihn nach einem Weg zu fragen, der einer etwas ausführlicheren Erläuterung bedurfte. Beide wurden mitten im Gespräch unterbrochen, weil zwei Männer mit einer Holztür zwischen den beiden Männern hindurchgingen. Nach dieser Unterbrechung setzte der Passant seine Erklärung fort. Ihm fiel überhaupt nicht auf, dass der Fragende hinter der Holztür »ausgetauscht« worden war. Insgesamt bemerkte die Hälfte aller getesteten Passanten keine Veränderung.[73] Leider geht aus der Versuchsbeschreibung nicht hervor, ob ein Unterschied zwischen weiblichen und männlichen Passanten festgestellt werden konnte. Mit Sicherheit wäre der Test zu Gunsten der Frauen ausgefallen, hätte das Experiment emotionale Aspekte enthalten.

Frauen erinnern sich besser an gefühlsstarke Erlebnisse, denn sie nutzen mehr Gehirnareale als Männer, um sich emotionale Ereignisse zu merken. Forscher haben herausgefunden, dass die männlichen Gehirne eine stärkere Aktivität in der rechten Amygdala aufwiesen, wenn sie aufwühlende Bilder sahen, während die weiblichen Gehirne eine, im Vergleich zu den Männern, geringere Aktivität in der linken Amygdala zeigten. Als drei Wochen nach dem ersten Versuchsdurchgang geprüft wurde, wer sich welche Bilder gemerkt hatte, stellte sich heraus, dass emotionale Bilder generell einen stärkeren Eindruck hinterlassen hatten als die Abbildungen neutraler Gegenstände und Szenen. Darüber hinaus aber hatten Frauen mehr emotionale Bilder gespeichert als ihre männlichen Testkollegen.[74]

Kommunikation – Der ganz große Unterschied

Die weibliche Kommunikation ist für Männer möglicherweise eines der letzten großen Mysterien dieser Welt. Für Männer dient die Sprache genau einem Zweck: der Vermittlung von Fakten und sachlicher Informationen. Frauen dagegen sind von der Natur darauf »programmiert«, durch Reden Beziehungen aufzubauen und zu festigen. Die weibliche Sprache ist emotional, die männliche wörtlich.

Eine Frau war früher viel stärker auf die Gemeinschaft angewiesen als heute. Kehrte ihr Mann von der Jagd oder aus dem Krieg nicht zurück, hing ihr eigenes und das Überleben ihrer Kinder von der Versorgung durch ihre Freundinnen und deren Familien ab. Um das Sicherungssystem für den Notfall aufrecht zu erhalten, musste eine Frau alle Details über den Zustand jedes Gruppenmitglieds kennen. Umgekehrt musste sie wissen, welche Belastungen auf ihre Familie zukämen, falls sie für jemand anders einspringen müsste. Echtes Interesse war die Voraussetzung, um die ganze Wahrheit zu erfahren. Für Männer wäre ein ausgeprägter Redefluss definitiv von Nachteil gewesen. Bestenfalls hätten sie ihre Beute redenderweise verschreckt, schlimmstenfalls Räuber in freier Wildbahn angelockt. Daher wurden Frauen und Männer von der Natur unterschiedlich ausgestattet.

Wenn Männer sprechen, ist ihre gesamte linke Hirnhälfte aktiv. Sie verfügen über kein separates Sprachzentrum. Aus diesem Grund können sie während des Redens auch keine komplizierten Tätigkeiten ausführen, denn sie benötigen große Gehirnkapazitäten fürs Sprechen. Frauen dagegen verfügen sogar über zwei Sprachzentren. Das größere befindet sich in der vorderen linken Gehirnhälfte, das kleinere in der rechten. Dank dieser definierten Bereiche ist der Rest ihres Gehirns parallel für andere Aufgaben frei verfügbar. Gemessen an den Frauen stottern viermal mehr Männer, zehnmal so viele sind Legastheniker.

Frauen reden viel mit Menschen, mit denen sie etwas verbindet. Wenn Frauen aufhören zu reden, dann bedeutet das immer Ärger. Wenn eine Frau ihrem Mann ankündigt, sie werde nie wieder auch nur ein Wort mit ihm reden, dann hat er etwas sehr Wichtiges verbockt. Aus diesem Grund beschweren sich nur sehr wenige Frauen bei Unternehmen, wenn sie mit einem Produkt nicht zufrieden sind. Sie entziehen ihnen einfach ihr Vertrauen und beschließen, »nie wieder ein Wort mit denen zu reden«. Für diese Beziehungen gelten nämlich dieselben Regeln wie für Partnerschaften: Wenn Frauen streiten, ist es ein gutes Zeichen, denn ihnen liegt viel am Gegenüber. Gehen Frauen zum Schweigen über, bedeutet das das Ende. Eine Reklamationsabteilung, die überdurchschnittlich viele Beschwerden von Frauen erhält, kann dies als Zeichen dafür werten, dass das Unternehmen es geschafft hat, eine stabile Beziehung zu seinen Kundinnen aufzubauen. (Es sollte sich jedoch nicht so sehr darüber freuen, dass es dabei unterlässt, die anstößigen Steine auszuräumen, denn sonst herrscht sehr bald ewige Funkstille.)

Frauen haben ein natürliches Bedürfnis zu reden. Sie können mühelos 8000 bis 15 000 Wörter am Tag von sich geben und freuen sich, wenn es auch »etwas mehr sein darf«. Dazu kommen weitere 3000 der Kommunikation dienliche Tongeräusche und 10 000 andere Körpersignale wie beispielsweise Gesten, Gesichtsausdrücke und Kopfbewegungen. Männer bringen es bestenfalls auf 2000 bis 4000 Wörter, maximal 2000 Tongeräusche und allerhöchstens 3000 andere Körpersignale. Sie können und wollen nicht mehr sagen. Ganze Branchen leben von der beschränkten männlichen Fähigkeit, sich auszudrücken. Es hat sich in vielen Erdteilen eingebürgert, dass Männer Blumen oder Pralinen mitbringen, wenn sie einer Frau ihre Zuneigung zeigen wollen. Und das Geschäft mit Grußkarten, die viel vorgedruckten Text haben, geht hervorragend. Für Mönche stellt ein abgegebenes Schweigegelübde keine wirkliche Herausforderung dar, für Nonnen schon.

Wenn Männer am Ende eines langen Tages ihr Kontingent an Wörtern bei der Arbeit verbraucht haben, dann müssen Frauen nicht selten noch einen beträchtlichen Teil los werden. Sie wollen erzählen, was sich während des Tages ereignet hat. Auf diese Weise entspannen sie, können sich eventuelle Probleme vergegenwärtigen, und die Beziehung zu ihrem Partner stärken. Dies ist eine hervorragende Partnerschaftsfalle. Männer denken häufig, Frauen erzählen von ihren Problemen, weil sie Hilfe bei deren Lösung benötigen. Sie schließen von den eigenen Verhaltensweisen auf ihre Partnerinnen. Indem die meisten Männer nur mit der linken Gehirnhälfte zuhören, analysieren sie das Gesagte ausschließlich auf der sachlichen Ebene. Frauen wollen jedoch alles – nur keine guten Ratschläge hören. Wenn Männer ihnen gar nicht zuhören, fühlen sich die Frauen automatisch ungeliebt. Für Frauen stellt die mangelnde Kommunikationsfähigkeit ihrer Partner den größten Kritikpunkt dar.

Schon bei Kindern sind die Unterschiede gravierend. Bei den Mädchen entwickelt sich die linke Gehirnhälfte schneller, bei Jungen die rechte. Mädchen fangen früher zu sprechen an. Mit drei Jahren verfügen sie über einen doppelt so großen Wortschatz wie Jungen und können sich in ganzen Sätzen ausdrücken. Sie lernen schneller Fremdsprachen, lesen besser und können auf die Hilfe von Logopäden verzichten.

Frauen sprechen stets auf mehreren Ebenen gleichzeitig – und unter Einsatz beider Gehirnhälften. Weil ständig ein reger Austausch zwischen beiden Hemisphären stattfindet, können Frauen über mehrere Themen gleichzeitig reden. Nicht selten springen sie innerhalb eines einzigen Satzes von Thema zu Thema. Dabei entwickeln sie häufig noch ein atemberaubendes Sprechtempo. Sie können sich darauf verlassen, dass andere Frauen ihrem Gedankengang folgen können. Auf die Frage »Wie geht es dir heute?« kann die Antwort auch schon einmal so ausfallen: »Gut, aber meine Schwiegermutter ist heute morgen ins Krankenhaus eingeliefert worden, als ich den Hund zum Tierarzt bringen wollte, die Kinder hatten länger Schule und Bernd ist gerade auf Dienstreise, also hatte ich endlich Zeit, ihm die Krallen schneiden zu lassen, und gerade als ich zu ihr ins Krankenhaus will, da springt mein Wagen nicht an, also habe ich die Werkstatt angerufen, du weißt schon, die der Gitte damals geholfen hat, als ihre Kabel von Mardern durchgebissen waren, und die kamen doch sofort, schauten nur einmal kurz unter die Motorhaube und wollten doch tatsächlich 2000 Euro und meinten, die Reparatur würde vier Tage dauern; ich habe mir dann ein Taxi gerufen und bin ins Krankenhaus gefahren, wo ein ganz netter Arzt mir erklärte, was sie hat ...« Es gibt nicht viele Männer, die bei einem solchen Satz noch den Überblick behalten können und anschließend wissen, wessen Krallen ursprünglich gekürzt werden sollten.

Frauen haben die Fähigkeit, selbst in einem vollen Restaurant ein Gespräch am Nebentisch zu verfolgen, wenn es ihnen interessant erscheint. Damit das nicht so auffällt, führen sie gleichzeitig ein angeregtes Gespräch mit der eigenen Begleitung. Am Ende wissen sie nicht nur, was die beiden am Nebentisch gesagt haben, sondern sie haben die anwesenden, die kommenden und gehenden Gäste registriert, taxiert, analysiert und wissen auch noch genau, wer mit wem Erfolg versprechend oder erfolglos geflirtet hat und was am eigenen Tisch besprochen wurde. Weil Männer all dies nicht können, erscheint ihnen die excessive Nutzung der komplexen weiblichen Kommunikationsmuster wie das Geschnatter von Gänsen: unverständlich, inhalts-, zusammenhangs- und daher belanglos.

Die weibliche Ausdrucksweise ist indirekt konzipiert. Wie das Ziel aller weiblichen Kommunikation die Etablierung und Festigung von Beziehungen ist, so ist ihre Sprache auch darauf ausgelegt, Konflikte möglichst von vornherein auszuschließen. Frauen sind grundsätzlich sehr auf Harmonie bedacht und reagieren sensibel auf mögliche Angriffe, denn sie neigen sehr dazu, alles persönlich zu nehmen. In den USA hat sich der offizielle Kommunikationsstil innerhalb der vergangenen zehn Jahre stärker in die weibliche Richtung entwickelt. Schon früher gehörte die permanente Beileidsbekundung »I'm sorry« zu den am häufigsten verwendeten Redewendungen. Wann immer es sich anbietet, nehmen Amerikaner am Schicksal des anderen teil, indem sie auf jede erdenkliche Gelegenheit betroffen reagieren. Erzählt man einer Amerikanerin, dass der Sohn des Gärtners einer Freundin der Schwester einen Autounfall erlitten hat, tut ihr das fast ebenso Leid, wie wenn es ihren eigenen Sohn getroffen hätte. Der US-amerikanische Sprachschatz hat sich seither weiter in dieselbe Richtung entwickelt. Seit einigen Jahren deutet die Einführung und starke Nutzung von Begriffen wie Political Correctness oder der Aussage »I didn't mean to be offensive« (frei übersetzt: Ich habe nicht beabsichtigt, dich zu beleidigen/anzugreifen) auf eine Kultur, die zumindest in Teilen zunehmend weiblicher wird. In den Vereinigten Staaten ist es inzwischen selbstverständlich, dass – auch männliche – Angestellte ihre Vorgesetzten verklagen, selbst wenn es sich bei dem Stein des Anstoßes um einen unbedacht erzählten schlüpfrigen oder politisch eben nicht ganz korrekten Witz handelt. Die Ironie ist, dass Verstöße gegen das Harmoniegebot in den USA mit heftigen Waffen wie Gerichtsklagen, einer körperlichen Bedrohung oder durch Schusswechsel bekämpft werden. So gehört in Los Angeles nicht nur der berüchtigte Bezirk South Central zu den Gegenden mit den meisten Schießereien, sondern auch die Stadtautobahn.

Bei alledem haben die von Frauen ausgesprochenen Worte eine vergleichsweise geringe Bedeutung. In einem Gespräch transportieren Frauen maximal zehn Prozent der gesamten Botschaft verbal. Weitere zehn bis 20 Prozent der Informationen werden über andere akustische Signale wie Tonhöhe, Geschwindigkeit etc. übermittelt. Frauen verfügen in diesem Bereich über eine größere Ausdrucksstärke, weil sie über fünf Tonlagen sprechen, Männer dagegen in nur dreien. Der wesentliche Anteil mit 60 bis 80 Prozent der Kommunikationsinhalte wird nonverbalen Signalen wie Körpersprache und Mimik entnommen. Darin drücken sich die Emotionen am stärksten aus.

Die männliche Sprache ist völlig anders aufgebaut. Männer legen sehr viel mehr Wert auf das gesprochene Wort. Sie übermitteln eine große Menge an sachlichen Informationen mit so wenigen Wörtern wie möglich. Sie vermitteln Fakten, nutzen absolute Ausdrucksweisen und untermauern mit dem Gesagten stets ihre Autorität. Aus all diesen Gründen ist die exakte Wortdefinition für sie sehr viel wichtiger als für Frauen, und sie neigen stärker dazu, Schlagworte zu bilden und zu benutzen. Auch die in den letzten Jahren entwickelten und teilweise überstrapazierten *Buzz Words* aus dem Marketing (Online-, Viral-, Guerilla-, Permission-, Loyalty-Marketing etc.) dürften überwiegend von Männern stammen. Die reichhaltige Verwendung solcher Wörter dient insbesondere dann der Demonstration von Überlegenheit, wenn der Gesprächspartner sie nicht kennt.

Geradezu verheerende Auswirkungen hat dieses Kommunikationsverhalten, wenn Verkäufer es einer Kundin gegenüber anwenden. Sie will zumeist aber gar nicht wissen, was er für ein toller Hecht ist, außer er sieht aus wie Brad Pitt und sie ist gerade auf der Suche nach einem Mann. Viele Vertriebsmitarbeiter würden einen Vergleich mit dem Anführer der Liste der erotischsten Männer jedoch verlieren und die meisten Kundinnen suchen ihren Traummann nicht gerade in dem Moment, wenn sie einen neuen Fernseher kaufen wollen. Sie wollen Antworten auf ihre Fragen, Antworten, die sie verstehen können. Dazu brauchen sie die Beziehungsebene, um festzustellen, ob sie dem Verkäufer vertrauen können. Auf dieser Basis bewerten sie seine Aussagen zum empfohlenen Gerät. Wenn sie das Gefühl haben, der Verkäufer vor ihr ist nur gierig auf seine Verkaufsprovision, dann werden sie das beste Gerät der Welt nicht kaufen. Wenn sie allerdings das Gefühl haben, ihr Gegenüber ist ernsthaft um ihr Wohl bemüht, werden sie ohne langes Zögern auch tiefer in die Tasche greifen.

Die Bedeutung von Attraktivität und Schönheit

Das Aussehen einer Frau war schon immer ihr Kapital. Schönheit signalisiert bis zum heutigen Tag auf der unbewussten Ebene Gesundheit. Frauen kleiden sich sorgsam, schmücken und schminken sich aus denselben Gründen, wie schon vor zehntausenden von Jahren. Dabei geht es um nichts anderes als um die bestmögliche Präsentation des eigenen Genmaterials. Wenn Männer einige damit verbundene Bemühungen als übertrieben betrachten, dann sollten sie an den Aufwand denken, den sie mit der Pflege ihres Autos betreiben. Für viele stellt ihr Fahrzeug oder ein beliebiges anderes Objekt das Symbol für ihre eigenen Qualitäten dar, ob es ihnen bewusst ist oder nicht.

Blonde Haare und ein flacher Bauch bei Frauen gehören für

westlich geprägte Männer zu wichtigen sexuellen Signalen. Sie stehen für Fruchtbarkeit, Jungfräulichkeit und Verfügbarkeit. Ihr Östrogenspiegel ist höher als der von Dunkelhaarigen und sinkt mit jeder Geburt weiter ab. Natürlichen Blondinen ist es daher anzusehen, ob sie Kinder geboren haben, denn ihr Haar dunkelt mit jedem Sprössling nach. Aus diesem Grund ist an dem Titel des Films »Blondinen bevorzugt« mit Marilyn Monroe sachlich nichts auszusetzen.

Attraktivität ist aber auch für Männer wichtig. Untersuchungen in den USA haben ergeben, dass attraktive Männer 12 bis 14 Prozent mehr verdienen als ihre weniger attraktiven Kollegen[75]. Gut aussehende Individuen werden vor Gericht besser behandelt, indem ihre Urteile milder ausfallen[76]. Und nicht selten werden Präsidentschaftswahlen durch die Attraktivität der Kandidaten entschieden. Schöne Menschen gelten grundsätzlich als ehrlicher, intelligenter, freundlicher, talentierter und vertrauenswürdiger[77]. Kahlköpfigen Männern dagegen wird noch immer ein besonders hohes Maß an Macht und sexueller Potenz unterstellt. Aus demselben Grund wirkt der Dreitagebart. Männer demonstrieren damit ihre besondere Männlichkeit, insbesondere dann, wenn sie eigentlich eher der jungenhafte Typ sind. Ist der Testosteronspiegel an einem Tag besonders hoch, dann wächst der Bart schneller. Alle Bewertungen zum Aussehen erfolgen stets ebenso unbewusst wie Streben nach Attraktivität selbst.

Frauen mögen schöne Männer, nicht aber makellose. Dann nämlich liegt der Verdacht nahe, dass er sich mehr für sich selbst interessiert als für sie. Und wenn Frauen das Gesicht eines Mannes beschreiben, dann beschreiben sie eher Charakterzüge, die sie hinter dem Äußeren vermuten oder erhoffen. Er hat dann eine Denkerstirn, verträumte Augen, einen sinnlichen Mund und ein starkes Kinn.

Frauen können aus der Perspektive ihrer Ur-Programmierung niemals schön genug sein. Daher sorgen sie dafür, dass die Diät- und die Schönheitsindustrie bis in alle Ewigkeit gute Geschäfte macht. Männer sind von solchen Bestrebungen keinesfalls frei. Bis vor wenigen Jahren musste ein Mann aber nicht schön sein, solange er andere typisch männliche Qualitäten vorweisen konnte: sozialen Status, Macht, körperliche Stärke und einen starken Zeugungstrieb. Dann wurde auch »Er« von Zeitschriftenverlagen und Kosmetikunternehmen entdeckt. Seither entwickeln sich Männer zu einem lukrativen Geschäft, weil immer mehr von ihnen verstehen, welche Vorteile ihnen ein gutes Aussehen einbringt.

Die Mode wechselt, ihr ursprünglicher Sinn jedoch nie. Männer lieben es, wenn Frauen Schuhe mit hohen Absätzen tragen, weil sie durch die verlängerten Beine an junge Mädchen erinnert werden. Wenn Mädchen in die Pubertät kommen und ihre fruchtbare Lebensphase beginnt, wachsen ihre Beine zunächst am stärksten. Sie sind besonders lang, bis der Rest des Körpers zum Ende der Pubertät die endgültigen Proportionen aller Körperteile ausgebildet hat. Im England des 19. Jahrhunderts galt folgende Faustregel für den zulässigen Taillenumfang bei Frauen: Alter mal 2,5. Bei einem 18-jährigen Mädchen waren somit 45 Zentimeter zulässig. Abgesehen davon, dass so etwas zu schwer wiegenden gesundheitlichen Schäden führte, war es eine klare Aussage über das Alter und gegebenenfalls die Verfügbarkeit. Über Jahrtausende galt die Länge der weiblichen Ohrläppchen als sicheres Indiz für die Sinnlichkeit der Frau. Noch heute existieren Kulturen, in denen sich die Frauen die Ohrläppchen mit Pflöcken und schweren Gehängen künstlich vergrößern oder verlängern. In den westlichen Industrieländern verwenden Frauen keine Pflöcke mehr. Sie erzielen denselben Effekt mit langen Ohrringen. Tests haben gezeigt, dass auch Männer in unseren Breiten Frauen mit baumelnden Ohrringen für sinnlicher halten. In den achtziger Jahren wurden breite Schulterpolster modern. In diese Zeit fällt die Blüte der weiblichen Emanzipation. Frauen ahmten die männliche Durchsetzungskraft nach, indem sie diesen maskulinen Reiz zur Schau stellten.

Und die Hormone?

Das alles wäre schon kompliziert genug, aber die Hormone mischen sich außerdem noch in die Gehirnfunktionen und damit in unser Denken und unser Verhalten ein. Sie bewirken, dass wir nicht über das gesamte Jahr konstant dasselbe fühlen, denken und tun können. Bei Frauen und Männern unterscheiden sich sowohl die Hormone als auch die Auslöser für Schwankungen im Hormonpegel.

Was das Östrogen bei Frauen bewirkt

Wenn Frauen im Kampf gegen Pfunde, fiese mathematische Aufgaben oder an Richtungsangaben verzweifeln, dann liegt die Schuld beim Östrogen. Das Geschlechtshormon bewirkt bereits in den Körpern von Mädchen ein Verhältnis von 26 Prozent Fett zu 20 Prozent Eiweiß. Es sorgt damit für die Anlegung von Fettdepots im Körper. Genau aus diesem Grund wird es in der Viehmast benutzt. Östrogen ist zudem die Ursache für die erhöhte Stressanfälligkeit von Frauen.[78]

Das Östrogen hat allerdings auch gute Seiten. Es ist für die Multitasking-Fähigkeit sowie für die Sprachfertigkeit von Frauen verantwortlich, indem es die Nervenzellen im Gehirn dazu anregt, eine hohe Anzahl von Verbindungen zwischen der linken und der rechten Gehirnhälfte anzulegen. Es verleiht Frauen allgemein ein zufriedenes, wohliges Gefühl und eine positive Lebenseinstellung, was wiederum für ihre Rolle als Nesthüterin notwendig ist. Östrogen hat eine allgemein beruhigende Wirkung (logisch, wie würden Mütter sonst so manches anstrengende Kind auf Dauer ertragen?), daher wird es in manchen Ländern aggressiven Gefängnisinsassen verabreicht. Das Hormon unterstützt sogar das Gedächtnis, was erklärt, weshalb viele Frauen nach ihren Wechseljahren über ein nachlassendes Gedächtnis klagen. Und es beeinflusst die Leistungsfähigkeit. Ein hoher Östrogenspiegel ist zwar dafür verantwortlich, dass Frauen schlechter bei räumlich-visuellen Aufgaben abschneiden, dafür steigen ihre Fähigkeiten im verbalen Ausdruck sowie hinsichtlich ihrer Feinmotorik. Darüber hinaus beeinflusst das Östrogen Nervenzellen im Gehirn, die für die Schmerzwahrnehmung zuständig sind. Während eines hohen Hormonspiegels bilden diese Zellen mehr Andockstellen für körpereigene Opiate aus, damit der Körper seine Schmerzen selbst stillen kann. Zu Zeiten mit einem geringen Hormonspiegel bilden sich die Rezeptoren wieder zurück[79].

Während des Eisprungs verwandelt sich das Denken und Verhalten von Frauen. So ändert sich für die Dauer ihrer fruchtbaren Tage ihr Geschmack in Bezug auf Männer. Bevorzugen sie sonst den behütenden Mann, mit dem sie Kinder beruhigt aufziehen können, ist es an einigen Tagen jedes Monats anders. Auf einmal finden sie männlichen Geruch und Machos attraktiv, auch wenn sie ein Zusammensein mit diesem Typ nur für eine kurze Affäre in Betracht ziehen. In diesem Zeitraum stören sie sich ausnahmsweise nicht an dem typischen Gehabe solcher Männer, ihrer Eitelkeit, Aggressivität und Selbstüberschätzung. Hintergrund dieser Erscheinung ist, wie sollte es anders sein, die Auswahl eines genetischen Superstars als Vater ihrer Kinder[80]. Für die Aufzucht brauchen Frauen aber wieder »Softies«. Zur selben Zeit zeigt sich noch ein anderes Phänomen: Inzwischen konnte nachgewiesen werden, dass Frauen während ihres Eisprungs andere Frauen weniger attraktiv finden als zu anderen Zeiten ihres Zyklus, weil diese mögliche Rivalinnen darstellen[81]. Selbst tragen sie während ihrer fruchtbaren Tage bevorzugt kurze Röcke und hohe Absätze. Allerdings ist ihnen nicht bewusst, dass sie es tun und dass sie damit ihren »Marktwert« erhöhen wollen, wie Untersuchungen gezeigt haben.

Ganz anders sieht die Welt für eine Frau aus, die sich in einer Zyklusphase mit einem geringen Östrogenspiegel befindet. Typischerweise tritt diese Phase unmittelbar vor der Menstruation ein. Sie nennt sich Prämenstruelles Syndrom (PMS) und verursacht schlimmstenfalls große Schäden. Da die Anzahl der Schmerzrezeptoren im Gehirn gesenkt wird, leiden Frauen in dieser Zeit vermehrt unter Schmerzen, die bei manchen sehr stark werden und über Tage andauern können. Andere Frauen leiden unter Niedergeschlagenheit und tiefer Traurigkeit, die sogar zu Suizidversuchen führen kann. Verschiedene Studien haben gezeigt, dass die meisten kriminellen Handlungen, wie zum Beispiel tätliche Angriffe oder Ladendiebstähle, von Frauen innerhalb ebendieser Phase begangen werden. In den USA wurde ermittelt, dass mindestens 50 Prozent aller wegen Mordes oder Körperverletzung verurteilter Frauen die Tat unter PMS begangen haben. Die Wahrscheinlichkeit, dass Frauen einen Autounfall verursachen, steigt in dieser Zeit auf das Vier- bis Fünffache. Viele Frauen erleben verzweifelt das Gefühl eines Kontrollverlusts. Deswegen sind sie insbesondere während PMS geneigt, Hilfe bei Psychiatern oder Wahrsagern zu suchen.

Erst nach Ende der Wechseljahre tritt im Leben von Frauen wieder Ruhe ein. Sind die typischen Beschwerden der Menopause wie Müdigkeit, Hitzewallungen und Depressionen endlich überstanden, können Frauen wieder aufatmen. Einer britischen Studie zufolge geben Frauen in der Post-Menopause an, in allen Bereichen ihres Lebens eine enorme Verbesserung zu verspüren, darunter auch in Bezug auf die Gesundheit, die Arbeit, den Sex, die Beziehungen, den Glückspegel und das persönliche Wohlempfinden.

Den Marketing-Fachleuten erschweren die weiblichen Hormonschwankungen ihre Arbeit in unendlichem Maße. Was immer sie sich für Kampagnen ausdenken, laufen sie Gefahr, dass Frauen es in den falschen Hals bekommen können, abhängig davon, in welchem Alter oder in welcher Phase ihres monatlichen Zyklus sie sich gerade befinden. Welche grundlegenden Ansätze alle Klippen elegant umschiffen, wird in Kapitel 7, »Marketing für Frauen«, erläutert.

Progesteron – oder warum Autos wie Gesichter sind

Progesteron, das so genannte Gelbkörperhormon, wird ausgeschüttet, wenn eine Frau ein Baby ansieht. Der Zweck besteht darin, Muttergefühle in ihr auszulösen, damit sie ihrer Rolle als Mutter mit allem, was dazu nötig ist, gerecht werden kann. Es sind aber nicht nur die Gesichter von Säuglingen, die die Ausschüttung des Hormons bewirken. Die Reaktion ist so stark verankert, dass alles, was dem Kindchenschema entspricht, die Freisetzung von Progesteron auslöst. Der Blick in so manches Schlaf- oder Wohnzimmer zeigt, wie viel die Spielzeugindustrie an dem Hormon verdient. Nicht selten findet man bei Frauen Berge von Kuscheltieren oder Porzellanpuppen vor, die adrett auf Sofas, Betten oder in Vitrinen drapiert sind. Bei wiederum anderen findet man die Plüschtiere säckeweise in irgendwelchen Ecken. Sie sind häufig Opfer von weiblichen Verwandten oder Freundinnen, die sich des Reizes nicht erwehren können. Weil sie an keinem Stofftier vorbeikommen, ohne es zu kaufen, versuchen manche Frauen auf dem alternativen Weg des Verschenkens dieser Lust zu frönen.

Diesen Effekt nutzt die Autoindustrie. Kleinwagen, die vor allem Frauen als künftige Besitzer ansprechen, erhalten freundliche »Gesichter« mit großen Kulleraugen-Scheinwerfern und einem lächelnden Kühlergrill. Sie entsprechen voll und ganz dem Kindchenschema. Daher neigen Frauen dazu, »die putzigen Kleinen« sympathisch zu finden. Viele Frauen geben ihrem Kleinwagen einen liebevollen Namen. Mausi steht weit vorn auf der Liste der Lieblingsnamen. Der Smart wird von seinen Besitzern gern in Anlehnung an die gleichnamigen bunten Schokolinsen Smartie getauft oder mit Knutschkugel bezeichnet, was eigentlich dem früheren VW Käfer entliehen ist.

Ganz anders sind dagegen die Autos aufgebaut, die Männerherzen höher schlagen lassen: Große Limousinen stehen für gediegene Stärke, PS-strotzende Sportwagen für aggressive Stärke. Zusammengekniffene »Augen« und »Lippen« sollen die Durchsetzungsfähigkeit der zumeist männlichen Besitzer jedem anderen Verkehrsteilnehmer verdeutlichen. Solche Autos gleichen rollenden Drohgebärden. Dieser Eindruck wird auf Werbebildern zusätzlich verstärkt, indem die Autos mittels grafischer Nachbearbeitung noch breiter und tiefer dargestellt werden, als sie ohnehin schon sind. Als Ferruccio Lamborghini seine Fertigung von Traktoren, Ölbrennern und Klimaanlagen 1963 um die Produktion von Sportwagen erweiterte, hatte er ein klares Ziel: Er wollte die bösesten Autos aller Zeiten bauen. Dies beschloss er bewusst mit einem kräftigen Seitenhieb auf Ferrari. Dem Pferd im Logo des Konkurrenten setzte er einen Stier entgegen, seinem Zeichen für Stärke, Eigenwilligkeit, Stolz und Unbezähmbarkeit.

5. Was Frauen wirklich wollen

Die Ansprüche und Wünsche von Frauen sind ebenso vielschichtig wie sie selbst. Einige Bedürfnisse leiten sich direkt von ihren biologischen Merkmalen ab, andere ergeben sich durch gesellschaftliche Einflüsse. Manches davon ist vielen Frauen selbst nicht immer bewusst, weil es so tief verankert ist.

Vereinzelte Unternehmen haben in der Vergangenheit einige Versuche unternommen, dem Mysterium weiblicher Wünsche auf die Spur zu kommen. Manche hatten großen Erfolg, andere sind gescheitert. Dabei ist es doch alles ganz einfach und logisch – aus Sicht einer Frau.

Was Frauen ganz sicher nicht wollen und was ein gutes Frauenprodukt auszeichnet

Eine beliebte und überwiegend von Männern zitierte Aussage lautet, Frauen würden spezielle Frauenprodukte ablehnen. Eine Quelle für diese »Feststellung« konnte ich allerdings trotz ausgiebiger Recherchen nicht finden.

Dass Frauen in der Vergangenheit viele eigens für sie konzipierte Produkte abgelehnt haben, kann an vielen Gründen liegen. Was Frauen mit Sicherheit und an erster Stelle ablehnen, sind generell Angebote, die zwar für Frauen konzipiert wurden, jedoch nichts mit deren tatsächlichen Bedürfnissen zu tun haben. Als Chrysler in den fünfziger Jahren die weibliche Zielgruppe für sich entdeckte, entstanden 1954 schließlich die Konzeptstudien Chrysler La Comtesse und Le Comte, zwei Automodelle, die sich an weibliche und männliche Fahrer richteten. La Comtesse war farblich in Pink und Hellgrau gehalten, während die Herrenvariante Schwarz und Bronze trug. Bereits ein Jahr darauf kam der Chrysler La Femme als Serienwagen auf den Markt. Der Entwicklung lag die Annahme zugrunde, die amerikanischen Frauen wollten ein Auto, das ihrer femininen Seite entspräche. Die Besonderheiten dieses Wagens zeichneten sich dadurch aus, dass der Wagen eine rosa Lackierung erhielt, rote Teppiche und die Sitze mit einem Jaquard-Stoff bezogen waren, der pinkfarbene Rosenblüten auf rosa Hintergrund zeigte. Die Krönung war das in den Wagenfarben gehaltene Zubehör in Form von Regenschirm, Regenmantel und -hut, Tasche, Lippenstift- und Zigaretten-Etui. Beworben wurde der Chrysler La Femme mit Modellen, die mit der neuesten Pariser Mode bekleidet waren und demonstrierten, dass sich die Knöpfe und Regler selbst mit weißen Handschuhen bedienen ließen. Eine Neuauflage des Modells erschien noch einmal 1956, jedoch ohne den gewünschten Erfolg. Der Wagen fiel bei den Amerikanerinnen so kläglich durch, wie ein Produkt überhaupt nur scheitern kann, obwohl er aus heutiger Sicht das Herz so manchen Oldtimer-Liebhabers höher schlagen lässt. Doch auch andere Hersteller in den USA versuchten sich in den folgenden Jahren an der weiblichen Autothematik und so entstanden die weiblichen Modelle Pontiac Parisienne in Pink, Chevrolet Impala Martinique und der Cadillac Eldorado Seville Baroness. Sehr viel später versuchte Fiat mit den Modellen Bravo und Brava einen Geschlechtsaspekt in seine Modellpalette zu integrieren. Doch statt nennenswerter Unterschiede in der Ausstattung bezogen sich die Namen auf die Größe der Wagen. Das weiblich bezeichnete Modell war kleiner als das mit dem männlichen Namen versehene.

Ähnlich wenig zufrieden stellende Erfahrungen macht die Lebensmittelbranche in jedem Jahr. In der Studie »Trends im Handel 2005« berichtet die Unternehmensberatung KPMG, dass 61 Prozent aller Produktneueinführungen im Jahr 2001 im Lebensmittelbereich innerhalb nur eines Jahres floppten. Zum Vergleich: 2000 waren es 67 Prozent und 1998 50 Prozent innerhalb desselben Zeitraums. Selbstverständlich werden Nahrungsmittel nach außen hin nur selten genderspezifisch aufgestellt. Es ist aber klar, dass 90 Prozent der Produkte des täglichen Bedarfs von Frauen gekauft werden[82]. Und es sind insgesamt rund 90 Prozent aller Produktneueinführungen im Lebensmittelbereich, die bei den Kundinnen durchfallen.

Zu den klar auf Frauen abgestellten Genussmitteln gehört auf jeden Fall Chocolat Pavot von Storck. Die gesamte Kommunikation adressiert speziell die Leserinnen von Liebes- und Groschenromanen. Der Originalton auf der Storck-Website 2004 spricht eine eindeutige Sprache:

Genießen Sie mit allen Sinnen Chocolat Pavot – eine faszinierende Komposition aus leicht geschlagener Marc de Champagne Creme in Edelschokolade mit dieser Spur von wildem Mohn. Lehnen Sie sich zurück und lassen Sie sich von diesem raffinierten Genuss verzaubern. Oder verwöhnen Sie jemand anderen auf diese besondere Art. – »Chocolat Pavot – du verwöhnst mich!«

In den TV-Werbespots erzählen Frauen ihren Freundinnen in einer Art Fortsetzungsroman die Begegnung mit einem – weiblichen Klischees entsprechenden – romantischen Mann und wie er um die halbe Welt jettet, um ihren Geburtstag mit Rosen zu begrüßen. Solange Storck nicht den Anspruch erhebt, mit dieser Kampagne alle Frauen anzusprechen, basiert diese Positionierung auf einer durchaus interessanten Zielgruppenspezifikation. Was keinesfalls davon abgeleitet werden darf, ist die Annahme, alle Frauen seien grundsätzlich so gestrickt. Doch die Zeit wird zeigen, ob das Konzept überhaupt aufgeht.

Was Frauen eindeutig ablehnen, zeigte eine 2004 durchgeführte qualitative Untersuchung für interne Zwecke der Bluestone AG zu grundsätzlichen Einstellungen: Während nur eine einzige Frau aussagte, Frauenprodukte grundsätzlich zu ächten, sagten alle anderen Befragten aus, sie lehnten dumme Angebote ab. Die Nachfrage, was denn »dumme Angebote« seien, ergab bei allen die Kriterien Bevormundung und Realitätsferne. Die meisten Unternehmen haben nach Ansicht dieser Frauen ein Bild von den Konsumentinnen, das die weiblichen Lebenswelten weit verfehlt. Sie unterstellen den Frauen Unmündigkeit, mangelnde Bildung, eine geringe Ratio und absurde Lebensinteressen. Kurz, Frauen wehren sich gegen alte Klischees, wobei ein eindeutiger Zusammenhang zwischen dem Bildungsgrad und der Vehemenz in der Ablehnung besteht.

Eines meiner Gespräche mit dem Leiter des Privatkundenmarketings einer vornehmlich regional agierenden Bank steht beispielhaft für das Missverständnis, das aus der Ablehnung von Angeboten durch Kundinnen entsteht. Einige Jahre zuvor hatte die Bank unter einem anderen Marketingleiter bereits ein Informationsangebot für Kundinnen des Hauses erstellt. Dabei handelte es sich um eine Serie von Abendveranstaltungen mit Seminaren zu Bank- und Geldthemen. Mein Gesprächspartner kannte die Details nicht, erinnerte sich jedoch, dass das Interesse der Kundinnen weit hinter den Erwartungen zurückgeblieben war. Eine Analyse der Ablehnungsgründe war niemals durchgeführt worden, und so verankerte sich in seinem Gedächtnis nur der Eindruck, Frauen wollten keine spezifischen Angebote. Der Gedanke, dass das Angebot an den Bedürfnissen der Kundinnen vorbeigegangen sein könnte, kam ihm nicht. Der Versuch, ihn dazu zu bringen, diese Überlegung überhaupt in Betracht zu ziehen, scheiterte kläglich.

Ganz andere Erfahrungen machen Banken und Versicherungen, die ihr Angebot adäquat aufstellen, wie die folgenden, besonders herauszuhebende Beispiele zeigen:

Die Schweizer Banken Vontobel, UBS und die Basler Kantonalbank bieten ein Veranstaltungs- und Informationsangebot für Frauen rund um Finanzen, aber auch Genussthemen an. Die Skandia Leben AG hat in Österreich ein Vorsorgepaket unter dem Namen »Lady's First« auf den Markt gebracht, das die besonderen Wünsche der Österreicherin in Bezug auf ihre Altersvorsorge, ihre bevorzugten Anlagestrategien sowie Brüche in weiblichen Lebensläufen berücksichtigt.

Die Berliner Weberbank[85], eine vergleichsweise kleine Privatbank, hat dank ihrer Filialleiterin Eva Donsbach unter dem Namen Ladies' Office ein Angebot für vermögende Kundinnen konzipiert, das sich großer Akzeptanz erfreut. Neben einer von Finanzexperten geleiteten Veranstaltungsreihe für die Vertiefung der Kompetenzen in Bezug auf das persönliche Finanzmanagement bietet das Ladies' Office verschiedene, über das bankenübliche Tagesgeschäft hinausgehende Services. Gegen eine Jahresgebühr übernimmt das Service-Center eine persönliche Finanzbuchhaltung, regelmäßige Analysen des Privatvermögens, Sekretariatsdienste für die Korrespondenz mit verschiedenen Finanzdienstleistern sowie – in Form von Kooperationen – die Vermittlung von Tagesmüttern, Au-pairs und Notmüttern wie auch Hilfe in der Betreuung pflegebedürftiger Familienangehöriger. Das Ladies' Office der Weberbank hat seine Dienstleistungen auf die drängendsten Probleme berufstätiger, karriereorientierter Frauen abgestimmt. Die Weberbank ist damit in der Lage, Frauen das Leben wirklich zu erleichtern und ihnen den Rücken frei zu halten, damit sie sich auf die Erreichung der für sie wichtigen Ziele konzentrieren können. Für die Bank stellt das Angebot keinesfalls eine reine Investition in die Kundenbindung dar. Die Planung des Ladies' Office enthielt die klare Vorgabe, das Angebot müsse sich für das Haus rechnen. Tatsächlich wurden innerhalb des ersten Jahres (2003) alle Umsatzziele erreicht. Dadurch dass die Bank ihre Kundinnen fortbildete, konnte sie ihre Renditen mit dieser Klientel nachhaltig steigern und das Cross Selling, ein Problemfeld bei allen Banken, verstärken. Darüber hinaus werden mit diesem Angebot noch weitere wichtige Marketingziele erfüllt: Die Positionierung als Bank, die den Bedarf ihrer Kunden wirklich versteht und darauf reagiert, wird nicht in Werbebotschaften behauptet, sondern durch Taten zementiert. Und weil diese Bank eben mehr bietet als alle anderen, steigert das Ladies' Office die Kundenloyalität nachhaltig. Es scheint bei so viel Logik beinahe überflüssig zu erwähnen, dass dieses Angebot selbstverständlich permanent ausgebaut und immer weiter an den Bedarf der Kundinnen angepasst wird.

Auch die Sportindustrie wacht allmählich auf. War das Engagement über Jahrzehnte im Wesentlichen auf modische Sportbekleidung beschränkt, machen sich einige Sportartikelhersteller neuerdings verstärkt Gedanken über die Ergonomie. Große Schlagzeilen machte in den USA die Modifizierung von Abfahrtski und Snowboards für Frauen. Hersteller wie K2 hatten festgestellt, dass Frauen nicht lediglich »kleine Männer« sind, die Miniaturversionen des Equipments in bunten Farben benötigen. Vielmehr sind Frauen leichter. Sie weisen durch breitere Hüften und schmalere Schultern einen tieferen Körperschwerpunkt auf, wobei sie gleichzeitig über eine geringere Muskelmasse verfügen. Daraus ergibt sich eine zurückgelehntere Haltung beim Skilaufen beziehungsweise Snowboarden, was die Balance und das Kurvenfahren erschwert. Die neu entwickelten Abfahrtski und Snowboards für Frauen tragen dem Rechnung, indem die Bretter insgesamt leichter wurden, der Schwerpunkt nach vorn verlagert und die Bindungen der Körperhaltung angepasst wurden. Die Schuhe wurden ebenfalls komplett überdacht, sodass diese nun den weiblichen Füßen und den Bewegungsabläufen deutlich besser angepasst sind. Frauen haben kräftigere Waden, deren Muskulatur tiefer sitzt, schlankere Füße und Fußsohlen, Fersen und Fußgelenke als Männer. Die neuen Skistiefel geben Frauenfüßen einen besseren Halt als die bisherigen, an Männerfüßen orientierten Modelle. Dadurch senken sie das Verletzungsrisiko wie auch Verschleißerscheinungen und erlauben eine verbesserte Fahrleistung. Der Hersteller K2 gilt als federführend in dieser Entwicklung. Das Unternehmen präsentierte sein neues Equipment im Jahr 2002 und verzeichnete innerhalb nur eines Jahres eine Absatzsteigerung um 25 Prozent bei Abfahrtski und sogar 45 Prozent bei Snowboards[84]. Schnell zogen alle anderen Hersteller angesichts eines so überwältigenden Markterfolgs nach. Einige von ihnen beschäftigen endlich spezialisierte Testerinnen für die Entwicklung der Frauenprodukte. Aber eben noch nicht alle.

Das in Ländern mit Tiefschnee beliebte Snowshoeing hat ebenfalls Anpassungen erfahren. Dabei handelt es sich um das altbekannte und sehr gesunde Schneeschuhwandern. Bislang waren die einem abgebrochenen Tennisschläger ähnlich sehenden Sportgeräte zu groß für die weibliche Anatomie. Nicht nur die Schrittlänge der Frauen, die mit 51 Prozent diesen Sport dominieren, ist kürzer. Von viel größerer Bedeutung ist die Schrittbreite. Bislang waren die Läuferinnen auf Grund viel zu breiter Schneeschuhe gezwungen, einen gespreizteren Schritt als beim Gehen oder Wandern üblich auszuführen. Ein breitbeiniger Gang ist aber nur für den männlichen Laufstil typisch. Auf die Dauer führte dies nicht selten zu bleibenden Schäden im Hüft- und Beckenbereich bei den Sportlerinnen. Der Hersteller Crescent Moon entwickelte daher einen Schneeschuh, der die Fußform von Frauen exakt aufgreift und in einer Tropfenform mündet, wodurch der Tragekomfort optimiert wird[85].

Auch das Ski-Langlauf-Segment wurde untersucht. Hier kamen die Entwickler aber zu dem Schluss, dass das traditionelle Equipment zum gegenwärtigen Erkenntnisstand nicht verbessert werden kann.

Übrigens: Das alles war keine Entdeckung der Hersteller und ihrer genialen Produktdesigner. Vielmehr sind diese Frauenprodukte einer Amerikanerin namens Jeannie Thoren zu verdanken. Als junge Frau war sie Abfahrt-Juniorin mit beachtlichen Rennerfolgen und galt als große Ski-Hoffnung der USA. Ab einem bestimmten Zeitpunkt stagnierten ihre Leistungen. Obwohl sie unbändig trainierte, war über einen langen Zeitraum keinerlei Fortschritt mehr zu verzeichnen. Eines Tages fiel ihr das Buch »How the Racers Ski« von Warren Witherell in die Hände. Darin beschrieb er seine Vorschläge zur Modifizierungen von Ski zur Leistungsverbesserung. Sogleich begab sich Jeannie Thoren zum nächstgelegenen Fachhandel und ließ die notwendigen Veränderungen durchführen. Danach stieg sie gleich auf den Berg und probierte die neue Errungenschaft aus. Das Ergebnis war so überwältigend, dass sie seither die Thoren-Theorie entwickelt und gepredigt hat. Das war vor 30 Jahren. Und es hat unglaubliche drei Jahrzehnte gedauert, bis die Industrie endlich begriffen hat, dass die Frau, die sie so lange belästigte und in der Öffentlichkeit predigte, Recht hat.

Und was sagen die Ski-Hersteller heute zu der Frage, was Frauen wollen? Sie haben inzwischen eine Antwort gefunden: Frauen wollen eine Ausrüstung, mit der sie besser Ski laufen und Snowboard fahren können. Inzwischen arbeitet Salomon (Adidas) mit seinen gesponserten Top-Athletinnen in der Entwicklung zusammen. K2 hat wieder den ungewöhnlichsten Weg gewählt: Sechs durchschnittliche Freizeit-Skiläuferinnen haben unter der Bezeichnung K2 Alliance die vollständige Kontrolle über die Entwicklung, die Testverfahren, Design und Marketing der T:9-Serie übernommen.

Kehren wir also noch einmal zurück zu der Behauptung, Frauen würden spezielle Frauenangebote ablehnen. Aus Sicht vieler anderer Unternehmensmanager war die Weberbank nicht nur mutig, sondern geradezu waghalsig, ein Angebot für Frauen aufzubauen und es sogar noch offen so zu benennen. Und auch die Ski- und Snowboard-Hersteller wissen mittlerweile, dass Frauen Frauenprodukte wollen. Und wann wachen endlich alle anderen Branchen auf?

Echte Frauenprodukte sind intelligent, denn sie verbessern die eigene Leistung, werden dem ursprünglich anvisierten Nutzen optimal gerecht, minimieren Verletzungsgefahren und Risiken für sich und andere, sie sind umweltfreundlich, lassen überflüssigen Schnickschnack weg, sind zuverlässig und haben ein gutes Design, sie sind also einfach ästhetisch und formschön, geben ein gutes Gefühl und sie machen im Optimalfall auch noch viel Spaß.

Beziehungen, Beziehungen und nochmals Beziehungen

Es lässt sich gar nicht häufig genug betonen: Frauen wollen harmonische Beziehungen!

Barbara und Allan Pease umschreiben es in ihrem Buch »Warum Männer nicht zuhören und Frauen schlecht einparken« so:

Wenn man einem vierjährigen Mädchen einen Teddybär oder ein Spielzeug gibt, macht sie es zu ihrem besten Freund. Wenn man das gleiche Spielzeug einem Jungen gibt, wird er es auseinander nehmen, um zu verstehen, wie es funktioniert, es dann zerlegt liegen lassen und sich das nächste Spielzeug vorknöpfen.

Jungen interessieren sich für Gegenstände und dafür, wie diese funktionieren, Mädchen interessieren sich für Menschen und Beziehungen.

Zu dem weiblichen Beziehungsstil gehört das Gefühl von Gleichheit unter Gleichen. Frauen wollen kooperieren, ganz im Gegensatz zu Männern, die mit jedem und allem konkurrieren. Wie das aussehen kann, haben die Sparkassen in dem TV-Werbespot »Kartenspieler« aus den neunziger Jahren wirkungsvoll gezeigt: Zwei Männer treffen sich und beginnen sich gegenseitig zu übertrumpfen. Der erste zieht Polaroid-Fotos aus der Tasche und knallt eines nach dem anderen auf den Tisch mit den Worten: »Mein Haus, mein Auto, mein Boot.« Sein Gegenüber grinst triumphierend und spielt seine Trümpfe aus. Sein Haus, sein Auto und sein Boot sind eindeutig größer, schöner, beeindruckender.

Ein solches Denken ist Frauen weitgehend fremd. Sie wollen Teamgeist statt Konkurrenz. Selbst bei US-amerikanischen Armee-Eliteeinheiten hat sich in gemischten Teams gezeigt, dass die Frauen bei Manövern oder im Einsatz eine andere Strategie verwenden als ihre männlichen Kollegen. Die Soldaten sind den Soldatinnen körperlich immer überlegen. Die Soldatinnen gleichen dies durch Teamwork aber so sehr aus, dass die Gruppenleistung dadurch enorm steigt. Am Ende einer Übung oder eines Einsatzes haben sie dieselbe Leistung wie die Soldaten erbracht, dabei allerdings stets die geringeren Schäden oder Verluste aufzuweisen. Die Soldaten zeigen sich von der weiblichen Strategie sehr beeindruckt und versuchen, von den Soldatinnen zu lernen. Zu ihrem eigenen Bedauern gelingt es ihnen nur bis zu einem gewissen Grad.

Wenn Unternehmen mit Frauen Geschäfte machen wollen, dann müssen sie Beziehungen aufbauen, die weit über das bisherige Maß hinausgehen. In der letzten Zeit haben die Anzahl und die Intensität von Direktmarketingmaßnahmen bei einigen Markenunternehmen stark zugenommen. Werbebriefe werden seitens der Unternehmen häufig als Beziehungsmittel verstanden. Damit liegen sie falsch.

Nicht nur der Postkasten meiner Firma quillt täglich auf Grund unzähliger unerwünschter Angebote über. Auch mein privater Briefkasten wird regelmäßig mit Katalogen und Werbebriefen überschwemmt. Dabei hat weder die Deutsche Post registriert, dass ich selbst nach Jahren voller Zusendungen noch immer keine leidenschaftliche Philatelistin geworden bin, noch hat außer Manufaktum je ein Katalogversand gemerkt, dass ich bei ihm nie etwas bestellt habe. Und ein Audi A8 stand nie auf meiner Wunschliste. Selbstredend, dass ich keinen der Versender solcher Kauf-mich-Botschaften jemals um die Aufnahme in seine Customer-Relationship-Management-Datenbank gebeten habe. Nicht selten bin ich sehr, sehr, sehr verwundert, welche Informationen über mein Interessenprofil in der Welt der Adressenkäufer und -verkäufer kursieren. Und so werde ich vermutlich bis in alle Ewigkeit traurigen Herzens Berge von fehlgeleitetem Papier in Mülltonnen versenken, meiner ständig steigenden Abfallbeseitigungsrechnung und der Bäume gedenkend, die dafür überflüssigerweise ihr Leben lassen mussten.

Was aber noch viel schlimmer ist, sind die Briefe der Anbieter, bei denen ich tatsächlich Kundin bin. Mindestens 95 Prozent der

Beilagen und Zusendungen gehen völlig an meinen Bedürfnissen vorbei. Obwohl sie alle über eine Datenbasis verfügen, die mein Profil wenigstens teilweise abbildet, hat sich kaum jemand die Mühe gemacht, es zu analysieren. Es hat mich auch noch nie jemand gefragt, welche Teile der Angebotspalette für mich interessant sein könnten. Nicht einer meiner Ansprechpartner bei einer der Banken, bei denen ich ein Konto unterhalte, hat mich jemals gefragt, obwohl mich alle persönlich kennen.

Ganz anders Amazon, der bekannte Internet-Versender: Mittels ihrer intelligenten Agenten, einer rein technischen Lösung zur Auswertung von Käuferdaten, unterbreitet mir dieses Unternehmen als einziges Angebote, die zu einem verblüffend großen Teil passen. Rund 70 Prozent der vorgeschlagenen Artikel fallen prinzipiell in mein Interessengebiet. Davon sind wiederum 70 bis 80 Prozent tatsächlich relevant, wenn auch nicht unbedingt zum jeweiligen Zeitpunkt. Rund 40 Prozent der Vorschläge befinden sich schon in meinem Besitz. Ich habe die Möglichkeit, diese Artikel sogleich entsprechend zu vermerken, damit sie mir künftig nicht wieder angeboten werden. Mehr noch: Das System gestattet mir zu bewerten, wie gut sie mir gefallen. Auf diese Weise wird mein Profil mit jedem Eintrag weiter konkretisiert. Die verbleibenden Artikel landen auf meiner Wunschliste, einem ebenfalls sehr sinnvollen Angebot, denn ich weiß, dass ich mir die Produkte nicht mehr merken oder aufschreiben muss (die Wahrscheinlichkeit, dass ich eine solche Notiz verlege und anschließend suchen muss oder einfach vergesse, ist sehr hoch). Amazon unterlässt es wohlweislich, mich mit Werbe-E-Mails zu überfluten, im Gegensatz zu eBay. Ich habe die Wahl, mir die auf mein Profil zugeschnittenen Empfehlungen anzuschauen, wenn ich auf die Amazon-Website gehe. Ich empfinde es als Wahlmöglichkeit, weil das Angebot unaufdringlich kommuniziert wird.

Amazon hat es geschafft, eine Beziehung zu mir aufzubauen, obwohl ich noch nie persönlich mit einem der Mitarbeiter zu tun hatte. Die Beziehung ist ganz einfach deswegen entstanden, weil das Angebot auf meine Bedürfnisse zugeschnitten ist und weil über viele Jahre jeder einzelne Kauf völlig reibungslos verlaufen ist. Amazon hat sich mir gegenüber erfolgreich als Unternehmen präsentiert, zu dem ich Vertrauen haben kann. Es beruhigt auch Gemüter, die sich sehr viele Gedanken um Datenschutz machen. Gleichzeitig spart das Unternehmen viel Geld, weil es auf unnütze Werbepost an Millionen von Nutzern verzichtet. Ich liebe Amazon und bin eine begeisterte Kundin. Ich kann mich auf Amazon verlassen. Viele meiner Freundinnen und Freunde teilen meine Zufriedenheit.

Aber ich kaufe nicht alle meine Bücher über Amazon. In Berlin, meinem Wohn- und Arbeitsort, gibt es ein sehr bemerkenswertes Geschäft. Das Dussmann Kulturkaufhaus[86] ist seit Jahren einer der ganz wenigen Medien- und Buchhändler, die jedes Jahr traumhafte Ertragssteigerungen zu verzeichnen haben. Zu verdanken ist diese Tatsache seiner Geschäftsführerin, Martina Tittel. Die Handelsspezialistin versteht es hervorragend, neben einem riesigen Produktangebot auch eine Atmosphäre zu bieten, die die Kunden zum langen Bleiben einlädt. Wie aus der Erforschung von Shopping-Verhalten bekannt ist, kaufen Kunden umso mehr, je länger sie sich in einem Geschäft aufhalten[87]. Im Dussmann Kulturkaufhaus gibt es unzählige bequeme Sitzgelegenheiten, die Kunden deutlicher als jedes Wort zum Bleiben und Schmökern auffordern. Eltern können mit ihren Sprösslingen ein Spielzimmer aufsuchen oder mit Kinderwagen dort Platz nehmen, wo absichtlich mehr Zwischenraum gelassen wurde. Zwar scheint jeder verfügbare Zentimeter in dem vierstöckigen Geschäft mit Waren vollgestellt zu sein, tatsächlich sind die Gänge aber überall ausreichend breit, um mit keinem anderen Kunden versehentlich zusammenzustoßen. Tragbare CD-Player ermöglichen einen beschallten Spaziergang durch die Musikabteilung. Eine Garderobe, bei der Jacken und Einkäufe abgegeben werden können, ist ebenso vorhanden wie ein Café. Verschiedene Veranstaltungsreihen runden das Angebot ab. So ist es nicht weiter verwunderlich, dass das Kulturkaufhaus regelmäßig in der »Tagesschau« der ARD auftaucht, denn jeder prominente Besucher der Stadt kommt früher oder später hierher. Michael Jackson war da, und Bill Clinton konnte natürlich nur hier die Signierstunde für sein Buch absolvieren, weil das Haus die notwendigen Sicherheitsanforderungen erfüllen kann.

Doch all das ist für mich persönlich nicht der Grund, dort einzukaufen. Ich kaufe dort, weil ich die Geschäftsführerin kenne, schätze und persönlich sehr mag. Um sie zu treffen, muss ich lange im Voraus einen Termin mit dieser umtriebigen und stets unter Volldampf stehenden Frau vereinbaren. Wenn ich zum Einkaufen dorthin komme, dann stets um nur genau das zu tun – zum geplanten Erwerb eines Produkts. Tatsächlich komme ich immer mit einer Vielzahl zusätzlicher, ungeplanter Bucherwerbungen wieder heraus. In meinem Freundes- und Bekanntenkreis heißt die mit angenehmem Grusel vorgetragene Bemerkung auf die Aussage, jemand gehe zu Dussmann oder komme gerade dorther: »Uhhh. Gefährlich …« Und jeder ergänzt diese Bemerkung im Geiste mit dem Wörtchen »gut«.

Viele Unternehmen wünschen sich nichts sehnlicher als die Loyalität ihrer Kunden und deren damit verbundene Bereitschaft, ihr Geld aus diesem Grund bevorzugt ihnen statt der Konkurrenz zukommen zu lassen. Kundinnen sind auf Grund ihrer ausgeprägten Beziehungsfähigkeit bei weitem besser prädestiniert für treues Verhalten. Treue ist ein freiwilliger Akt. Treue setzt immer Zuneigung voraus. Zuneigung bedarf eines freundschaftlichen Verhältnisses. Und Freundschaft ist immer wie ein Blick in den Spiegel.

Jeder Manager sollte sich jeden Tag aufs Neue fragen, ob es sein Unternehmen ist, das einer Frau entgegenblickt, wenn sie in den Spiegel schaut. Findet sie ihr Wertesystem in seinen Marken wieder? Ist das Unternehmen wie ihre beste Freundin, mit der sie ihr Leben, ihr Herz, ihre Kommunikation, ihre Geheimnisse und ihre Großzügigkeit teilt?

Die meisten Manager werden diese Frage mit einem Nein beantworten müssen, wenn sie sich selbst gegenüber ehrlich sind.

Wenn eine Frau ein Konto eröffnen will, dann hat sie die Wahl zwischen vielen Namen und denselben Leistungen. Banken haben es in der Vergangenheit vielleicht am stärksten versäumt, sich gegeneinander abzugrenzen. Eine ist wie die andere, ausgenommen vielleicht einzelne Privatbanken. Ist eine Bank insolvent, zuckt eine Frau nicht einmal mit den Schultern, sie sucht sich einfach eine beliebige andere. Die einzigen wichtigen Kriterien sind die bequeme Erreichbarkeit und die Kontoführungsgebühren. Dasselbe gilt für Supermärkte, Apotheken, Kaufhäuser, Drogeriemärkte und selbst für Fachgeschäfte. Frauen wählen den Ort ihres Einkaufs nach sehr einfachen Kriterien: Entweder das Geschäft mit dem entsprechenden Warenangebot liegt günstig beziehungsweise auf dem Weg oder es gibt einen sehr triftigen Grund, extra dorthin zu fahren. Der besondere Grund kann ein besonders gutes Angebot im Hinblick auf das Preis-Leistungs-Verhältnis oder auf die Produktauswahl sein. Beides nützt der Kundenbindung aber wenig, wenn die Kundin sich in dem Geschäft unwohl fühlt. Um sich in einem Geschäft wohl zu fühlen, bedarf es weit mehr, als nur ein gutes Ladendesign zu präsentieren. Verhält sich das Verkaufspersonal schnoddrig oder gar unverschämt, wird eine Kundin dieses Erlebnis mit Sicherheit nicht wiederholen wollen.

Jede Frau hat eine mehr oder minder lange Liste von Geschäften, die sie nie wieder in ihrem Leben betreten wird. Meine Aufstellung ist einige Meter lang, in Kleinschrift geschrieben. Darauf findet sich unter anderem der Name einer deutschen Großstadt. Nach mehreren sehr unangenehmen Erfahrungen in etlichen Geschäften und in einem Restaurant auf der berühmten Einkaufsmeile an nur einem Tag habe ich kurzerhand die gesamte Stadt auf meinen Index gesetzt. In inzwischen über zehn Jahren hat trotz diverser Aufenthalte dort seither kein einziges Geschäft einen Besuch von mir verzeichnen können. Und auch in Berlin werden so manche Vertriebsmitarbeiter dem Ruf der Berliner Schnauze gerecht.

Doch es gibt rühmliche Ausnahmen. Ich persönlich empfinde die Suche nach passender Bekleidung als sehr anstrengend. Seit einigen Jahren habe ich eine Lieblingsboutique in der Berliner Friedrichstraße. Wann immer ich dringend etwas benötige, ist dieses Geschäft mein erster Anlaufpunkt, obwohl sie für meinen Geschmack eigentlich viel zu teuer ist. Ich werde dort nicht immer fündig, aber die Besitzerin hat eine ganz besondere Gabe: Sie vermittelt jeder Kundin das Gefühl, eine ganz besondere Freundin zu sein. Sie besitzt darüber hinaus die einzigartige Fähigkeit zu erkennen, was einer Kundin steht. So hat sie mir schon viele Kleidungsstücke verkauft, die ich von mir aus niemals anprobiert hätte. Diese Stücke gehören allesamt zu meinen Lieblingsteilen. Die Ladeneinrichtung ist nicht besonders schön und viele Stücke in ihrem Angebot würden meines Erachtens eher Frauen stehen, die mindestens 20 Jahre älter sind als ich. Und dennoch passiert dort etwas ganz Außergewöhnliches: Wenn mehrere Kundinnen sich in dem Geschäft befinden, dann sprechen sie miteinander. Ich kann gar nicht sagen, wie häufig ich von einer anderen Kundin, die gerade etwas anprobierte, nach meiner Meinung gefragt wurde. Und da die Eigentümerin über dieses vortreffliche, magische Auge verfügt, konnte ich meine Zustimmung nur sehr selten verweigern. Alle Kundinnen, die mich um meine Meinung gebeten haben, kauften alle anprobierten und für gut befundenen Stücke, dabei hatte ich sie gar nicht überzeugen müssen. Ich hatte sie nur bestärkt. Für einen kurzen Moment übernahm ich die Rolle einer guten Freundin, obwohl ich die betreffenden Damen niemals zuvor gesehen hatte. Der Shopping-Forscher Paco Underhill hat in den USA herausgefunden, dass die Wahrscheinlichkeit, mit der Kunden Produkte nach der Anprobe tatsächlich kaufen, bei Männern bei 65 Prozent gegenüber 25 Prozent bei Frauen liegt. Die Eigentümerin meiner Lieblingsboutique verzeichnet definitiv eine bessere Quote. Dabei sind bei weitem nicht alle ihrer Kundinnen besonders betucht. Und noch etwas freut mich immer: Wann immer ich bei ihr etwas kaufe, erhalte ich zehn Prozent Rabatt. Als gewiefte Marketingfachfrau, für die ich mich halte, bin ich überzeugt, dass jede Kundin diesen Rabatt erhält. Ich weiß auch, dass dieser Rabatt ein fester Bestandteil ihrer Preiskalkulation und -auszeichnung ist. Und trotzdem freue ich mich jedes Mal, weil sie mir damit auf eine ganz eigene Weise das Gefühl gibt, zu ihrem handverlesenen Kreis der Eingeweihten zu gehören. Ich freue mich jedes Mal darüber, obwohl ich es eigentlich besser weiß. Und ich bewundere ihre Fähigkeit, mich jedes Mal ein klein wenig auszutricksen. Weil sie es auf eine so nette Art tut. Deswegen schaue ich immer kurz rein, wenn ich nur zufällig vorbeikomme, selbst wenn ich gerade keine Kleidung suche. Einige Male bin ich dennoch fündig geworden.

Natürlich kommen die meisten Kundinnen über den Handel mit Produkten in Berührung. Von den Verkaufsmitarbeitern hängt ab, ob sich eine Marke verkauft. Daher ist es nicht weiter verwunderlich, dass Vorwerk auf eine Präsenz im Handel verzichtet und lieber eigene, ausgezeichnet geschulte Handelsvertreter zu den Kunden schickt. Die hochwertigen Produkte weichen sehr stark von dem Angebot anderer Hersteller ab. Überbieten sich beispielsweise andere Staubsaugerhersteller gegenseitig mit Zahlen bis zu beeindruckenden 1600 Watt, erscheint der »Kobold« von Vorwerk dagegen eher schwach auf der Brust zu sein (400 Watt). Da bedarf es schon eingehender Erklärungen, wieso der Kobold dennoch so viel besser saugt als die Konkurrenz. Dennoch ist der Direktvertrieb bei weitem nicht die einzige Möglichkeit, einen direkten Draht zu Kunden aufzubauen.

Viele Marken investieren seit Jahrzehnten in aufwändige Gewinnspiele. Seitdem es Mode geworden ist, viele davon über teure Spezialtelefonnummern, per SMS oder über das Internet abzuwickeln, können die Unternehmen einen Teil der Kosten sparen. Als Kundenbindungsmaßnahme taugen sie jedoch nicht viel. Eher steigt die Enttäuschung bei den Massen der Teilnehmer, die in ihrem ganzen Leben noch nichts gewonnen haben.

Dass es auch anders geht, hat Opel gezeigt. Jahrelang hat der Autohersteller in Zusammenarbeit mit der Deutschen Verkehrswacht Fahrsicherheitstrainings von Frauen für Frauen durchgeführt. Eigentlich hat Opel lediglich Trainingseinheiten bei der

Deutschen Verkehrswacht gebucht. Einmal jährlich fand in verschiedenen Regionen Deutschlands je ein Training statt. Die Aktion wurde kurz vor dem jeweiligen Termin in der Regionalpresse beworben. Die Leserinnen konnten sich für einen der zwölf begehrten Plätze bewerben. Die Auslosung erfolgte durch Mitarbeiter der Verkehrswacht. Ich hatte das große Glück, eine Teilnahme am Wohnort meiner Eltern zu gewinnen. Dafür fuhr ich extra 400 Kilometer weit. Ich konnte mir doch die Gelegenheit nicht entgehen lassen, mir eine der seltenen, an Frauen gerichteten Werbemaßnahmen anzuschauen! Die Fahrt lohnte sich vollauf.

Ich habe bei diesem Training nicht nur gelernt, was mein Auto so alles problemlos übersteht und vor allem, was ich damit alles machen kann. Ich habe auch einen wunderbaren Tag mit zwölf weiteren Frauen verbracht, den ich nie vergessen werde. Ich habe einen starken Teamgeist erlebt. Ich habe erlebt, wie wir uns gegenseitig Mut gemacht haben, wenn eine Übung uns anfangs Angst machte. Wir, die Besitzerinnen von Autos mit ABS, haben große Hochachtung vor den Besitzerinnen von Autos ohne ABS entwickelt und ihnen nach jeder mit zitternden Knien überstandenen Übung aus tiefstem Herzen gratuliert. Wir sind gemeinsam im Verlauf von einigen Stunden gewachsen. Wir hatten an diesem Tag unheimlich viel Spaß, haben unglaublich viel gelacht und mit der Absolvierung aller Übungen unser Selbstvertrauen enorm aufgebaut. Wir waren zum Schluss alle so aufgedreht, dass diejenigen, die einen kurzen Weg nach Hause hatten all die anderen beneideten, die eine längere Strecke vor sich hatten und direkt ausprobieren konnten, was wir alle an diesem Tag gelernt hatten. Ich gebe zu, dass es mir gut tat, mit meinen 400 Kilometer Rückweg am stärksten beneidet zu werden. Als ich einige Tage später Post bekam, hatte ich noch einen Grund zur Freude. Den Bericht in einer der Regionalzeitungen über diesen Tag zierten mehrere Fotos meines Autos.

Opel hat mit dem Sponsoring dieses Fahrsicherheitstrainings einige Dinge so richtig gemacht, dass es gar nicht besser geht:

- Mit dem Fahrsicherheitstraining wurden Frauen zusammen-gebracht.
- Die Lehrerinnen waren Frauen (wir hatten mit Frau Grimm eine ganz tolle Lehrerin von der Deutschen Verkehrswacht; ihren männlichen Helfern ist ebenfalls ein großes Lob auszu-sprechen: Sie haben sich stets wunderbar verhalten).
- Die Anwesenden konnten in einer emotional sicheren Atmo-sphäre in kürzester Zeit Beziehungen zueinander aufbauen, auch wenn niemand von uns beabsichtigte, diese nach dem Training fortzuführen. In weniger als einer Stunde waren wir zu einem eingeschworenen Team geworden.
- Die Teilnehmerinnen haben alle bestätigt, wie viel sie an die-sem Tag gelernt haben. In meiner Gruppe hatten alle Teilneh-merinnen schlimme Erfahrungen hinter sich, darunter einige schwere Unfälle. Daher hatten wir alle gewisse Vorbehalte beim Autofahren; eine Teilnehmerin hatte es vor Jahren aufgegeben, weil sie ein schweres Trauma erlitten hatte – sie konnte es an diesem Tag los werden.
- Das Fahrsicherheitstraining hat unser aller Selbstbewusstsein in unglaublichem Maße gestärkt. Es war das erste Mal in mei-nem Leben, dass ein Unternehmen etwas so Wichtiges für mich getan hat. Danke, Opel.

Opel hat den Teilnehmerinnen solcher Trainings viel Gutes ge-tan. Zu meinem größten Bedauern als Marketing-Fachfrau hat Opel für sich selbst aber bestenfalls das Minimum aus alledem herausgeholt. Das Trainingsgewinnspiel wurde über die gesamte Laufzeit von mehreren Jahren fast überhaupt nicht beworben. Im Wesentlichen bestand die Kommunikation nur aus den Vor-ankündigungen in den Regionalzeitungen und bestenfalls noch einer nachträglichen Berichterstattung in ebendiesen Medien. Über die Homepage der Verkehrswacht gelangte man zur An-meldung, während die Website von Opel keine Information bot. Auf meine Rückfrage bei der Verkehrswacht erhielt ich dafür die Begründung, dass Opel befürchte, zu viele Bewerberinnen bei dem Gewinnspiel abweisen zu müssen. Der Trainingsplatz auf dem Gelände einer Bundeswehrkaserne war mit lediglich einem Opel-Transparent versehen. Das Einzige, was wir von Opel mit nach Hause genommen haben, war ein Logo-Aufdruck auf dem Zertifikat. Und auch sonst haben wir nie wieder etwas von dem Unternehmen gehört. Opel hat es nicht geschafft, eine Beziehung zu den Teilnehmerinnen aufzubauen. Ach was, Opel hat es nicht einmal wirklich versucht. Sehr schade. Meine letzte Information lautete, dass Opel beabsichtigte, das Sponsoring zum Ende des Jahres 2004 aus Kostengründen einzustellen. Natürlich rechnet sich eine solche Aktion nicht, wenn damit kein Werbeeffekt verbunden, keine Beziehung zu den (möglicherweise neuen) Kundinnen hergestellt wird. Ein weiteres Gutes hat die Sache im Nachhinein übrigens noch: Wer ein solches Fahrsicherheitstraining absolviert, erhält bei vielen Autoversicherern einen Nachlass auf die Versicherungsprämien.

Was hätte Opel tun können, um die besagte Beziehung aufzubauen? Sehr vieles. Opel hätte während der Veranstaltungen mehr Präsenz zeigen können, indem ein oder mehrere Fahrzeuge mit besonders cleveren Lösungen für junge und ältere Fahrerinnen, Mütter, Singles etc. zur Besichtigung, Probefahrt und Erläuterung zur Verfügung gestanden hätten. Das wäre sehr interessant gewesen, weil die Teilnehmerinnen das gesamte Alters- und Lebensspektrum abdeckten. Außerdem waren Autofahrerinnen der verschiedensten Automarken dabei. Das hätte den anwesenden Frauen Gelegenheit gegeben, miteinander über die Autos oder einzelne Details zu sprechen. Opelfahrerinnen hätten Fahrerinnen anderer Modelle über Vorzüge ihres Wagens berichten können. Sie wären indirekt zu Botschafterinnen der Marke Opel geworden. Wären auch noch versierte Marktforscher dabei gewesen, um den Vorgang zu beobachten, so hätten sie eine Fundgrube für Erkenntnisse entdeckt. Allein der Gedanke daran, wie eine Gruppe Frauen von der Besichtigung eines Speedsters zum Zafira zieht, müsste jedem Marketing-Mitarbeiter des Unternehmens feuchte Hände bescheren.

Opel hätte zum Beispiel ein kleines angekündigtes »Gegenge-schäft« machen können, indem das Unternehmen die Teilneh-merinnen nach der Veranstaltung anschreibt und sie um ihre Meinung zu dem Fahrsicherheitstraining, zu Image- und Werbe-aktionen befragt. Oder man denke nur an einen besonderen Opel-Club, der den Frauen Spezialangebote für sich selbst, ihre Freun-dinnen und deren Freundinnen unterbreitet. Oder, oder, oder ... Es gibt eine beinahe zahllose Fülle von Möglichkeiten, wie Opel diese so gut gemeinte – und für die Kursteilnehmerinnen auch gut gemachte – Aktion in einen großen Erfolg für sich selbst hätte verwandeln können.

Unternehmen können eine direkte Beziehung zu Verbrauche-rinnen herstellen, eine Verbindung zwischen Verbraucherinnen, das Verhältnis zwischen Müttern und Töchtern verbessern hel-fen, gemeinsame Erlebnisse für Freundinnen schaffen und vieles mehr. Wie wunderbar wäre es, wenn beispielsweise ein Nahrungs-mittel- oder Sportartikelhersteller Angebote für übergewichtige Töchter und ihre Mütter bieten würde. Aufenthalte zum Ab-nehmen in Kurkliniken werden von Krankenkassen zumeist nur dann übernommen, wenn die Kinder sehr starkes Übergewicht aufweisen oder sogar schon unwiderruflich an Diabetes erkrankt sind. Die Kinder sind, abgesehen von einigen Besuchen, während ihres gesamten Kuraufenthalts von ihren Familien getrennt. Wenn sie anschließend heimkehren, werden sie häufig mit denselben im Elternhaus herrschenden Unsitten im Hinblick auf die Er-nährung und Bewegungsmangel konfrontiert wie vor ihrem Kur-aufenthalt. Wenn Töchter aber mit ihren Müttern zusammen einmal wöchentlich einen Kurs besuchen können, in dem sie eine Ernährungsberatung erhalten, in dem Ernährungsmuster analy-siert werden (Identifizierung von Frustessern und die Auslöser dazu etc.), in dem sie gesundes Kochen und die Bedeutung von Sport kennen lernen, wird nicht nur der Gesundheit von Mutter und Tochter genüge getan, sondern auch ihre Beziehung zuei-nander verbessert. Das ist insbesondere dann wichtig, wenn die Töchter gerade in der Pubertät stecken und ihr Verhältnis zu den

Eltern stark belastet ist. Gute Erlebnisse von Teenagern gemeinsam mit ihren Müttern sind sehr selten. Nicht selten fügen sich Mütter und Töchter in dieser Zeit so starke psychische Wunden zu, dass sie anschließend zehn Jahre und mehr bis zu ihrer vollständigen Heilung benötigen. Solche Kurse können in Großstädten und Ballungszentren veranstaltet werden. Sie belasten den Werbeetat weit weniger als ein paar TV-Werbespots zur Prime Time[88]. Das Unternehmen muss nur verstehen, wie es Präsenz zeigt, ohne dabei zu aufdringlich zu werden. Und spätestens, wenn Mutter und Tochter einige schicke Werbegeschenke nach Hause mitnehmen, erfahren auch ihre Freundinnen von der großartigen Aktion, die es sich natürlich nicht nehmen lassen werden, bei passender Gelegenheit wiederum anderen Freundinnen davon zu berichten.

Übrigens kann jedes Unternehmen direkt zur Stärkung der Gesundheit von Frauen beitragen, indem es sie einfach nur mit anderen Frauen in einer angenehmen Atmosphäre zusammenbringt. Studien haben gezeigt, dass Frauen in der Gesellschaft anderer Frauen am besten Stress abbauen können. Wann immer ich mich in höchster Anspannung befinde, rufe ich eine gute Freundin an oder vereinbare umgehend ein Treffen. Deswegen nehme ich mir selbst immer Zeit für ihre Notrufe. Danach geht es allen Beteiligten unendlich besser.

Worüber Frauen so alles miteinander reden und was sie meinen, wenn sie Nein sagen

Wenn Frauen reden, dann dient das dem Aufbau oder der Festigung von Beziehungen. Die Kommunikationsinhalte von Frauen und Männern unterscheiden sich grundsätzlich. Die Peases drücken es in ihrer unnachahmlichen Art folgendermaßen aus:

Mädchen reden darüber, wer wen mag und wer über wen verärgert ist, sie spielen in kleinen Gruppen und verraten sich »Geheimnisse«

über andere als ein Zeichen ihrer Freundschaft. Im Teenageralter sprechen Mädchen über Jungen, ihr Gewicht, Kleidung und ihren Freund. Erwachsene Frauen reden über Diäten, Beziehungen, Heirat, Kinder, Liebhaber, Persönlichkeiten, Kleidung, das Verhalten anderer, Arbeitsbeziehungen und alles, was mit Menschen und persönlichen Fragen zu tun hat.

Jungen reden über Sachen und Tätigkeiten – wer was getan hat, wer gut worin ist und wie Dinge funktionieren. Im Teenageralter sprechen sie über Sport, Mechanik und die Funktion von Gegenständen. Männer diskutieren über Sport, ihre Arbeit, Neuigkeiten des Tages und darüber, was sie getan haben oder wohin sie gegangen sind, reden über Technologien, Autos und alle möglichen Geräte und Apparaturen.[89]

Das heißt aber nicht automatisch, dass Frauen gar nicht über Produkte reden. Sie benutzen Erzählungen über positive oder negative Erfahrungen mit Produkten, Marken, Herstellern und Händlern dazu, ihren Freundinnen und Verwandten etwas Gutes zu tun. Auf diese Weise verschaffen Frauen einander Vorteile oder wenden Schaden voneinander ab. Das weibliche Kommunikationsverhalten hat in den USA die ersten Buzz-Marketing-Spezialisten (*to buzz* = summen, schwirren) auf den Plan gerufen. Das Buzz-Marketing baut auf der klassischen Mundpropaganda (Neudeutsch: Word2Mouth) auf und gehört damit in die Kategorie des Viral-Marketing. Es geht bei alledem darum, dass Informationen sich auf schnellstem Wege herumsprechen. Persönliche Empfehlungen sind immer glaubwürdiger und zudem billiger als Werbung. Das Buzz-Marketing geht einen Schritt weiter, weil es auf Insider-Szenen abzielt. Die auf diese Weise beworbenen Produkte oder Marken sollen durch ihre Botschafter und den erlesenen Kreis der Empfänger einen Kult-Status erlangen.

Wenn etwas im positiven oder negativen Sinne interessant ist, sorgen Frauen von sich aus für die Informationsverbreitung. Gute Nachrichten verbreiten sich wie ein Lauffeuer, schlechte um ein Vielfaches schneller. Die Mutter meines Lebensgefährten ist Stammkundin in einigen sehr exklusiven Kaufhäusern. Stets bringt sie mir die großzügigen Werbegeschenke der Kosmetikabteilungen mit, damit ich die Produkte teste. Die Haushaltsperle einer Freundin bringt ihr seit Jahren jede Woche die besten Tipps mit, wo günstige Kinderklamotten, asiatische Nahrungsmittel, die aktuell besten Sonderangebote für Putzmittel und alles beliebige andere zu bekommen sind. Jüngere Frauen leihen sich gegenseitig Anziehsachen aus, wenn einer von ihnen ein besonderer Anlass bevorsteht. Ich selbst beliefere mein privates und berufliches Netzwerk stets mit Informationen, von denen ich weiß oder annehme, dass sie für die oder den anderen nützlich sind. Genauso werde ich täglich mit wichtigen Informationen per E-Mail versorgt. Bei der Feier meines letzten Geburtstags habe ich sehr schöne Geschenke erhalten, darunter viele Bücher. Ich habe noch nie zuvor erlebt, was unmittelbar nach dem Auspacken passierte: Die Gäste stürzten sich völlig ungeniert auf die Geschenke, schmökerten in den Büchern, zeigten sie sich gegenseitig, notierten die Titel und tauschten untereinander die Beschaffungsquellen der verschiedenen Präsente aus. Es war einfach herrlich. Und schnell standen auch meine männlichen Gäste den Frauen in nichts nach.

Die weibliche Methode des Informationsaustauschs besteht aus allem Vorgenannten und vielem anderen mehr. Das Internet unterstützt den Buzz mit Usergroups, Foren und Verbraucherportalen. In diesem Buch betreibe ich sehr viel Buzz. Ich berichte von Firmenverdiensten und Firmenversagen. Ich erzähle von Geschichten, die mir selbst zugestoßen sind oder die ich beobachtet habe. Und natürlich empfehle ich Marketing-Methoden, die ich für erfolgversprechend halte. Während des gesamten Schreibprozesses überlege ich, was die Leser dieses Buches interessieren könnte. Ich führe einen inneren Dialog mit Menschen, die ich nicht persönlich kenne.

In einem Gespräch hören Frauen stets mit, wie die aktuelle Bedürfnislage ihrer Gesprächspartnerin oder ihres Gesprächspartners beschaffen ist. Automatisch filtern sie alle Informationen heraus, die für die/den andere/n von Belang sein könnten. Frauen stehen Empfehlungen von anderen Frauen offen gegenüber. Männer reagieren zuweilen empfindlich auf ungebetenen Rat, während Frauen darin keinerlei Angriff auf ihre Fähigkeiten entdecken können, weil derartige Empfehlungen von Frauen tatsächlich jeglicher Angriffe entbehren. Sie wissen einfach, dass jeder Tipp einen Freundschaftsdienst darstellt.

Humorvolle Videoclips, die per E-Mail verschickt werden können, sind ein ausgezeichnetes Werbe- und Buzz-Medium. Mystery-Kampagnen[90] mit Dialog-Elementen eignen sich hervorragend. Spezielle Angebote mit Geheimnisfaktor funktionieren auch. Was nicht funktioniert, ist die plumpe Aufforderung an Frauen, ihre Freundinnen als Kundinnen oder Abonnentinnen zu rekrutieren. Generell lehnen Frauen die Holzhammer-Methode ab, die ihnen ohnehin zu häufig begegnet. Frauen mögen es dezenter. Sie selbst sind zu feinfühlig für plakative Kaufbefehle. Ich habe mich mit vielen Frauen und einigen Männern über die Media-Markt-Kampagne mit dem Befehl »Kaufen Marsch Marsch« unterhalten. Viele dieser Männer zuckten nur mit den Schultern, andere fanden sie sehr unwürdig. Die Frauen waren ausnahmslos entsetzt. Media Markt ist für lange Zeit unten durch. Daran wird auch die darauf folgende Kampagne nichts verbessern können. Sie lautet: »Lasst euch nicht verarschen«. Da sieht man wieder, wie viel Wert Media Markt auf weibliche Kunden legt. Gar keinen. Das Problem für einige Marken kann durchaus daraus erwachsen, in Verbindung mit solchen Unverschämtheiten aufzutauchen. Irgendwie passt das so schlecht zum sauberen Design und Image von Sony, um nur ein Beispiel zu nennen. Wer an dieser Stelle anmerken möchte, dass Frauen das ja gar nicht mitkriegen, wenn sie die Media-Markt-Kaufhallen nicht betreten, irrt. Media Markt wirbt auf breiter Front mit Produkten in Verbindung mit solchen Slogans. Selbst wenn Frauen sich tatsächlich schwören, dieses Haus niemals wieder zu betreten, so begegnet ihnen dieser Händler in TV-

Werbeblöcken, in ganzseitigen Anzeigen, Zeitungsbeilagen und Postwurfsendungen. Sie können sich der unangenehmen Aggression gar nicht entziehen. Dafür nehmen sie die beworbenen Markenprodukte in diesem Umfeld wahr.

Ein beliebtes Missverständnis zwischen Männern und Frauen ist die Bedeutung des Wörtchens Nein. Wenn Frauen sagen, sie kaufen eine Marke nicht oder nicht mehr, dann meinen sie es so. Sie tun es nicht. Das weibliche Nein ist anders als das männliche. Wenn Männer nein sagen, dann meinen sie »nicht heute«, »nicht zu diesem Preis«, »nicht zu diesen Bedingungen« etc. Frauen dagegen meinen »niemals«, »zu keinem Preis«, »unter keinen Umständen«. Viele Markenartikler und Händler machen sich die Tragweite nicht bewusst, wenn sie ihre Kundinnen vergrätzen. Wenden diese sich einmal ab, ist die Wahrscheinlichkeit äußerst gering, dass sie sich dem Verursacher ihres Ärgers jemals wieder zuwenden.

Marketingfaktor »Stressreduktion«

Viele Frauen wollen heute auf nichts mehr verzichten. Waren sie früher ausschließlich Mütter, Sammlerinnen und soziale Dreh- und Angelpunkte, so sind sie heute außerdem noch berufstätig, Haushaltsführerinnen oder -vorstände. Ihr Stresspegel ist so hoch wie nie zuvor. Daher ist es nicht weiter verwunderlich, dass die stressbedingten Krankheiten, unter denen bis vor kurzem fast ausschließlich Männer litten, auch unter Frauen grassieren. Magengeschwüre und Herzanfälle nehmen seit Jahren zu. Rund fünf Prozent aller Akademikerinnen leiden unter Bulimie, während es nur einen von 300 Akademikern trifft[91]. Stress ist zur Ursache für die stagnierende Lebenserwartung von Frauen geworden, während Männer immer älter werden.

Die meisten Männer können sich nur schwer vorstellen, wie eine berufstätige Mutter ihren Tag verbringt. Viele Mütter berichten davon, dass sie lange vor den Kindern aufstehen und als Letzte ins Bett kommen. Sie sind übermüdet, überanstrengt und wenn ihnen etwas fehlt, dann ist es Zeit. Viele Branchen leben von der Zeit. Fluggesellschaften, Catering-Services, Tagesmütter, Reinigungen, Telefongesellschaften und unzählige mehr verkaufen angeblich Dienstleistungen. Das ist so nicht ganz richtig, denn eigentlich verkaufen sie Zeit. Ein Flug ist schneller als die Reise mit einem Auto oder mit einem Schiff. Wer Essen bestellt, kann auf den Einkauf und das Kochen verzichten, wer telefoniert, umgeht die An- und Abreise für ein persönliches Gespräch von Angesicht zu Angesicht und so weiter.

Selbstverständlich fühlen sich auch Männer häufig von ihren alltäglichen Anforderungen überfordert. Gerade Manager sollten aber niemals ihren Stress mit dem der Frauen vergleichen. Es handelt sich schließlich nicht um einen Wettbewerb. Stattdessen sollten sie darüber nachdenken, was Stress für ihr Marketing bedeutet. Der gesamte Wellness-Boom der vergangenen Jahre konnte nur deswegen so lukrativ sein, weil die Käuferinnen von Wellness-Produkten der gesamten Bandbreite (von Sportgerät über Badezusätze und Urlaub bis hin zur Wellness-Konfitüre!) sich Entspannung davon erhofften. Wäre der eigentliche Begriff weniger überstrapaziert worden, wäre er noch auf lange Sicht sehr lukrativ gewesen.

Wo immer eine Frau sich hinwendet, stets ist sie von größeren oder kleineren Stressfaktoren umgeben. Auch viele Produkte erzeugen Stress, allein deswegen, weil sie zu kompliziert in der Handhabung sind. Wenn eine Frau ein neues Gerät in Betrieb nehmen will, dann fehlt ihr schlichtweg die Zeit für die Lektüre komplizierter und langatmiger Gebrauchsanweisungen. Wenn sie dann noch jedes Wort einzeln lesen muss, weil die Beschreibung in kaum verständlicher Technikersprache abgefasst ist, wenn sie ewig wegen jedem Detail nachblättern muss, dabei immer wieder über die französische, chinesische, italienische und koreanische Version stolpert, dann reicht es ihr! Spätestens dann hat sie ihre Geduld verloren und gibt auf, weil ihr geplantes Zeitkontingent bereits um Längen überschritten ist. In den neunziger

Jahren kam der Begriff Plug & Play (etwa: Stecker rein und spielen) im Zusammenhang mit Computern auf. Damit wurde ausgedrückt, wie kinderleicht die Technik funktioniert und wie wenig Einrichtung sie benötigt. Bei den meisten elektrischen Geräten warten Frauen bis zum heutigen Tag vergebens auf die Einlösung eines solchen Versprechens. Letztendlich müssen sie doch immer irgendeinen Nippel durch die Lasche ziehen.[92]

Doch nicht nur komplizierte Produkte verursachen erhebliche Unannehmlichkeiten. Auch Gegenstände, die nach kurzer Zeit ihren Geist aufgeben, sind Stressfaktoren. Zum einen gehen sie immer dann kaputt, wenn sie gerade dringend benötigt werden, zum anderen müssen sie fast immer ersetzt werden. Das zieht den Aufwand nach sich, in (mindestens) ein Geschäft zu fahren, sich ausführlich zu informieren, das Geld für den Kauf aufzubringen, das gekaufte Produkt nach Hause zu schaffen, es gegebenenfalls anzuschließen und in Betrieb zu nehmen. Bei einer verbogenen Suppenkelle ist der Aufwand vergleichsweise gering, doch wie sieht es schon mit einem Herd, einem Sofa, einem Computer aus?

Wenn ich bedenke, wie viel Zeit das Laptop namens Vaio von Sony nicht nur seinen Besitzer, meinen Bruder Ramon, gekostet hat, sondern auch mich, einige seiner und meiner Freunde, die allesamt Computer-Spezialisten sind, dann wird mir heute noch schlecht. Insgesamt zweimal musste die Festplatte ausgetauscht werden – jährlich eine. Natürlich waren jedes Mal alle Daten verloren. Sony weigerte sich, das Gerät auf Kulanz zu reparieren, schließlich trat der erste Schaden ausgerechnet zwei Tage nach Ablauf der Garantiefrist ein. Um das zu erfahren, hat mein Bruder ein zusätzliches Vermögen in die kostenpflichtige Support-Hotline investiert. Nach jedem Austausch weigerte sich die neue Festplatte, diverse Software von anerkannten Herstellern zu akzeptieren, darunter auch Nortons Anti-Virus-Programm. Mein Bruder hat das Gerät extra angeschafft, um als Violoncellist auf seinen vielen Reisen Schriftverkehr mit Konzertveranstaltern zu erledigen und jederzeit an jedem Ort der Welt ins Internet zu kommen, um Anfragen und Auftrittsangebote per E-Mail zu bearbeiten. Stattdessen funktionierte das Gerät über lange Zeiten nicht. Schlimmer noch: Die Zeit, die er dafür aufwenden musste, um mithilfe von Verwandten und Freunden das dringend benötigte Gerät wieder zum Laufen zu bringen, fehlte bei der Vorbereitung für seine Auftritte. Wichtige Post ging unwiederbringlich verloren, worauf ihm mehrere Konzerte und damit nennenswerte Einkünfte entgingen. Überflüssig zu sagen, dass niemand von uns sich jemals wieder für einen Sony-Computer entscheiden wird.

Ein sehr interessantes Verbraucherportal für Produktkritik ist Argh-Faktor[93]. Hier können Kunden ihren Frust über Macken und Fehlentwicklungen ablassen. Die Reaktionen mancher Unternehmen, die gezielt von den Machern dieser Webseite auf die Beschwerden angesprochen werden, sind teilweise hanebüchen. Ein Beispiel (Namen abgekürzt):

Produkt: Jet-Case Handy-Gürteltasche[94]
Hersteller: Siemens Aktiengesellschaft
Kritikpunkt: Befestigung am Gürtel

ARGH-FAKTOR: 🦗🦗🦗🦗

>> T. W. (12. 04. 2003): Der Clip des Jet-Case (Handy-Gürteltasche) ist absolut fehlkonstruiert. Er besteht aus weichem, biegsamen Kunststoff und findet somit selbst an dicken Ledergürteln keinen richtigen Halt. Bei mir endete das ganze dergestalt, dass sich die Tasche mitsamt dem (500 EUR teuren) SL45i unbemerkt vom Gürtel löste, unten aus der Jacke herausfiel und für immer verloren war. Menschen, die ihr SL42/SL45/SL45i etwas länger ihr Eigen nennen möchten, sollten vom Siemens Jet-Case also tunlichst die Finger lassen.

Hersteller-Kommentar I:
>> Siemens AG, Customer Support (28. 08. 2003): Unsere Produkte werden auf Qualität und Funktionalität vor der Markteinführung ausgiebig gestestet. Wir können daher Ihren Fall nicht nachvollziehen.*

*Anmerkung der Redaktion: Nach dieser Antwort haben wir erneut bei Siemens angefragt, ob diese Antwort im Sinne der Firma ist. Die ausführliche Stellungnahme möchten wir Ihnen nicht vorenthalten und bedanken uns bei Siemens für das erneute Schreiben.

Hersteller-Kommentar II:
>> Siemens AG (17. 11. 2003): Wir sind Ihnen sehr dankbar, dass Sie uns nochmals die Möglichkeit zu einer ausführlichen Stellungnahme zum Verlust des Handys/ Handytasche vom SL45 geben. Wir können die Verärgerung des Kunden verstehen, da der Verlust des Handys immer mit erheblichen Unannehmlichkeiten und Kosten verbunden ist. Die Aussage der Hotline ist inhaltlich richtig, hilft aber dem Kunden in seiner Situation nicht weiter, daher möchten wir uns für den wenig hilfreichen Kommentar entschuldigen.
Die Verwendung unserer Produkte wird intensiv getestet, auch wir versuchen Fälle wie den von Ihnen geschilderten zu verhindern. Dennoch sind durch die Verwendung von Materialien und Design physikalische Grenzen gesetzt. Im Fall des Jet Case wurde ein ABS Kunststoff Clip verwendet, der im Vergleich zu den bisher verwendeten Metallclips elastischer ausgelegt ist. Diese Änderung wurde aufgrund internationaler Vorgaben notwendig. Diese besagen, dass u. a. in Handytaschen die Verarbeitung von Metall zu vermeiden ist, da Metall in der Nähe des Handys die Sende- und Emfangsleistung verändern kann.

Im Normalgebrauch darf unsere Tasche sich nicht vom Gürtel lösen, kritisch sind allerdings Situationen, in denen die Tasche z. B. beim Hinsetzen aus dem Gürtel hochgedrückt wird. Dies sind Situationen, die abhängig von Gürtel, Trageposition und Bewegungsverhalten stark variieren. Ein stärkerer Clip kann den Verlust auch nur zum Teil verhindern, führt aber in ungünstigen Situationen zu Verletzungsgefahr beim ungewollten Hängenbleiben der Tasche. Es ist uns bewusst, das wir mit den Hintergrundinformationen bezüglich unserer Produktdefinition den Verlust Ihres Handys nicht ersetzen können, hoffen aber Ihr Verständnis für unsere Produktgestaltung gewonnen zu haben.

Kommentar zu Stellungnahme I:
>> D. B. (07. 09. 2003): Die Antwort zur Jet-Case Handy-Gürteltasche ist typisch für viele Firmen, so nach dem Muster: »Das haben wir noch nie gehört« und »Alle anderen Kunden sind aber sehr zufrieden« usw. Außerdem: Wer das Teil verliert, braucht doch ein neues ;-)).

Kommentar zu Stellungnahme I:
>> U. K. (15. 09. 2003): Liebe Siemens AG, mit dieser Einstellung »Das haben wir noch nie gehört, das ist alles auf Kundenfreundlichkeit getestet« werden Sie sich in weiterer Zukunft zu 100 % für den Endverbrauchermarkt disqualifizieren. Solche Machenschaften werden von Kunden – wie Sie es sicherlich auf dieser Seite bemerken – als betrügerisch eingestuft. Und das ist gut so. Allein durch Ihre Aussage haben Sie dafür gesorgt, dass zumindest ich mir demnächst 4mal überlegen werde, ob ich ein Produkt von Ihnen kaufen werde. Wenn Sie bis 3 zählen können, fällt Ihnen bestimmt etwas auf, wenn Sie näher darüber nachdenken.

Dagegen nimmt sich die Geschichte von Chris van Rossman für Außenstehende geradezu amüsant aus. Für ihn selbst war es sicherlich nicht komisch, als vor seiner Haustür uniformierte Polizisten und Sicherheitsleute auftauchten und ihn fragten, ob er ein Schiff oder ein Flugzeug besitze. Der verblüffte junge Mann verneinte und die Einsatzkräfte zogen wieder ab. Doch schon bald darauf tauchten sie wieder auf. Sie hatten ein Notfallsignal geortet, das eindeutig aus seiner Wohnung kam. Nach einer gründlichen Überprüfung stellte sich heraus, dass der Fernseher der Marke Toshiba, ein Geschenk der Eltern, ein 121,5-Megahertz-Notrufsignal aussendete, wie es sonst Schiffen und Flugzeugen vorbehalten ist. Ein Satellit fing das Signal auf und leitete es an einen Luftwaffenstützpunkt im US-Bundesstaat Virginia sowie an die Flugkontrolle und die Behörden in Oregon weiter. Die Behörden erteilten dem Besitzer des TV-Geräts striktes Fernsehverbot bei einer angedrohten Strafe in Höhe von 10 000 US-Dollar pro Tag, bis Toshiba die Ursachen ermittelt hätte.[95]

Zugegeben, die letzten Beispiele stammten von Männern. Das bedeutet jedoch nicht, dass Frauen bessere Erfahrungen machen. Häufig fehlt ihnen lediglich die Zeit, sich in Verbraucherforen zu beschweren. Oder sie haben bereits soweit mit einem Hersteller abgeschlossen, dass es ihnen müßig erscheint, darüber auch nur einen weiteren Moment ihrer kostbaren Zeit zu verlieren.

Wie die Beispiele jedoch zeigen, sind es nicht nur die Produkte selbst, die Stress erzeugen können, sondern ebenso das Verhalten der Hersteller. Bei Dienstleistungen sieht es beinahe noch schlimmer aus. Ganz üble Erfahrungen habe ich mit Anwälten gemacht. Meiner Ansicht nach gibt es keinen Berufsstand, dem die Bedürfnisse der »Kunden« so wurscht sind. In meiner Funktion als Vorstand der Bluestone AG habe ich inzwischen schon viele Anwälte und Kanzleien unfreiwillig testen müssen. Ich habe die saftigen Gebühren für Rechtsberatung und die Vertretung, aber auch horrende Stundensätze häufig im Voraus entrichten müssen. Die Anwälte ließen sich bis zu sechs Wochen Zeit für einen (für mich) wichtigen Rückruf, ließen dringende Angelegenheiten manchmal zwei Monate liegen, versäumten Fristen und sich dann wunderten, wieso ich verärgert war.

Wer Frauen als Kundinnen gewinnen will, muss darauf achten, Produkte herzustellen, die jeglicher Stressfaktoren entbehren. Qualität ist dabei ein wichtiges Stichwort. Miele ist dafür bekannt, dass die unter diesem Namen gefertigten Produkte mehr kosten als die der Wettbewerber. Das Unternehmen legt Wert auf Haltbarkeit, Zuverlässigkeit und eine lange Lebensdauer. Dafür wissen die Besitzer von Miele-Geräten, dass sie eine gute Investition getätigt haben, weil sie sich auf viele ruhige Jahre verlassen können. Sie wissen, dass sie mindestens die folgenden zehn Jahre keine unliebsamen Überraschungen zu erwarten haben.

Was viele Hersteller nicht bedenken: Der Verzicht auf ein Produkt kann die größte Stressreduktion enthalten. Ich beobachte seit Jahren, wie einige Frauen in meinem Verwandten- und Bekanntenkreis sich stoisch weigern, uralte, teilweise unbequeme Geräte auszutauschen. Sie wissen jedoch, dass diese Geräte funktionieren, und sie bezweifeln, dass die neueren Produktgenerationen ebenso zuverlässig sind. Kaufen sie ausnahmsweise doch einmal einen Ersatz, dann bewahren sie das alte Gerät vorsichtshalber über viele Jahre auf für den Fall, dass das neue doch bald versagt. Frauen, die das nicht tun, müssen im Schadensfall ihren Bekanntenkreis abklappern, um ein Ersatzgerät für die Dauer der Reparatur aufzutreiben. Falls sie überhaupt fündig werden, müssen sie die Leihgabe abholen, anschließen und sie schließlich wieder zurückbringen. Alles in allem führen sie dieselbe Prozedur ein zweites Mal in umgekehrter Reihenfolge durch, da sie ja zeitgleich überflüssigerweise ihr eigenes Gerät zur Reparatur bringen müssen.

Und es ist nicht nur das Produkt selbst, sondern auch die Art und Weise, wie es zu den Kundinnen kommt. Der Vorteil von Amazon liegt für viele Kundinnen und Kunden darin, dass der Bestellvorgang einfach ist, zuverlässig funktioniert und dass die Waren an jeden beliebigen Ort geliefert werden. In Großstädten bieten derartige Versender häufig einen reinen Zeitvorteil gegenüber dem Angebot im Handel. In ländlichen Gebieten und in kleineren Städten sind sie nicht selten die einzige Möglichkeit, bestimmte Produkte überhaupt zu erhalten, denn seit Jahren sterben die Einkaufszonen von Kleinstädten.

Selbstbewusstsein

Wenn Frauen mit Produkten, Herstellern und Händlern nicht klarkommen, dann erfahren sie nicht nur Stress, sondern auch sehr häufig die Untergrabung ihres Selbstbewusstseins. Diejenigen, die über ein gutes Selbstbewusstsein verfügen, wissen, wann der Fehler bei ihnen liegt und wann nicht. Wenn nicht sie die Ursache für den ganzen Ärger sind, dann bleibt ihnen nur die Möglichkeit, den Kampf aufzunehmen. Das widerspricht zwar ihrem grundsätzlichen Harmoniebedürfnis, was sie aber manchmal trotzdem nicht davon abhält, es zu versuchen. Verbraucherinnen und Verbraucher sitzen zu häufig am kürzeren Hebel, selbst wenn sie sich im Recht befinden. Ich selbst habe schon mehrfach damit drohen müssen, unerhörtes Verhalten vonseiten einiger Anbieter an die Öffentlichkeit zu tragen, um zu meinem Recht zu kommen. Ich habe diese Drohung bewusst in einigen ausgewählten, besonders hartnäckigen Sonderfällen ausgesprochen, weil ich auf Grund meines Berufs weiß, welchen Schaden ich damit anrichten kann. Die meisten Verbraucherinnen sind sich dieser Macht noch nicht bewusst. Am Ende einer verlorenen Auseinandersetzung stehen sie da, wütend und ohnmächtig.

Vielen Unternehmen, darunter zahlreichen Markenartikelherstellern, fällt nicht einmal auf, dass sie Frauen ständig diskriminieren oder kleiner machen. Ich unterstelle ihnen jedenfalls, dass sie es nicht merken, sonst müsste ich ihnen perfides, Menschen verachtendes Verhalten vorwerfen. Pharmahersteller werben über Jahre mit dem Slogan »Warum nicht ein paar Liter abnehmen« für gefährliche Entwässerungsmittel und bringen gesundheitsschädliche Appetitzügler auf den Markt. Mit solchen Produkten wenden sie sich bislang ausschließlich an Frauen. Sie suggerieren ihren Kundinnen dieselbe »Du bist so wie du bist nicht in Ordnung«-Botschaft wie beispielsweise Kellogg's. Auf der Website für ihr Produkt Special K heißt es unter anderem:

Sie schaffen es nicht, auf Schokolade zu verzichten? Wer widersteht stets eisern dem Verkaufsautomaten im Büro?

Wenn Sie sich ab und zu einen Ausrutscher erlauben, kann dies die Zeit verlängern, die Sie benötigen, um Ihr Ziel bezüglich Ihrer Linie zu erreichen. Deshalb dürfen Sie jedoch Ihr Schlankheitsprojekt als Ganzes nicht infrage stellen. Es genügt, wenn Sie Ihre Ernährung überwachen und den ganzen Tag über aufmerksam bleiben. Auf diese Weise sollte alles wieder in Ordnung kommen. (…)

Wenn das Unglück passiert ist:

Es kann sein, dass Ihre Waage am nächsten Tag ein oder zwei Kilo mehr anzeigt. Noch ist nichts verloren! Meiden Sie zwei Tage lang Fett. Essen Sie lieber frisches Obst und gedämpftes grünes Gemüse. Wählen Sie eher Fisch als Fleisch und nehmen Sie Milchprodukte mit einem Fettgehalt unter 20 % zu sich. Trinken Sie mindestens 1,5 Liter Wasser pro Tag und alles kommt wieder ins Lot.[96]

Was bitte soll in Ordnung oder wieder ins Lot kommen? Solche Ausdrücke weisen ganz klar auf die bewusste oder unbewusste Absicht hin, den Frauen zu suggerieren, dass es keineswegs in Ordnung ist, während einer Diät zu schwächeln. Und weil Frauen nun einmal die Angewohnheit haben, alles auf sich persönlich zu beziehen, lesen sie heraus, dass sie selbst nicht in Ordnung sind, wenigstens so lange nicht, wie sie vermeintliches oder tatsächliches Übergewicht mit sich herumtragen. Der Text besteht aus einer Ansammlung von Befehlen, Anweisungen und fordert Frauen zur permanenten Selbstkontrolle auf. Kurz: Das Konzept ist darauf angelegt, Druck auf die Kundinnen auszuüben. Er sagt unterschwellig aus: Bleib bei deiner Diät (und kauf unser Produkt!). Die Website wendet sich übrigens gezielt an Kundinnen. Was versteht wohl eine Frau mit der durchschnittlichen technischen Bildung der weiblichen Bevölkerung Deutschlands, wenn sie auf diesen Werbetext von Siemens stößt:

Das mit MMS (Multi Media Messaging), Bluetooth™ Technologie, aufsteckbarer Kamera und Farbdisplay ausgestattete, schlanke und federleichte S55 ist der perfekte Begleiter für alle Menschen mit rasantem Lebensstil. Und dank Triband-Funktionalität sind Sie rund um dem Globus erreichbar. Privat- und Berufsleben werden mittels integrierter Java™ Technologie, eines erweiterten Organizers und flexibler Speicherverwaltung perfekt in Einklang gebracht.

In Kombination mit der QuickPic Camera IQP-500 mit integriertem Blitz lassen sich Tag und Nacht ganz leicht Bilder schießen. Die Anzeige der Schnappschüsse auf dem Farbdisplay mit passender Musik- und Textuntermalung ist ebenso einfach wie das Versenden von MMS an jedes andere Handy auf der ganzen Welt.

Dank Bluetooth™ Technologie und Organizer-Software lassen sich Arbeit und Freizeit gut miteinander vereinbaren – egal wie hektisch der Terminplan auch sein mag. Das S55 nimmt automatisch und ganz ohne Kabel die Synchronisierung von Kontakten, Geschäfts- und Privatterminen mit dem PC und PDA vor. Und immer dort, wo mehr Platz benötigt wird, lässt sich der flexible Speicher bestens ausschöpfen.

Das hochwertige S55 nutzt Java™ Technologie, die eine Fülle an praktischen Business- und Entertainment-Anwendungen ermöglicht. Eine Vielzahl an Anwendungen, wie beispielsweise das Spiel Summer Ski, sind zusammen mit diversen Business- und Reiseanwendungen auf der mitgelieferten CD-ROM vorhanden und können einfach auf das S55 geladen werden. Mit fit@work® (Dipl.-Ing. Alen Jevsenak fitatwork.com) sorgt sogar ein animierter Fitnesstrainer mit einfachen Übungen dafür, dass Sie in Form bleiben, egal ob am Schreibtisch oder im Hotelzimmer.[97]

Klar, dass sich dieses Beispiel auf ein Handy bezieht, das sich ausdrücklich an männliche Käufer richtet. Handys für die weibliche Zielgruppe bewirbt Siemens beispielsweise so:

Das SL65 glänzt als wahrer Juwel. Sowohl technisch als auch optisch. Und wie bei jeder Kostbarkeit, müssen Sie erst die feine Hülle öffnen, um an den wahren Schatz zu kommen. Im Fall des Siemens SL65 tun Sie das, indem Sie die beiden Schalen des Handys verschieben und so seine Tastatur zum Vorschein zu bringen. Einmal enthüllt, bietet diese Schönheit dem Benutzer eine ganze Reihe von Hightech-Funktionen: so macht die eingebaute Digitalkamera beispielsweise Videos und Fotos in hoher Auflösung. Und sollten Sie ausnahmsweise einmal nicht direkt in der Mitte des Geschehens stecken, hat die Digitalkamera eine fünffache Zoomfunktion zu bieten.

Warum man dieses Mobiltelefon getrost mit einem Juwel vergleichen kann, wird spätestens klar, wenn man einen Blick auf die detaillierte Ausführung des Siemens SL65 wirft. Die elegante Hülle dieses Sliderhandys umrahmt ein hochwertiges Band-Design. Dieses erzeugt eine dynamische Verbindung der beiden Schalen und überzeugt in seiner Anmut – egal ob das Handy geschlossen oder geöffnet ist.

Apropos gutes Aussehen: der TFT Farbdisplay des Siemens SL65, der 65 tausend Farben darstellt, übertrifft alle Erwartungen. Seine große Fläche mit 130x130 Pixel Auflösung entführt Sie in eine Farbwelt, die die Realität weit übertrifft. Und übrigens: Sollten Sie letzterer einmal entkommen wollen, bietet Ihnen das SL65 tolle Anwendungen zum Ablenken, wie die installierte 3D-Golf- oder 3D-Rally-Simulation.

Das Siemens SL65 gibt es in zwei faszinierenden Farbvarianten: Ebony und Ivory. Selbstverständlich verfügt dieses erstklassige Handy auch über Triband-Technologie und bietet Internetzugang per GPRS. Und wer dieses außergewöhnliche Designhandy zudem noch aufrüsten will, kann verschiedene praktische Accessoires auswählen: Zum Beispiel das schicke Headset Purestyle – der vielleicht einzigen Sprechgarnitur, die genauso stylisch wie das SL65 ist. Oder das CarKit Easy, das einfach zu installieren ist und auch auf der Fahrt für Sprachkomfort sorgt.

Diesen in Form und Funktion glänzenden Handyjuwel bekom-

men Sie ab September 2004 in ausgewählten Geschäften in Europa und Asien. Für Informationen über Verfügbarkeit und Preise fragen Sie bitte bei Ihrem Händler oder besuchen Sie unsere Online Shops.[98]

Männer bekommen also Handys für ihr Berufsleben und ihre Freizeit, Frauen kriegen ein Juwel. Zubehörteile werden plötzlich zu schicken Accessoires. Dumm nur, dass Siemens dazu die 3D-Golf- oder 3D-Rally-Simulation liefert. Solche Spiele interessieren gerade die Frauen, die solche Werbetexte akzeptieren können, überhaupt nicht. Die meisten anderen aber auch nicht. Ist es da ein Wunder, dass Siemens laut über die Schließung oder den Verkauf seiner Handy-Sparte nachdenken muss? Die Kunden jedenfalls scheinen solche Bemühungen nicht zu goutieren.

Dass die Verbraucherinnen von den meisten Herstellern und deren Werbeagenturen nicht ernst genommen werden, zeigt sich überall – und mindestens in jedem zweiten Werbespot. Waschmittel waschen in regelmäßigem Turnus weißer denn je, Gesichtscremes mit AHA-Effekt (!) werden zu immer besseren Wunderwaffen gegen das Altern an sich, Mascara verwandelt Wimpern in immer voluminösere Männermagneten, Kaufhäuser werden immer billiger, Kleinwagen enthalten immer mehr Stauraum für Einkaufstüten, Säfte werden immer fruchtiger, Joghurts immer fettfreier, Binden verteidigen die Sicherheit der Frau besser als jede andere Waffe der Welt, Kartoffelchips vergrößern mit jeder neuen Geschmacksrichtung den Freundeskreis, Urlaub dient neuerdings der Befriedigung von Kinderwünschen und Süßigkeiten ersetzen inzwischen das Obst.

Wilkenson hat im Jahr 2004 bewiesen, dass Frauen heutzutage sogar zu blöd sind, um sich die Beine zu rasieren. Während sie telefonieren, kippen sie bei dem gleichzeitigen Versuch, sich besagte Beine zu enthaaren, einfach um. Oder: Während sie gerade sicher in der Badewanne sitzen, sprühen sie sich den Rasierschaum ins Gesicht statt ans untere Körperende. Und um auch der letzten Blondine klar zu machen, dass Wilkenson die Frauen versteht, wird die neueste Lösung für alle Probleme der weiblichen Existenz auch noch mit dem Namen Intuition versehen. Die Liste der Werbeverfehlungen ließe sich noch lange fortsetzen. Nicht umsonst kursiert seit einigen Jahren die keineswegs scherzhafte Frage, ob die auf diese Weise kommunizierten Produkte wegen oder trotz der Werbung gekauft werden.

Männern wird eindeutig mehr Intelligenz zugetraut. Werbespots, die sich primär an Männer richten, fallen in der Regel in zwei gänzlich andere Kategorien. Die erste bezieht sich auf technische Neuerungen. Die jeweils neueste Generation von Autos, Computern und Rasierern erklärt ihre verbesserte Leistungsfähigkeit durch ihre technischen Daten. Das ist eindeutig und selbsterklärend. Bier und Herrenparfums sind Beispiele für die zweite Kategorie. Einige Hersteller zeichnen sich dadurch aus, dass sie über viele Jahre ein und denselben Spot unverändert auf Sendung schicken. Ihr Produkt ist seit Jahren oder gar Jahrhunderten unverändert gut. So war es und so wird es bleiben. Basta! Bestenfalls kriegen Männer noch die Rechtfertigung für Saufgelage mitgeliefert. Indem sie mit ihrem Portemonnaie und ihrer Leber für einen Quadratmeter Regenwald bezahlen dürfen, erhalten sie als Gratiszugabe Gesprächsstoff für die feuchtfröhliche Herrenrunde. Krombacher hat bewiesen, dass dieser Ansatz funktioniert.

Selbst der Umschlag dieses Buches ist nicht das, was ich mir ursprünglich vorgestellt habe. Auf dem Titel ist eine Frau abgebildet, die auf ihre untere Körperhälfte und eine große Shoppingtüte reduziert wird. Der grafische Entwurf kam eines Montags um 18 Uhr in meinen elektronischen Briefkasten geflattert. Vorher noch hieß es, alle Verlagsmitarbeiter wären auf Anhieb begeistert gewesen. Am Mittwoch früh sollte der Entwurf den Vertriebsmitarbeitern vorgestellt werden. Ich kann gar nicht beschreiben, wie sehr mir meine Gesichtszüge entglitten sind, als ich den Entwurf das erste Mal sah. Ich war unbeschreiblich entsetzt. Dieses Bild zeigte all das, wogegen ich mit diesem Buch anschrieb! Ich mailte dem Verlag unverzüglich zurück, ich würde gern die Alternativentwürfe sehen, und erhielt zur Antwort, es gäbe keine, weil der erste Entwurf auf Anhieb so viel Zustimmung erhalten habe – auch von den Frauen. Kurz und gut: Ich verbrachte die ganze Nacht damit, zehn Alternativentwürfe zu erstellen, von denen ich dem Verlag schließlich um 4:30 Uhr acht zusandte, damit die Verantwortlichen sie bei ihrem Arbeitsbeginn sofort vorliegen hätten. Für diese Aktion habe ich unzählige internationale Foto-Datenbanken durchforstet. Ich habe mir an diesem Abend über 6000 Fotos von professionellen Fotografen angeschaut, die für die Gestaltung von Unternehmensprospekten und Werbeanzeigen gekauft werden können. Dabei habe ich einige sehr interessante Entdeckungen gemacht: Es gibt Hunderte von Bildern von Frauen mit abgeschnittenem Oberkörper, jedoch nicht ein einziges, auf dem der Oberkörper eines Mannes fehlt. Hunderte von Bildern zeigen Männerhände mit Geldscheinen oder Kreditkarten. Etwa 30 Bilder (von über 1500 in der Kategorie »Geld« und über 500 Bildern unter dem Stichwort »Kreditkarte«) zeigen eine Frau mit einer Kreditkarte in der Hand, während sie in eindeutig privater Umgebung vor einem Laptop sitzt, in einer Hand eine kaum erkennbare Kreditkarte, in der anderen einen Telefonhörer für einen Bestellvorgang, vielleicht, weil sie nicht in der Lage ist, eine Internet-Bestellung auszulösen. Zum Suchbegriff »Shopping« fand ich Hunderte von Bildern, die eine oder mehrere Frauen mit Einkaufstüten zeigten, wie auch auf diesem Buchumschlag eine zu finden ist. Und wieder war nicht ein einziger Mann dabei. Es gibt Tausende von Bildern mit Männern im Geschäftsanzug, Frauen sucht man beinahe vergebens.

Ich habe in dieser Nacht zwei schmerzhafte Dinge gelernt. Erstens: Es gibt offenbar nur stereotype Bilder. Zweitens: Diese Bilder sind fest in unseren Köpfen verankert.

Der Econ-Verlag war sehr freundlich und zuvorkommend. Der Verlagsleiter, Jürgen Diessl, war in jedem Moment bereit, das Motiv zu kippen. Aber dann hatte er ein verteufeltes Argument, das er mir anfangs vergessen hatte mitzuteilen: Das Motiv hatte allen Verlagsmitarbeitern so gut gefallen, dass sie es unbedingt auf den

Umschlag des Verlagskatalogs bringen wollten. Der innere Kampf, der daraufhin kurzzeitig in mir entbrannte, hieß nicht »Kunst oder Kommerz«. Ich begann zu begreifen, dass eben die meisten Menschen diese Bilder so gewöhnt sind, dass sie gar nicht sehen, dass etwas damit nicht stimmt. Ich beschloss schließlich, die Pragmatik siegen zu lassen. Wenn mehr Menschen dieses Buch lesen, weil sie sich von seinem Umschlag angesprochen fühlen, dann ist das der Weg, mit dem ich mein eigentliches Ziel am besten erreiche. Und so willigte ich schließlich ein, die Umschlagsgestaltung beizubehalten. Immerhin habe ich die pinkfarbene Titelschrift verhindert. Übrigens war es der Vorschlag von Herrn Diessl, dass ich diese Geschichte ins Buch aufnehme. Auch er fand es sehr interessant, wie unvermutet der Verlag in die Klischee-Falle gelaufen ist. Natürlich haben wir uns schnell darauf geeinigt, dass das nächste Buch, falls ich noch eines schreiben sollte, ganz anders aussieht.

Unternehmen müssen begreifen, dass sie Frauen mit unsensiblem Verhalten nicht nur demütigen, sondern ihnen tatsächlich auch Schmerz zufügen. In einem Artikel der Zeitschrift *Psychologie heute* heißt es:

Ein »gebrochenes Herz« kann ebenso viel Schmerzen verursachen wie eine körperliche Verletzung. Forscher aus Kalifornien haben die physiologische Grundlage für den sozialen Schmerz gefunden, der etwa bei Zurückweisung oder Ausgrenzung entsteht. Ihrer Studie zufolge werden dieselben Hirnregionen wie bei körperlichem Schmerz aktiviert. (…)

Diese Entdeckung zeigt laut [Namomi] Eisenberger, »wie tief verwurzelt das menschliche Bedürfnis nach sozialer Akzeptanz ist«. Dadurch werde Zurückweisung von anderen als genauso schädlich für unser Überleben wahrgenommen wie etwas, das uns physisch verletzen kann. Die Tendenz, soziale Ablehnung als Schmerz wahrzunehmen, könnten Menschen als Verteidigungsmechanismus entwickelt haben. »Da wir eine relativ lange Kindheit haben, in der wir sehr abhängig sind, ist es notwendig, dass wir nahe bei unserer sozialen Gruppe bleiben. Wenn wir uns zu weit entfernen, können wir nicht überleben«, sagt die Forscherin.[99]

Statt alledem kann eine Marke Frauen unterstützen. Sie kann Produkte konzipieren, mit denen Frauen sich nicht dumm fühlen. Sie kann mit ihnen ernsthaft kommunizieren. Sie kann versuchen, ihnen ihre Wünsche von den Augen abzulesen. Sie kann das weibliche Selbstbewusstsein stärken, indem sie Bilder zeigt, die mit den Klischees brechen. Sie kann Frauen Anerkennung für all die Dinge zollen, die sonst niemand wahrnimmt. Sie kann Frauen auf intelligente Weise zum Lachen bringen. Sie kann die weiblichen Fähigkeiten schätzen. Sie kann Frauen das Gefühl vermitteln oder ihnen direkt sagen, dass sie vollkommen in Ordnung sind. Sie kann sie für all das würdigen, was sie jeden Tag, ihr Leben lang, für die Menschen um sie herum und die ganze Gesellschaft tun. Sie kann ihnen dafür danken, was sie für die Marke tun, nämlich Arbeitsplätze sichern. Sie kann sie dazu ermutigen, sich zu trauen, sich fortzubilden, ihrer eigenen Nase zu folgen, ungewöhnliche Dinge zu tun, sich aus Fesseln zu befreien und nach den Sternen zu greifen. DAS ist es, was Frauen brauchen. DAS ist es, was ihnen unendlich gut täte.

Was sonst noch auf der Frauen-Wunschliste steht

Frauen wollen vieles:
- Sie wollen, dass die Produkte, die sie für sich, ihre Kinder, ihren Partner, ihre Verwandten oder Freundinnen und Freunde kaufen, ihnen gut tun. Wer möchte ihnen verdenken, dass sie verärgert reagieren, wenn sie feststellen müssen, dass das, was sie im Bioladen gekauft haben, mit Pestiziden verseucht ist. Sie nehmen es mit wenig Humor auf, wenn *Ökotest* feststellt, dass 29 von 32 Kondomsorten Krebs erregende Stoffe enthalten, in Kinderbekleidung verwendete Farben und »antibakterielle« Putzmittel Allergien auslösen, für Frauen konzipierte Kleinwa-

gen weniger Sicherheit bieten als die großen Limousinen ihrer Männer, ihre Eltern keine für sie brauchbaren Produkte erhalten, weil sich kaum ein Hersteller bislang an den Seniorenmarkt herantraut, der Handel absichtlich Quengelware vor den Supermarktkassen positioniert und vieles mehr.

- Sie wollen Marken, die sie durch unterschiedliche Lebensphasen und -aspekte begleiten. Wieso sollen sie etwas nur zu Hause einsetzen, wenn sie es im Büro genauso gebrauchen könnten? Sie wünschen eine Begleitung durch ihr gesamtes Leben, nicht nur durch streng definierte Teilbereiche.
- Sie wollen, dass die Marken, an die sie gewöhnt sind, ihren Bedürfniswandel, der mit ihrem steigenden Alter natürlich einhergeht, erkennen, respektieren und darauf eingehen. Statt sich mit zunehmenden Alter ständig neu orientieren zu müssen, können Frauen »ihren« Marken auf diese Weise treu bleiben.

6. Wie Unternehmen erfahren, was Frauen wollen – Marktforschung richtig betrieben

Unternehmen geben jährlich große Beträge aus, um die Wünsche der Konsumenten zu erforschen. Das wäre dann sinnvoll, wenn die Marktforschung die richtigen Ergebnisse liefern könnte. Richtige Ergebnisse zeichnen sich dadurch aus, dass sie jene Entscheidungsgrundlagen in Bezug auf die Marktcharakteristika exakt und vollständig wiedergeben, deren Kenntnis nötig ist, um effiziente Produktentwicklung und eine effiziente Vermarktung betreiben zu können.

Eine 100-prozentige Abbildung der Realität ist dabei natürlich niemals wirklich möglich. Marktforscher haben es immer nur mit Näherungswerten zu tun. Umso wichtiger ist es daher, dass sie stets um größte Genauigkeit bemüht bleiben, sonst finden sich am Ende einer Untersuchung riesige Verzerrungen wieder, die noch dazu nicht als solche erkannt werden können. Die so entstandenen falschen Abbildungen des Marktes dienen Unternehmen später als Grundlage für ihre Angebotsgestaltung und ihre Strategie. Der Misserfolg ist auf diese Weise vorprogrammiert, weil die Verbraucher tatsächlich völlig andere Wünsche haben. Im Hinblick auf die Konsumentinnen scheint es manchmal gar so, als ob Unternehmensdelegationen am Bahnhof in Castrop-Rauxel den roten Teppich ausgerollt haben, während die Damen gerade in der New Yorker Grand Central Station aus dem Zug steigen. Im Endeffekt bekommt dann niemand, was sie oder er will. Alle verlieren.

Und dann wäre da noch die in vielen Unternehmen zu hörende Aussage »Wir haben vor einigen Jahren mal so eine Untersuchung gemacht ...« Wer der Ansicht ist, eine Untersuchung alle paar Jahre reiche aus, befindet sich zutiefst im Irrtum. Frauen und ihre Wünsche ändern sich in einem rasanten Tempo. Wer Kundinnen gewinnen und halten will, muss fast noch vor ihnen selbst wissen, was sie wollen.

Wie können Firmen diese anscheinend so unberechenbare Zielgruppe »Frauen« nun kennen lernen? Welches Instrumentarium steht ihnen zur Verfügung, welche Fallen enthält es und wie lässt sich das Hineintappen vermeiden? Dieses Kapitel beleuchtet die grundlegenden Methoden der Marktforschung, leistet Kritik und bietet Lösungsansätze.

Wie Unternehmen Frauen sehen

Eine sehr spannende Frage ist, was Konsumentinnen sagen würden, wenn sie wüssten, wie sie von Unternehmen, Beratern, Frauenzeitschriften und Werbeagenturen insgeheim genannt werden. Ob es Ihnen wohl gefallen würde, als Schlampe oder Luder bezeichnet zu werden?

Und wieder einmal haben wir es mit keiner Übertreibung zu tun. Betrachten wir die Bezeichnungen für Frauentypen im Marketing, dann haben sich manche Verfasser von Untersuchungen und Studien wahrlich kein Ruhmesblatt verdient. Gegen die meisten anderen nehmen sich Benennungen wie »die traditionelle, die partnerschaftliche, die Karriere- und die Superfrau«[100] noch als unspektakulär aus. Es folgt eine kleine Aufstellung von Bezeichnungen für Frauen-Kategorien oder weiblichen Lebenswelten:

Die Studie »V. E. N. U. S.«, vom Institut Rheingold für die Frauenzeitschrift *Freundin* erstellt, verwendet:

• Soft-Feministinnen
• Power-Luder
• Space-Barbies

- Schmuse-Engel
- Super-Girls
- Self-Designerinnen
- Golden Ladies

Die Studie »Millenniums-Frauen 2«, ebenfalls von der Zeitschrift *Freundin* in Auftrag gegeben, braucht nur vier Gruppierungen, um die Frauen voll zu verstehen:

- Neue Hausfrau
- Smarte Schlampe
- Öko-Spiritistin
- Moderne Amazone

In der Untersuchung »Future Woman 2« der Düsseldorfer Werbeagentur BBDO heißen die Schubladen:

- Lieb-Kind-Frau
- Strategische Planerin
- Burschikose
- Lehrmädchen

Solcher Beispiele gibt es noch viel mehr. Ich verzichte auf weitere Zitate, weil die aufgeführte Auswahl vollkommen ausreicht, um zu demonstrieren, welche abstrusen Vorstellungen und Etikettierungen kursieren. Ganz abgesehen von der unglaublichen Respektlosigkeit solcher Namensgebungen spiegelt keine der genannten Kategorien auch nur annähernd die Lebenswelten heutiger Frauen wider. Vielmehr tritt ein großes Maß an Unverständnis und vor allem Abfälligkeit gegenüber den eigenen Kundinnen zutage. Der Trend zu zusammengesetzten Typenbezeichnungen soll möglicherweise die Widersprüchlichkeiten von Frauen symbolisieren. »Soft-Feministinnen« sollen den Gegensatz zu den Feministinnen der siebziger und achtziger Jahre darstellen, »Space-Barbies« den zu den Mädchenzimmer-Kinderpuppen, »Neue

Hausfrauen« den zu traditionellen Schürzen tragenden Berufsmüttern und »Moderne Amazonen« reiten eben heute kämpfend durch den Großstadtdschungel, während ihre antiken Vorbilder barbusig hoch zu Pferde gegen Männer in den Krieg zogen.

Andere Ansätze setzen auf die Beschreibung nach Lebensabschnitten. Die dabei geführten Vereinfachungen sind leider auch nicht besser dazu geeignet, Frauen zu erfassen. Ganze Bevölkerungsgruppen finden keinen Eingang in die Statistiken. Die Frauenzeitschrift *Brigitte* verwendet beispielsweise Lebensphasen, die Witwen, Homosexuelle, Alleinerziehende und andere Menschen ausblenden und sich stattdessen auf vermeintliche Mehrheiten konzentrieren:

- Wilde Töchter
- Singles
- Junge Familien
- Etablierte Familien
- Junge Paare
- Konservative
- Etablierte Genießer.

Gleich, welche Methode zu Rate gezogen wird: Alte Klischees werden auf diese Weise nur durch neue ersetzt. Dabei wird die Phase der eigentlichen Ist-Analyse einfach übersprungen. Es mag sich durchaus schwierig gestalten, die Vielfalt der weiblichen Natur zu beschreiben. Der Blick auf die Realitäten bleibt dabei die nützlichste Methode. Und genau das hat bislang noch niemand gemacht.

Jedenfalls würden sich die wenigsten Frauen geschmeichelt fühlen, wenn sie wüssten, wie diskriminierend ihre Lieblingsmarken hinter ihrem Rücken mit ihnen verfahren.

Die Erkenntnisse der Gender-Forschung in Deutschland

In Deutschland existiert trotz einer inzwischen schon beachtlichen Anzahl von Gender-Studiengängen an den Universitäten noch immer nur ein geringes Bewusstsein für geschlechtsspezifische Unterschiede. Das Gros der universitären Bemühungen konzentriert sich auf Sozialforschung, nicht jedoch auf die Erforschung von Gender-Aspekten im Hinblick auf das Marketing beziehungsweise die Produktentwicklung. Doch wie immer gibt es keine Regel ohne Ausnahmen: An der Universität Bremen hat Professor Dr. Heidelinde Schelhowe, Leiterin des Fachbereichs Digitale Medien in der Bildung, im Jahr 2003 die Initiative *GIST* – Gender Perspectives Increasing Diversity For Information Society Technology – ins Leben gerufen. Der Fokus ihrer Arbeit liegt auf der Erforschung von Gender-Aspekten in den Informationstechnologien[101].

Schon deutlich länger durchleuchtet Professor Dr. Uta Brandes an der Fachhochschule Köln, in China und Japan das Thema Gender und Design. Ihre Forschungsergebnisse sind der Allgemeinheit bislang zu wenig bekannt, aber dafür ausgesprochen interessant und nicht selten auch sehr verblüffend. Ein kleiner Auszug ihrer umfassenden Arbeit wird im Kapitel 7, »Marketing für Frauen«, vorgestellt.

An der Hochschule Niederrhein wurde ebenfalls 2003 die Projektinitiative Kompetenzzentrum Frau und Auto[102] durch die Professorin Dr. Doris Kortus-Schultes ins Leben gerufen. Dabei handelt es sich um einen interdisziplinären Ansatz mit Impulsgebern aus den Fachbereichen Wirtschaftswissenschaften, Sozialwesen, Design und selbstverständlich Maschinenbau beziehungsweise Verfahrenstechnik.

Die Fraunhofer-Gesellschaft startete 2004 ein mit Forschungsmitteln des Bundes finanziertes Forschungsprojekt, das Gender-Aspekte in der Technologie untersucht. Dieses Projekt befindet sich jedoch noch so weit im Anfangsstadium, dass mit Ergebnissen voraussichtlich frühestens 2006 zu rechnen ist.

Diese vier Projekte sind deutschlandweit anscheinend die einzigen, die sich mit der Erforschung von Gender-Aspekten im technologischen Bereich auseinander setzen. Es spricht für sich, wie jung diese Forschungsrichtung in diesem Land noch ist. Die bislang geringe Menge an Wissen rechtfertigt also, alles unter dem grundsätzlichen Gender-Aspekt zu untersuchen.

Ähnlich sieht die Lage in der Marktforschung aus. Die Marktforschung verfolgt bis heute im Wesentlichen zwei Perspektiven: Der erste Ansatz macht überhaupt keinen Unterschied zwischen Frauen und Männern. Beide Geschlechter werden in einen Topf geworfen und tauchen als Durchschnittswert zu jeder beliebigen Frage wieder auf. Wer doch Genaueres wissen will, muss sich selbst durch endlose Tabellen wühlen und die Vergleiche selbst anstellen, vorausgesetzt, der Zugang zu den Rohdaten ist überhaupt möglich.

Der zweite Ansatz untersucht die weibliche Zielgruppe, verzichtet aber auf Vergleichswerte von Männern. Auf diese Weise können überhaupt keine Erkenntnisse zu Übereinstimmungen oder Unterschieden gewonnen werden. Mehr noch: Die Frauen verändern derzeit nicht nur sich selbst. Vielmehr wandeln sich durch ihre Veränderung die gesamte gesellschaftliche Konstellation und damit auch die Männer, ob sie wollen oder nicht. Wenn jedoch die Vergleichsmöglichkeiten zwischen Frauen und Männern in der Marktforschung fehlen, dann können Unternehmen keine zukunftsgerichteten Strategien aufbauen und gehen ein hohes Risiko ein, am Markt vorbei zu planen.

In Wahrheit benötigt die Wirtschaft aber ganz dringend eine neue Grundlagenforschung. Und dafür reichen die vorhandenen Methoden schlichtweg nicht aus. Wir müssen also eilig über neue Ansätze nachdenken, wie die Kundenwünsche auf sinnvolle Weise ergründet werden können, damit am Ende brauchbare Daten zur Verfügung stehen.

Im Folgenden werfen wir einen Blick auf den bisherigen Stand der klassischen Marktforschung und die damit verbundenen Problemfelder. Unternehmen haben in der Regel die Auswahl zwischen der primären und der sekundären Erhebung, der quantitativen und der qualitativen Untersuchung, der Beobachtung und dem Experiment.

Sekundäre Marktforschung im Gender Marketing

Als sekundäre Marktforschung wird im Allgemeinen die Sammlung und Analyse vorhandener Literatur und bereits ermittelter Marktdaten verstanden. Die Sekundäranalyse gilt als günstiger und einfacher durchzuführen als eine Primäranalyse. Während Letztere den Fachleuten vorbehalten bleibt, wird die sekundäre Marktforschung häufig genug Praktikanten und studentischen Hilfskräften überlassen. Fälschlicherweise wird angenommen, dass hierzu lediglich das Sichten und Zusammenstellen von Informationen erforderlich ist. Dem ist natürlich nicht so. Auch eine Sekundärerhebung sollte aus guten Gründen von Fachleuten durchgeführt werden.

Zunächst erfordert die Sekundärforschung vom Durchführenden ausgezeichnete Fähigkeiten hinsichtlich der Recherche, denn er oder sie muss in der Lage sein, das relevante Arbeitsmaterial überhaupt aufzufinden. Informationen verbergen sich nicht nur in Fachbüchern und Studien, sondern ebenso in Fach- und Publikumszeitschriften, Zeitungen, in Internet-Foren und sind unter Umständen auf Jahrzehnte der Forschung verteilt. Zu manchen Themen gibt es Unmengen an Informationen und Untersuchungen, mit anderen Aspekten scheint sich noch niemand befasst zu haben. Schon aus dem Vorhandensein oder dem Fehlen von Fragestellungen können Rückschlüsse in Bezug auf den Markt und die Wettbewerbsunternehmen gezogen werden. Übertragen auf das Gender Marketing lässt die geringe Menge und die Art der erhältlichen Informationen das Fazit zu, dass der Geschlechtsunterschied bislang nur die Kosmetik- und Bekleidungshersteller ernsthaft interessiert. Im Umkehrschluss lässt sich von dieser Erkenntnis ableiten, dass für alle anderen Branchen kein Unterschied zwischen Frauen und Männern existiert.

Die Bewertung von Informationen und ihren Quellen stellt den zweiten Hauptteil der Arbeit dar. Sinnvolle Informationen müssen von überflüssigen getrennt werden. Diese Tätigkeit betrifft einerseits die Sammlung von Aussagen und andererseits die notwendige Prüfung der Methodik, um festzustellen, wie eine Aussage zustande gekommen ist. So sind Untersuchungen von Zeitschriftenverlagen teilweise nur mit größter Vorsicht zu genießen. »MAXI Auto-Cup« und »World of Women« von der Bauer Media KG sind nur zwei Beispiele für Studien, die ausschließlich mit Leserinnen verlagseigener Frauenzeitschriften durchgeführt wurden. Sie sind im Hinblick auf den weiblichen Bevölkerungsdurchschnitt nicht repräsentativ. Das Vergleichen von Informationen aus unterschiedlichen Quellen bedarf hervorragender Methodenkenntnisse. Dazu gehört die Fähigkeit, unsinnige Daten herauszufiltern. Manchmal sind es ganze Institute, die Seriosität vermissen lassen, weil ihre Methoden zweifelhaft sind. Im Nachhinein lässt sich zweifelsfrei feststellen, dass jede in der Vergangenheit von ihnen abgegebene Prognose geradezu dramatisch ins Positive verzerrt wurde und über Jahre nicht eine auch nur annähernd die Realität traf.

Zu guter Letzt gehört zu einer inhaltlichen Bewertung der Umgang mit widersprüchlichen Informationen aus unterschiedlichen Quellen. Insbesondere die Trendforschung bietet abenteuerlich anmutende Informationen zur Entwicklung von Frauen und den dazugehörigen Märkten. Beispiele für gewagte und kritikwürdige Aussagen finden sich zahlreich. »Die Zukunft der Frau«, eine Studie des renommierten Gottlieb Duttweiler Instituts aus dem Jahr 2003, stellt viele Prognosen hinsichtlich der zukünftigen Entwicklung von Frauen auf. In sieben Hauptthesen wird bestenfalls ein Betrachtungsausschnitt aufgetan, nicht jedoch eine allgemeingültige Charakterisierung. Gleich in der ersten These, »Frauen werden männlicher«, heißt es unter dem Stichwort »Perspektiven«:

(...) Der Unterschied zwischen Mann und Frau wird kleiner, in der Folge wird die Verständigung zwischen Frauen und Männern leichter, denn sie sprechen je länger, je mehr dieselbe Sprache.

Da sich das Kommunikationsverhalten – wie oben gezeigt wurde – evolutionär entwickelt hat, wird eine gesellschaftliche Entwicklung keine grundsätzlichen Veränderungen ermöglichen. Aus demselben Grund werden die in dieser Studie unter »Chancen« avisierten Entwicklungen niemals eintreten können. Im entsprechenden Kapitel heißt es, Frauen würden neue Leidenschaften für bislang vornehmlich männliche Betätigungen entdecken, wie zum Beispiel Männersportarten, Lan-Partys, Männerjagd, Auto-Ralleys usw., und ebenso für Männerspielzeuge wie Hightech-Gadgets, Autos, Zigarren, exklusive Weine, Jagd. Bei diesen und anderen Beispielen handelt es sich um unzulässige Verallgemeinerungen. Zweifellos wird es einige Frauen geben, die diesbezügliche Interessen entwickeln, aber die gab es auch schon in der Vergangenheit. Ein Teil von ihnen hat sich schon auf männliches Terrain begeben und ist dort erfolgreich. Die Veranlagung dazu hat aber nur ein vergleichsweise geringer Prozentsatz aller Frauen. Daher ist bestenfalls anzunehmen, dass der soziale Druck, sich weiblichen Rollenbildern entsprechend verhalten zu müssen, künftig nachlässt. Daraus folgt, dass Frauen ihre eher Männern zugeschriebenen Anlagen oder Interessen auf Grund des geringeren Widerstands leichter ausleben können und alle anderen Frauen sich in diesen Bereichen auf allgemein akzeptierte Weise ausprobieren dürfen. Eine Massenbewegung wird daraus jedoch nicht entstehen.

Angesichts der aktuellen Entwicklung hin zur Akzeptanz von Unterschieden in Form des im politischen Sinne verwendeten Begriffs »Diversity« ist es sehr zweifelhaft, ob die folgende Aussage zutrifft:

»Der kleine Unterschied« ist nicht mehr, was er einmal war, und bleibt immer öfter ohne Folgen. Die Differenz zwischen den Geschlechtern wird stetig kleiner. Mit fortschreitender Gleichstellung von Frau und Mann verfließen die Geschlechtergrenzen. Ob Frau oder Mann macht immer seltener einen Unterschied, beide bedienen sich aus dem Verhaltensrepertoire des anderen Geschlechts und designen daraus ihren individuellen Lebensstil. (...) [103]

Allein aus rein biologischer Sicht können die Unterschiede zwischen den Geschlechtern gar nicht schrumpfen, jedenfalls nicht im Zeitraum einiger Jahre oder Jahrzehnte. Daran wird auch unser kurzer gesellschaftlicher Zeitabschnitt nichts beschleunigen können. Denkmodelle, die auf postmodernen Auffassungen beruhen, gebären provokante Thesen, sind bei der ernsthaften Behandlung solcher Themen allerdings fragwürdig.

Andere Studien, wie beispielsweise »Female Simplifying« von der Zeitschrift *Für Sie* in Zusammenarbeit mit dem Zukunftsinstitut oder »V. E. N. U. S.« der Zeitschrift *Freundin* und dem Institut Rheingold, beschäftigen sich mit sehr speziellen Fragen. Sie geben zwar Aufschluss darüber, was Frauen bewegt, ein umfassendes Bild zeichnen sie aber nicht. Ältere Literatur zeigt eine vor allem durch feministische Theorien gefärbte Prägung. Vom Streben nach Gleichberechtigung gezeichnet, findet sich vielfach ein Hang zur Einebnung von Geschlechtsunterschieden. Dem widersprechen, wie bereits gezeigt, die neuen Erkenntnisse der Wissenschaft, die erstmals in bislang unbekannte Forschungsgebiete vordringt.

Primäre Marktforschung im Gender Marketing

Quantitative Marktforschung

Die quantitative Erhebung dient der Ermittlung von Mengenverteilungen in definierten Populationen mittels Beantwortung eines vorgegebenen Fragenkatalogs. Die Befragung erfolgt entweder schriftlich, also über gedruckte Formulare oder Formulare im Internet, telefonisch oder in selteneren Fällen persönlich. Voraussetzung für die Aussagekraft solcher Untersuchungen ist die Befragung von möglichst vielen Personen. Die übliche Methodik weist allerdings mehrere Problemfelder auf, die großen Einfluss auf die Qualität der gewonnen Informationen haben. Wer falsch fragt oder etwas Wichtiges zu fragen vergisst, erhält logischerweise bestenfalls verzerrte Abbilder der Wirklichkeit. Im Folgenden sehen wir uns einige dieser möglichen Fehlerquellen und ihre Konsequenzen an.

Die Fragestellung

Die aus einer Befragung gewonnenen Antworten können immer nur so gut sein wie die gestellten Fragen. Tatsächlich lassen viele Erhebungen vertiefende und kontrollierende Fragen schmerzlich vermissen. Wie es aus solchen Verfehlungen heraus zu krassen Fehlinterpretationen kommen kann, veranschaulicht in Tabelle 8 das Beispiel aus der Allensbacher Markt- und Werbeträger-Analyse 2004 (AWA 2004).

Gefragt wurde, ob der oder die Interviewte allein über die Anschaffung von Hifi-Geräten entscheidet, überwiegend allein, die Wahl eher anderen überlässt oder ob ein völliges Desinteresse besteht. Die Auszählung ergibt, dass 64 Prozent aller Hauptentscheider (»entscheide ich allein/hauptsächlich ich«) männlich und 36 Prozent weiblich sind. Betrachtet man die Geschlechter-

Tabelle 8: Entscheiderstrukturen bei der Anschaffung von Hifi-Geräten wie CD-Playern, Verstärkern, Kassettendecks etc.

Ziel-gruppen	Gesamt				Entscheider insgesamt				Entscheide ich allein			
	Fälle (gew.)	Anteil an Gesamt in %	Mio	Anteil in %	Fälle (gew.)	%	Mio	Anteil in %	Fälle (gew.)	%	Mio	Anteil in %
Gesamt	21 256	100	64,88	100	12 818	100	39,12	60	6083	100	18,57	29
Männer	10 213	48	31,17	100	8204	64	25,04	80	4029	66,2	12,3	39
Frauen	11 044	52	33,71	100	4613	36	14,08	42	2054	33,8	6,27	19

Ziel-gruppen	Entscheide hauptsächlich ich				Entscheiden hauptsächlich andere				Kommt für mich oder uns nicht infrage			
	Fälle (gew.)	Anteil an Gesamt in %	Mio	Anteil in %	Fälle (gew.)	%	Mio	Anteil in %	Fälle (gew.)	%	Mio	Anteil in %
Gesamt	6734	100	20,55	32	5172	100	15,79	24	3267	100	9,97	15
Männer	4175	62	12,74	41	820	15,8	2,5	8	1189	36,4	3,63	12
Frauen	2559	38	7,81	23	4353	84,2	13,29	39	2078	63,6	6,34	19

Quelle: AWA 2004, Befragung von Personen ab 14 Jahren

quote genauer, dann lässt sich feststellen, dass 80 Prozent aller Männer allein (39 Prozent) oder überwiegend allein (41 Prozent) entscheiden, während es bei den weiblichen Befragten nur 42 Prozent sind (allein: 19 Prozent, hauptsächlich allein: 23 Prozent). So weit, so schlüssig.

Die Interpretation der Zahlen legt den Schluss nahe, dass 80 Prozent aller Männer, jedoch nur halb so viele Frauen Musikanlagen anschaffen, Männer also die weitaus wichtigere Zielgruppe sind. Es ist anscheinend logisch, dass die Hersteller von Hifi-Anlagen sich auf Männer konzentrieren.

Spätestens hier muss sich aber die Frage aufdrängen, woran es liegt, dass so viel weniger Frauen als Männer über Käufe in diesem Segment entscheiden. Ist das landläufige Klischee »Frauen und Technik« wirklich eine sinnvolle Erklärung?

Mitnichten!

Eine interne qualitative Umfrage der Bluestone AG hat ergeben, dass alle befragten Frauen in der Vergangenheit durchaus schon mehrfach den Versuch unternommen haben, Technik zu erwerben. Die betroffenen Frauen schilderten im Wesentlichen dieselben Ursachen für das Scheitern ihrer Versuche. Dabei waren es stets mehrere Faktoren, die bei ein und demselben Kaufversuch zusammenfielen. Als häufigste Gründe wurden angeführt:

- *Unwohlsein in Technikmärken*
  Die Geschäfte werden als zu groß, zu unübersichtlich und das Ambiente als abstoßend empfunden. Große Menschenmengen in den Gängen und viele Regale engen viele Kundinnen körperlich ein und erzeugen daher Beklemmungen.
- *Das Angebot entspricht nicht den Vorstellungen*
  – Die Geräte bieten oft mehr Funktionalitäten als gewünscht oder vermitteln zumindest diesen Eindruck. Die Anlagen wirken kompliziert, was wiederum dem Wunsch der Nutzerinnen nach einfacher, intuitiver Bedienung widerspricht.
  – Darüber hinaus müssten viele Features mitbezahlt werden, die überhaupt nicht erwünscht sind.
  – Die Geräte gleichen sich so sehr, dass häufig nicht auf den ersten Blick ersichtlich ist, ob es sich um einen CD-Player oder um einen Verstärker handelt.
  – Die Produkte gleichen sich im Design. Der Look erschöpft sich grundsätzlich in schwarzem oder silbernem Äußeren,

sodass eine visuelle Abhebung nicht gegeben ist. Viele Kundinnen wissen einfach nicht, wo sie mit ihrer Suche beginnen sollen.
- Die Geräte sind auf den ersten Blick so hässlich, dass die Lust am Kauf sofort stirbt.

• *Unzureichende Beratungsqualität*
Viele Frauen fühlen sich von dem überwiegend männlichen Verkaufspersonal zunächst nicht wahrgenommen und anschließend schlecht beraten. Entweder wird der Bedarf der Kundinnen nicht verstanden oder sie werden mit »Techie-Sprech« überschüttet. Lange Wartezeiten, bis ein Verkäufer frei ist, führen häufig zum vorzeitigen Abbruch des Kaufakts.

All dies und noch viel mehr wird in den üblichen quantitativen Befragungen nicht untersucht. Fehlinterpretationen der Ergebnisse müssen daher an der Tagesordnung sein. Die Frage darf also nicht allein lauten, wie viele Frauen oder Männer Hifi-Geräte kaufen. Vielmehr ist die Frage entscheidend, wie viele Frauen Musikanlagen kaufen wollen und was sie vom Erwerb abhält. Übrigens lösen die meisten nicht selbst kaufenden Frauen die Situation auf ihre ganz eigene Weise: Entweder sie haben eine (zumeist männliche) Vertrauensperson, die den Kauf übernimmt; in diesem Fall wird zwar ein Gerät verkauft, die Loyalität der Besitzerin zum Hersteller bleibt in den meisten Fällen jedoch auf einem geringen Niveau. Oder die Frauen behalten ihr Geld und verzichten auf die Anschaffung bis auf weiteres. Pech gehabt.

Fakt ist, dass quantitative Untersuchungen in der Regel keine offenen Fragen erlauben. Und nur die wenigsten Untersuchungen sehen weiter gehende Fragen überhaupt vor. Daraus ergibt sich im schlimmsten Fall eine weitläufige Verzerrung, die die tatsächlichen Marktbedingungen überhaupt nicht wiedergibt. Die angenommenen Prämissen für Hersteller und Handel sind von vornherein falsch. Es lässt sich gar nicht anders zusammenfassen als mit dem typischen Terminus aus dem IT-Bereich: Garbage in – garbage out[104].

Fragwürdigkeit des Datenmaterials

Die folgenden Vergleiche mit Datenmaterial aus der AWA 2004 dienen der Verdeutlichung und somit lediglich als Beispiel für zahllose andere Untersuchungen.

Erinnern wir uns noch einmal: 67,5 Millionen Menschen bilden die erwachsene Bevölkerung Deutschlands. Davon leben 43,2 Millionen in Partnerschaften innerhalb eines Haushalts.

Die AWA 2004 geht von 64,88 Millionen Menschen ab 14 Jahren aus. Davon sind gemäß AWA 2004 3,35 Millionen Personen 14 bis 17 Jahre alt, 61,53 Millionen sind 18 Jahre und älter. Die AWA 2004 operiert mit rund sechs Millionen weniger Verbrauchern als das Statistische Bundesamt. Dieses zählt also fast zehn Prozent mehr erwachsene Einwohner.

Laut AWA 2004 entscheiden 28 Prozent der verheirateten und mit ihrem Partner zusammenlebenden Frauen allein oder hauptsächlich allein über die Anschaffung von Hifi-Geräten. Das entspricht 4,48 Millionen Frauen. Demgegenüber geben aber nur sieben Prozent oder umgerechnet 1,18 Millionen der ebenso verheirateten und mit ihrer Partnerin zusammenlebenden Männer an, hauptsächlich andere würden über den Kauf entscheiden. Hier wird eine Differenz von 3,3 Millionen offenbar.

Dasselbe Bild ergibt sich bei den Frauen und Männern, die die Partnerschaft ohne Trauschein leben: Hier sagen sogar 46 Prozent der in Lebensgemeinschaften befindlichen Frauen aus, Hauptentscheider zu sein. Sie repräsentieren 1,65 Millionen der Deutschen. Allerdings geben nur vier Prozent oder 0,16 Millionen der Männer in derselben Lebenssituation an, die Anschaffung jemand anderem zu überlassen. Vorausgesetzt, es handelt sich ausschließlich um heterosexuelle Lebensgemeinschaften, dann ergibt sich daraus eine Differenz von knapp 1,5 Millionen Partnerschaften. Die ehelichen und nicht ehelichen Lebensgemeinschaften zusammengenommen, sind laut AWA 2004 insgesamt 9,6 Millionen Menschen verschiedener Ansicht, wer die Stereoanlage nun kauft. Das entspricht entweder 14,2 Prozent der Bevölkerung laut

Statistischem Bundesamt oder 15,6 Prozent der von der AWA 2004 genannten Bevölkerungszahlen. Wie man's nimmt.

Bei den Ledigen, Geschiedenen und Verwitweten ergeben sich zusätzliche Ungereimtheiten, die zu weiteren Verzerrungen führen. Die wesentliche Erkenntnis daraus lautet: Offenbar besteht bei den Geschlechtern eine unterschiedliche Auffassung über den eigenen Einflussbereich beziehungsweise die Entscheidungsgewalt des Partners oder der Partnerin. Wer übertreibt also hinsichtlich seines Einflusses auf die Kaufentscheidung? Überschätzen sich mehr die Männer oder eher die Frauen? Oder muss etwa ganz anders gefragt werden: Liegt der Fehler in der Einschätzung der eigenen Person, müsste die betreffende Abweichung in Form einer Quote ermittelbar sein. Diese sollte dann – gegebenenfalls geschlechtsspezifisch – auf die Aussagen aller Befragten umgelegt werden. Noch schwieriger wird es da, wo das Umfeld in Form von Lebenspartnern oder Familienangehörigen falsch eingeschätzt wird. Diese Varianzen sind mittels der quantitativen Methodik, wie wir sie bislang kennen, überhaupt nicht messbar.

Als Nachtrag sei noch der Hinweis festgehalten, dass bereits die Auswahl möglicher Antworten über die Verwendbarkeit einer Untersuchung entscheidet. Fehlen wichtige Antwortmöglichkeiten, öffnet dies falschen Antworten Tür und Tor. Mehr dazu folgt im Abschnitt »Die telefonische oder persönliche Befragung«.

Über Alters-Zielgruppen und (Un-)Glaubwürdigkeiten

Wie sinnvoll ist es, 14-Jährige zu fragen, ob sie in Aktienfonds investieren, Stereoanlagen oder Autos kaufen? Inwieweit werden Daten verfälscht, wenn ihre Aussagen dennoch in die Auswertung einfließen? Die für das Marketing relevante Zielgruppe umfasst üblicherweise die 14- bis 49-Jährigen[105].

Die 14- bis 17-Jährigen unterliegen dem § 110 BGB (»Taschengeldparagraph«). Damit ist ihnen der Abschluss von Kaufverträgen in geringem Umfang, also in Taschengeldhöhe, gestattet. Der

Taschengeldparagraph gilt jedoch eindeutig nicht für Verträge, die die üblicherweise einem Minderjährigen zur Verfügung stehenden Mittel eindeutig übersteigen wie beispielsweise der Kauf eines Autos. Kurzum: Kinder dürfen keine Autos kaufen. Laut AWA 2004 gibt es jedoch hochgerechnet 270 000 Kinder, die es doch tun. Von diesen Käufern sind angeblich 100 000 weiblich und 170 000 männlich. 24,5 Prozent dieser noch minderjährigen Altersgruppe kaufen demnach Autos. Interessant, aber doch zweifelhaft.

Umgekehrt tätigen Senioren höheren Alters in der Regel keine größeren Anschaffungen mehr. Von den über 69-Jährigen geben in der AWA 2004 mehr als ein Drittel der Befragten allerdings an, über die Anschaffung von Autos zu entscheiden. Auf die Bevölkerung umgerechnet träfen diese Aussagen auf über 3,3 Millionen Menschen zu. Die tatsächliche Anzahl der Käufe dürfte weit unter diesem Wert liegen, auch wenn sich das in Zukunft ändern wird.

Die minderjährige Fokusgruppe der 14- bis 17-Jährigen verfälscht Statistiken bestimmt nicht ins Unermessliche, denn sie umfasst kaum mehr als 1,1 Millionen Personen. Die Gruppe der Senioren ab 70 Jahren ist allerdings schon zehnmal so groß. Wenn also Aussagen über das Verhalten der Verbraucher getroffen werden, dann sollten sie die Grundsätze von Präzision und Plausibilität wahren.

Die telefonische oder persönliche Befragung

Jeder kennt sie: Telefonische Meinungsumfragen und Interviewer mit Klemmbrettern und Fragebögen in den Fußgängerzonen. Für die Mitarbeiter der Bluestone AG gehört es zu ihren Pflichten, an Befragungen zu ihrem privaten Konsumverhalten teilzunehmen. Diese Stichproben dienen der Feststellung der Arbeitsweise von unterschiedlichen Marktforschungsunternehmen. Nicht immer entpuppt sich diese Tätigkeit als reines Vergnügen. Manche Marktforscher setzen mangelhaft oder teilweise überhaupt nicht geschultes Personal ein. Solche Interviewer beeinflussen die Befragten in einem manchmal ungeahnten Maße. Zu den sicherlich schlimmsten Beispielen gehört die telefonische Befragung im Auftrag eines Energieversorgers. Die Marktforscher wollten wissen, wie eine bestimmte Werbekampagne von der Bevölkerung aufgenommen wird. Auf die Frage, wie man die Plakataktion bewerte, wurden mehrere Antworten vorgegeben. Die Antwort »habe ich nicht gesehen« oder wenigstens »keine Angabe« fehlte schlichtweg. Diese Befragung erwischte mich selbst. Tatsächlich hatte ich die Plakataktion bis zum Befragungszeitpunkt überhaupt nicht wahrgenommen. Als ich dies sagte, wurde mir nach kurzer Überlegung von dem Interviewer mitgeteilt, er würde einfach stattdessen die Bewertung X ankreuzen. Ich konnte mir die Frage nicht verkneifen, weshalb ich denn überhaupt angerufen werde, wenn er meinen Fragebogen auch selbst ausfüllen könne. Ich erhielt auf meinen Ausbruch keine Antwort.

In anderen Fällen stellte sich auf Nachfrage heraus, dass einige besonders forsche Interviewer bei der vorbereitenden Schulung wegen Krankheit oder schlichtweg Schwänzen gefehlt haben. Sie wurden trotzdem auf die Bevölkerung losgelassen.

Die Beeinflussung durch Angestellte von Marktforschungsinstituten ist leider die Regel, nicht die Ausnahme. Offenbar legen zu wenige Marktforschungsinstitute größten Wert auf eine methodische Sauberkeit. Dabei verlassen sich die Auftraggeber solcher Studien darauf, dass die Arbeit vorbildlich durchgeführt wird. Sie investieren regelmäßig große Beträge in die Beantwortung drängender Fragen. Von der Qualität eines Marktforschungsinstituts hängen wichtige Entscheidungen ab, die direkten Einfluss auf die Zukunft des Unternehmens haben.

Vertrauen ist nicht gut – Kontrolle ist besser

Wie zuvor ausgeführt, sind Frauen ausgesprochene Beziehungsmenschen. Es ist ihnen – als ungeschulten Verbraucherinnen –

weitgehend unmöglich, sich nicht auf ihr Gegenüber einzustellen. Ein nicht neutraler Befrager oder allein die Formulierung der Fragen sowie des Antwortkatalogs kann einen beträchtlichen Anteil der Frauen dazu verleiten, ihre Antworten »passend« im Sinne der augenblicklichen Beziehung zu dem Interviewer zu gestalten. Grundsätzlich besteht natürlich immer die Gefahr, dass sich ein Befragter positiver darstellt, insbesondere in Fragen des Haushaltsnettoeinkommens. Manche Verfälschungen können jedoch bewusst aufgefangen werden.

Interviewer sind in der Regel besonders freundlich, weil sie den Angerufenen dazu ermuntern wollen, Informationen preiszugeben. Je mehr Angerufene positiv reagieren, desto niedriger bleibt die eigene Frustrationsrate, deren Anstieg die Interviewer um jeden Preis vermeiden wollen (die ständige Konfrontation mit Ablehnung führt in diesem Berufszweig zu einer Kündigungsrate von bis zu 80 Prozent im ersten Arbeitsjahr). Diese Freundlichkeit wirkt manipulativ, denn die Verbraucher reagieren darauf nicht nur mit ihrer grundsätzlichen Auskunftsfreudigkeit, sondern auch mit ihren Antworten. Unbewussten Prozessen folgend, wählen mehr Frauen als Männer ihre Auskünfte nach dem Prinzip des Gefallens. Sie wollen ihrem Gesprächspartner etwas Gutes tun, indem sie zu erraten versuchen, welche Antworten ihm denn gefallen würden. Interpretieren sie, dass der Interviewer eine bestimmte Antwort bevorzugt, werden sie ihm die passende Auskunft geben. Diese Handlungsweise dient der Vermeidung von Konfrontationen und Enttäuschungen, ist in diesem Fall aber alles andere als hilfreich. Um solchen angepassten Aussagen entgegenzuwirken, sind drei Dinge zu beachten:

- neutrale Formulierung der Fragen,
- Einsatz ausschließlich gut ausgebildeter Interviewer und
- sorgfältige Konzeption von Kontrollfragen.

Qualitative Marktforschung

Das Ziel qualitativer Untersuchungen besteht darin, Verbrauchern Informationen über ihre tatsächlichen Ansichten, Wünsche, Bedürfnisse und Verhaltensweisen zu entlocken. Die Befragten dürfen sich zu Fragen äußern, ohne einen Fragebogen ausfüllen zu müssen. Die Sitzungen werden in der Regel per Video oder mit anderen technischen Mitteln aufgezeichnet und später im Gesamtzusammenhang ausgewertet. Psychologen und Soziologen interpretieren Äußerungen, Tätigkeiten und die Körpersprache der Probanden.

Die qualitative Marktforschung ist zeitlich und finanziell aufwändig. Sie kann im Vergleich zu quantitativen Untersuchungen nur mit wenigen Testpersonen durchgeführt werden. Die Auswertung der Daten jedes Probanden erfordert den Einsatz von Fachleuten und ist kompliziert.

Qualitative Forschungsprojekte dienen stets der Gewinnung neuer Einblicke. Die Marketing-Fachleute wollen wissen, wie Konsumenten auf neue technische oder gesellschaftliche Entwicklungen reagieren, um ihre Produkte, Dienstleistungen, Preise oder auch Vertriebswege und Werbemaßnahmen den aktuellen Ansichten anzupassen. Häufig fließen die aus der qualitativen Forschung gewonnenen Erkenntnisse anschließend in quantitative Umfragen ein. Indem neu entdeckte Aspekte in die Fragebögen eingehen, wollen sich die Forscher versichern, dass es sich dabei nicht nur um Ansichten Einzelner handelt, sondern dass ein großer Anteil aller Verbraucher die Meinung oder das Bedürfnis teilt.

Eine typische Form ist die Befragung unter Laborbedingungen. Einzelne Probanden sollen ihre umfassende Meinung kund tun. Manchmal werden sie dabei neben dem Interviewer auch von mehr oder weniger aufmerksamen Unternehmensangehörigen hinter einer Spiegelwand beobachtet. Die Laborbedingungen sollen der Konzentration der Testpersonen dienen – so die Absicht der Forscher. Es ist klar, dass sich niemand unter solchen Bedingungen völlig frei verhalten kann. Fast könnte sich der Vergleich mit einer Labormaus aufdrängen, die dabei beobachtet wird, wie sie ihren Weg durch das Labyrinth sucht. Wer könnte da ganz natürlich bleiben?

Eine andere Form ist die Gruppendiskussion. Die Teilnehmer setzen sich aus den Probanden, den Moderatoren und Beobachtern sowie häufig Unternehmensangehörigen zusammen. In einer solchen Runde sollen vorgegebene Fragestellungen diskutiert werden. In gemischten Gruppen verhalten sich Frauen ganz anders, als wenn sie unter ihresgleichen sind. Sind Männer anwesend, lassen Frauen ihnen den Vortritt. Sie geben Männern die Chance, sich wie auf einer Bühne zu präsentieren, und spielen das Publikum. Nicht selten überlassen sie es den Männern, Regeln aufzustellen, denen sie selbst dann folgen. Doch auch in Gruppen, die nur aus Frauen bestehen, kann eine Gruppendynamik entstehen, in der die Mehrzahl der Anwesenden einer »Leitkuh« folgt. Einzelne Frauen können die gesamte Meinungsäußerung dominieren, falls die anderen Anwesenden stark auf Integration ausgerichtete Charakterstrukturen besitzen.

Bei beiden Methoden sitzen die Befragten letztlich unter Beobachtung auf dem Präsentierteller. Das Gefühl, beobachtet zu werden, kennt jeder. Man verhält sich kontrolliert, überlegt jede Aussage genau und prüft vorab gedanklich die möglichen Reaktionen der anderen Anwesenden ab. Aus den Naturwissenschaften ist bekannt, dass zudem der Beobachter immer einen Einfluss auf das Beobachtete ausübt. Das lässt sich niemals vermeiden, sicher aber mit der richtigen Herangehensweise reduzieren, wie wir noch sehen werden.

Das Dilemma mit den »gemeinsamen Entscheidungen«

Aus Befragungen jedweder Art geht häufig hervor, dass Paare gemeinsam über Anschaffungen entscheiden. Diese Aussage wird überwiegend von Frauen getroffen. Manchmal mag es tatsächlich so sein, dass beide Partner einen Kauf gemeinsam beschließen. Doch eine Vielzahl »gemeinsamer« Entscheidungen sind in Wahrheit gar keine.

Wie oben bereits ausgeführt, verwenden Frauen eine sehr indirekte Sprache. Diese Redeweise fördert die Beziehung zum Gesprächspartner und verhindert Konfrontationen. Eine Anregung muss noch lange kein echter Vorschlag sein, bloß weil sie so klingt. Typisch sind Formulierungen wie: »Man könnte ja mal wieder ins Theater gehen.« Wenn Frauen solche Formulierungen benutzen, verhalten sie sich zwar nicht invasiv, für männliche Ohren allerdings auch wenig aussagekräftig. Tatsächlich meinen Frauen damit: »Ich will dringend mit dir ins Theater gehen«, und sind nicht selten tödlich beleidigt, wenn ihre Botschaft missverstanden wird. Begreift der Gesprächspartner aber die tatsächliche Intention, die hinter dem vermeintlichen Vorschlag steht, dann kann er zustimmend, indifferent oder ablehnend reagieren. Im Falle einer Ablehnung bleibt Frauen die Rückzugsmöglichkeit, die ihnen nur eine indirekte Redeweise erlaubt. Bevor sie sich auf einen ernsthaften Konflikt einlassen, war es eben doch nicht mehr als eine Idee. Das bringt sie aber ihrem Ziel nicht näher. Also benötigen sie Strategien, die möglichst jeden Widerstand von vornherein ausräumen.

Die so genannten gemeinsamen Entscheidungen laufen nicht selten wie folgt ab: Sie hat sich die Renovierung der gesamten Wohnung in den Kopf gesetzt. Heimlich beginnt sie, stapelweise Möbelkataloge und Einrichtungszeitschriften nach Gestaltungsideen zu durchforsten. Sie berät sich mit Freundinnen, weiblichen Familienangehörigen, erkundet das Angebot in Einrichtungshäusern oder Baumärkten und pflügt das Internet durch auf der Suche nach den besten Angeboten. Sie besorgt sich alle Informationen, die sie für die Auswahl der umweltfreundlichen Wandfarbe benötigt, und hat auch schon den passenden Großhandel für Dekorationsartikel ausgemacht. Natürlich lotet sie bei all dem die finanziellen Rahmenbedingungen aus und erkundigt sich nach einer günstigen Finanzierung, falls nötig. Sobald sie sich entschieden hat, unterbreitet sie ihrem noch nichts ahnenden Partner ihren Plan. Die meisten Männer verlassen sich auf den Geschmack ihrer Frauen. Sie greifen nur dort ein, wo es ihrem Lieblingssessel oder ihrem technischen Gerät an den Kragen gehen soll. Alle übrige Gestaltung überlässt der Großteil aller Männer der traditionellen Entscheidungsgewalt ihrer Frauen. Daher weiß der so überfallene Mann nichts gegen das generalstabsmäßig geplante und professionell präsentierte Vorhaben einzuwenden (schlimmstenfalls enthielt die Präsentation eine Menge Details, die ihn schrecklich gelangweilt haben). Er nickt ihren »Vorschlag« ab und leistet damit seinen Anteil an der »gemeinsamen Entscheidung«.

Die zweite Variante enthält die Überrumpelungstaktik. Sie teilt ihm beiläufig beim Frühstück mit, dass sie festgestellt hat, die Couchgarnitur sei an einigen Ecken schon etwas zerschlissen und müsste daher irgendwann ausgetauscht werden. Er stimmt dieser anscheinend belanglosen Aussage zu. Was er zu diesem Zeitpunkt noch nicht weiß, ist, dass er ihr damit seine Zustimmung zu einem konkreten Kauf gegeben hat, den sie unverzüglich in Angriff nimmt.

Sowohl Frauen wie Männer sind in solchen Fällen in der Tat davon überzeugt, eine gemeinsame Entscheidung getroffen zu haben. Tatsächlich haben die Frauen sie jedoch allein getroffen. Sie holen sich das Einverständnis ihrer Männer nur formal ab. Würden sie direkt formulieren: »Ich habe beschlossen, dass die gesamte Wohnung renoviert werden muss«, dann würden sie damit mit hoher Wahrscheinlichkeit einen großen Konflikt heraufbeschwören. Ihre Männer würden auf einen aktuellen finanziellen Engpass verweisen können, auf den mit der Renovierung verbundenen Arbeitsaufwand, den sie neben der Arbeit überhaupt nicht bewältigen können, und darauf, dass die Wohnung erst im letzten Jahr einen neuen Anstrich erhalten hat. Das alles wird mit der indirekten Art verhindert. Es gibt kein Problem mehr, das die Männer noch lösen müssten.

Bei diesen Beispielen handelt es sich um eines der Themen, die sich dem Interessenbereich der meisten Männer vollständig entziehen. Ganz anders sieht es aus, wenn es um seine (tatsächlichen oder vermeintlichen) Domänen geht. Dazu folgendes Beispiel: Er plant die Anschaffung eines neuen Autos. Beim Abendessen verkündet er feierlich, ein neues Auto müsse her. Er werde sich ab sofort mit der Auswahl befassen. Sie nickt. Soll er mal machen. Was sie nicht weiß, ist, dass er keinesfalls an eine Familienkutsche denkt. Die wesentlichen Entscheidungsmerkmale umfassen für ihn PS, Hubraum, Newtonmeter, kurz: die Leistung, die technische Ausstattung im Innenraum (Radio, Navigationssystem, Sitz- und Standheizung, modischer Schaltknüppel), das sportliche Getriebe, den Vierradantrieb (man kann ja nie wissen!), die Straßenlage, den Motorsound und das Image, das er sich mit dem Wagen geben möchte. Nach langen Recherchen, dem Vergleich von unzähligen Prospekten, Internetseiten und Aussagen von Kollegen beim allgemeinen Plausch (er würde sie nie um Rat fragen!) steht sein Entschluss fest. Sie wird informiert, der kommende Samstag ist der Tag X für die Besichtigung, die Probefahrt und den Kauf des von ihm auserkorenen Objekts. Sie hat inzwischen eine genaue Vorstellung von seiner klugen Wahl – denkt sie. Im Autohaus angekommen marschiert er zu ihrem größten Erstaunen zielsicher an allen Familienkutschen und Minivans vorbei. Er hält vor einem schnittigen, unpraktischen, sportlichen Etwas, das so gar nichts mit ihrem gemeinsamen Leben zu tun hat. Noch bevor der Verkäufer sich nähern kann, hat sie das Zepter bereits übernommen. Geschickt überzeugt sie ihn, dass die Kinder, die Urlaubsfahrten und sein Hobby bei dem neuen Wagen berücksichtigt werden müssen. Dafür darf er auch etwas mehr Leistung behalten. Als der Verkäufer bei ihnen eintrifft, hat der Mann seine Entscheidung getroffen – selbstverständlich ganz allein. Wäre ja noch schöner. Seit wann verstehen Frauen etwas von Autos?

Es hängt immer davon ab, um welche Anschaffung es sich handelt, ob er »allein« oder sie »gemeinsam« entscheidet. Wenn man einen Mann dagegen fragt, wer die Essenseinkäufe erledigt, wird er großzügig auf seine Frau verweisen. Auf die reine Aussage von

Männern und Frauen ist also nicht immer Verlass. Was grundsätzlich fehlt, sind aktuelle Aussagen zum Kaufentscheidungsprozess. Neue Untersuchungen sind dringend erforderlich. Dabei muss die veränderte gesellschaftliche Situation berücksichtigt werden, in der jede siebte Frau in Deutschland inzwischen mehr verdient als ihr Partner. Nicht umsonst heißt es: Wer zahlt, schafft an. Wer also das Geld verdient, bestimmt in der Regel auch, wofür es ausgegeben wird.

Der Markendreiklang – Eine unvollendete Symphonie

Manche Institute setzen den so genannten Markendreiklang ein, um zu ermitteln, wie der Verbraucher zu bestimmten Marken steht. Diese Methode besteht aus den drei Dimensionen Bekanntheit, Sympathie und Kauf. Verbraucher sagen in einer quantitativen Erhebung aus, ob sie die Marke kennen, ob sie ihnen sympathisch ist und ob sie sie persönlich verwenden. Der Markendreiklang ist ein Instrument der Markenpflege und misst das Ergebnis der Kommunikationsstrategien von Unternehmen. Darüber hinaus zeigt er, ob die Marke bei den »richtigen« Verbrauchern im Sinne der gewünschten Zielgruppe ankommt.

Doch was lernen wir daraus, wenn die Marke bebe laut Brigitte Kommunikationsanalyse 2002 einen Bekanntheitsgrad von 77,2 Prozent unter Frauen genießt, jedoch nur von 33,2 Prozent als sympathisch erlebt und von 16,1 Prozent verwendet wird? Lässt das den Schluss zu, dass etwas mit der Markenkommunikation nicht stimmt? Da es sich bei bebe um eine Marke handelt, die sich an junge Frauen richtet, sollte man sich die Zielgruppe der 14- bis 29-Jährigen einmal genauer anschauen. Hier erreicht die Marke einen Bekanntheitsgrad von 83,8 Prozent. 44,3 Prozent finden sie sympathisch, aber nur 25,7 Prozent verwenden sie selbst. Obwohl laut Hochrechnung 83,8 Prozent der Altersgruppe diese Marke kennen, wird sie nur von einem Viertel davon verwendet (laut anderen Studien sind es noch weniger). Das ist im Vergleich zu anderen Marken zwar ein hoher Marktanteil, aber die Streuverluste sind offensichtlich immens.

Die Werbeaufwendungen für pflegende Kosmetik betrugen im Jahr 2002 allein in Deutschland über 211 Millionen EUR. 1998 waren es noch weniger als 145 Millionen[106]. In nur vier Jahren erfolgte also eine Steigerung der Werbeausgaben um rund 50 Prozent. Die Werbeausgaben erhöhen sich von Jahr zu Jahr. 2004 dürfte weltweit die 500-Milliarden-US-Dollar-Marke erreicht werden[107]. Die USA allein geben nach Prognosen des *Wall Street Journals* in 2004 266 Milliarden US-Dollar aus. In Deutschland sind die Werbeinvestitionen zwar von 33,21 Milliarden EUR im Jahr 2000 auf 28,91 Milliarden in 2003 gesunken[108], was allerdings an der gesamtwirtschaftlichen Entwicklung in Deutschland seit dem Jahr 2001 lag. Die Frage, welche Anteile dieser grandiosen Summen schlichtweg aus dem Fenster geworfen wurden, wäre bestenfalls rein spekulativ zu beantworten. Henry Ford soll einst gesagt haben: »Die eine Hälfte meiner Werbeausgaben ist zum Fenster hinausgeworfen. Ich weiß nur nicht, welche Hälfte.« Allen Werbetreibenden ist klar, dass sie Streuverluste haben, ebenso wie allen Controllern bewusst ist, dass dringend bessere Methoden zur Ermittlung der Werbeeffizienz benötigt werden.

Die großen Unterschiede zwischen Bekanntheit, Sympathie und Verwendung beziehungsweise Besitz einer Marke lassen nur einen Schluss zu: Es gibt gute Gründe, weshalb Bekanntheit nicht in höherem Maße zu Sympathie führt. Und Sympathie ist noch lange kein Grund, ein Produkt zu kaufen. Schauen wir uns diesen Zusammenhang im Folgenden etwas näher an:

Die Sache mit der Sympathie

Unternehmen und Agenturen gehen im Grundsatz davon aus, dass Marken im Zusammenhang mit ihrer Positionierung und der entsprechenden Präsentation wahrgenommen werden. Wenn

BMW die Autos entsprechend konstruiert, sich mit dem Claim »Freude am Fahren« selbst beschreibt und das Motiv des Fahrspaßes in der Werbung kommuniziert, dann will das Unternehmen damit all diejenigen ansprechen, für die das Auto mehr bedeutet als nur ein Fortbewegungsmittel von A nach B. Indem BMW das passende Werbeumfeld wählt, klassische Konzerte sponsert und aufwändige Mailings betreibt, will das Unternehmen die finanzkräftige Klientel ansprechen. Doch damit ist es bei weitem nicht getan.

Für die Bewertung eines Produkts oder einer Marke ist die Stimmung entscheidend, in der der Konsument dem Produkt oder der Marke begegnet. Die aktuell gute Laune des Verbrauchers färbt auf Produkt oder Marke ebenso ab wie seine schlechte. Dabei ist der Verbraucher keineswegs immer in der Lage wahrzunehmen, in welchem Zusammenhang Produkt und Stimmung stehen. So werden die Produkte auf Grund von Faktoren beurteilt, die häufig in keinerlei Bezug dazu stehen. Für BMW und alle anderen Marken bedeutet diese noch recht frische Erkenntnis, dass das Umfeld, in dem die Marke auftaucht, noch viel stärker als bislang kontrolliert werden muss. Das führt allerdings zu einem Problem mit den Medien: TV-Werbeblöcke sind über den gesamten Tag verteilt und Werbeseiten über die gesamte Zeitschrift oder Zeitung. Schlechte Nachrichten verkaufen sich viel besser als gute, weshalb es deutlich mehr Berichterstattung über negative Ereignisse gibt. Die gesendeten Filme bestehen zu einem hohen Anteil aus Krimis, die ohne Verbrechen nicht auskommen. Katastrophenmeldungen in den Nachrichten, sensationslüsterne Berichte über Skandale, Verbrechen, aggressive Talkshows und der neueste Klatsch in Boulevard-Magazinen über prominente Scheidungsopfer tragen wenig zu einer positiven Stimmung der Zuschauer bei. Bislang galt es, die jeweiligen Zielgruppen über die Werbemedien zu erreichen. TV-Blöcke vom Vormittag bis zum frühen Nachmittag werden nicht ohne Grund als »Hausfrauenfernsehen« tituliert. Hier findet sich neben Informationssendungen die Bühne für beichtfreudige Fremdgänger und hysterische

Ankläger in Form von Talk-Sendungen sowie Pseudo-Gerichtssendungen. In welcher Stimmung sind besagte Hausfrauen, wenn sie im Rahmen unflätiger Beschimpfungen mit Meister Proper und TUI konfrontiert werden? Am Abend ist dieser Zusammenhang zwischen dem Charakter der Nachrichten und der Wirkung von Werbe-Spots genauso stark. Die ARD liegt also vollkommen richtig damit, nach der »Tagesschau« keinen Werbeblock mehr auszustrahlen.

Werbungtreibende müssen in Zukunft also viel stärker als bisher darauf achten, welche Gefühle das Programm und auch die anderen (Mitbe-)Werber im selben Werbeblock erzeugen. Gleiches gilt natürlich für Rundfunk, Zeitungen und Zeitschriften. Wer an Frauen verkaufen will, muss demnach auf Themen setzen, die unmittelbar positive Gefühle erzeugen. Dazu gehören testosteronschwangere Filme eindeutig weniger als Themen, die Endorphine und Serotonin sprudeln lassen, etwa die Darstellung von Glück, Liebe, Frauen-Power und andere positiv besetzte Inhalte. Was sich natürlich grundsätzlich nicht kontrollieren lässt, sind die vom Werbeumfeld unabhängigen Vorkommnisse wie zum Beispiel schlechte private Nachrichten.

Die fehlende vierte Dimension

Warum werden Marken, obwohl sie als sympathisch empfunden werden, von so vielen Verbrauchern dennoch nicht gekauft?

Der am stärksten verbreitete Erklärungsansatz bezieht sich auf die Präsenz einer Marke während des Kaufakts. Demnach muss eine Marke beim Einkauf im Kopf der Käufer präsent sein. Nur dann gehört sie zum so genannten Consideration oder Relevant Set. Wer in einem Supermarkt vor dem Verkaufsregal für Mayonnaisen steht, sieht eine große Anzahl von Sorten und Marken. Markentreue Käufer blenden alle Anbieter aus, die nicht ihrer bevorzugten Marke entsprechen. Wer nur Thomy kauft, wird nicht zu Livio greifen und umgekehrt. Steht die bevorzugte Marke nicht im Regal, hängt der Kauf eines anderen Produkts davon ab, ob es eine geeignete Alternative darstellt. Ist dies nicht der Fall, begibt sich die Kundin oder der Kunde unter Umständen in einen anderen Supermarkt, um das begehrte Produkt zu erwerben, oder verzichtet ganz. Landläufig herrscht die Meinung vor, dass ein positives Markenbild über die Markentreue entscheidet. Mehr noch: Je sympathischer eine Marke auf die Verbraucher wirkt, desto leichter seien Kunden von Wettbewerbern zum eigenen Produkt zu bekehren.

Ist das wirklich so?

Grundsätzlich ist es zunächst richtig. Stellt ein Hersteller seine Marke so gut dar, dass beim Verbraucher der Eindruck entsteht, sie sei besser als die bislang von ihm verwendete andere Marke, dann ist dieser sicher eher bereit, das Risiko zu wagen und die neue Marke zu testen. Ob es bei einem einmaligen Kauf bleibt oder zu einem dauerhaften Wechsel kommt, hängt davon ab, ob das neue Produkt den Erwartungen des Konsumenten entspricht. Aber damit ist noch immer nicht erklärt, weshalb die gemessene Sympathie beim Markendreiklang zu einer so viel geringeren Anzahl von Käufen führt.

Man stelle sich eine Kundin vor, die den Supermarkt betritt und an dem Mayonnaisen-Angebot blindlings vorbeimarschiert. Vielleicht hat sie zu hohe Cholesterinwerte, vielleicht mag sie keine Mayonnaise oder sie möchte sich ausschließlich gesund ernähren. Sie nimmt die Werbung seit Jahren wahr und findet einige Marken durchaus sympathisch. Nur kauft sie eben niemals Mayonnaise. Dieses Produkt besitzt für sie keinerlei Relevanz. Wird dieselbe Kundin von Marktforschern befragt, gibt sie gern die Auskunft, sie fände die Marke sympathisch. Sie sagt auch, dass sie die Marke allerdings nicht kaufte. Aber niemand fragt sie, weshalb ihre Sympathie, die doch laut geltender Theorie ihre Kaufbereitschaft erhöhen müsste, eben nicht zum Kauf führt.

Der Markendreiklang entbehrt einer wichtigen vierten Dimension: der Relevanz. Das erklärte Ziel aller Markenhersteller lautet, ihr Produkt bei ihrer Zielgruppe so bekannt wie nur irgend möglich zu machen und eine maximale Anzahl von Kaufakten auszulösen. Sie nutzen den Markendreiklang zur Steuerung ihrer Kommunikationsmaßnahmen. Stellen sie fest, dass die Bekanntheit ihrer Wettbewerber höher ist, müssen sie ihre Anstrengungen erhöhen. Das erkennen die Verbraucher dann vor allem an der Menge der Werbespots und -anzeigen, die diese Marke ins Bewusstsein drängen sollen. Lässt die Sympathie zu wünschen übrig, werden Maßnahmen ersonnen, die Marke sympathischer erscheinen zu lassen. Ist die Kaufquote gering, ist völlig unklar, was diese Firmen unternehmen sollen. Die meisten verstärken ihre Werbeanstrengungen. Dieser Weg ist für die Steigerung des Abverkaufs jedoch meist völlig ungeeignet, wenn die Bekanntheits- und Sympathiewerte sich bereits auf einem hohen Niveau befinden. Das eigentliche Problem liegt in der Frage, weshalb trotzdem zu wenig gekauft wird. Wenn die Relevanz nicht erfasst wird, fehlt ein wesentliches Aussagekriterium und damit ein Steuerungswerkzeug.

Erst wenn man weiß, warum Verbraucher nicht zu Kunden werden wollen, lassen sich geeignete Strategien erstellen oder Entscheidungen treffen. Wenn sich herausstellt, dass es möglicherweise an einem überfüllten Warensegment liegt, also dass sich zu viele Produkte im selben Bereich tummeln, dann bietet sich häufig eine Repositionierung an. Dem Fruchtquark namens Obstgarten wurde einstmals zum Durchbruch verholfen, indem er aus dem gedanklichen Kontext von Quark und Fruchtjoghurt herausgelöst und als angeblich gesunde Zwischenmahlzeit präsentiert wurde. Als die ersten Wegwerfwindeln auf den Markt kamen, hatten die Hersteller die Arbeitserleichterung für Frauen im Hinterkopf. Sie sollten von der mühevollen Säuberung von Stoffwindeln befreit werden. Dieses Argument erwies sich jedoch als totaler Flop. Es stellte sich heraus, dass Müttern das Wohl des Kindes viel wichtiger war, als sich selbst Mühe zu sparen, was ja durchaus logisch ist angesichts der Tatsache, dass Frauen ihre eigenen Bedürfnisse hinter dem Wohl anderer zurückstellen. Als die Windelhersteller das verstanden hatten, änderten sie ihre

Kommunikationsstrategie vollständig. Plötzlich war das glückliche Kind das vordringlichste Werbethema. Das ist genau der Grund, weshalb Babywindeln grundsätzlich und an das Stereotyp grenzend bis zum heutigen Tag mit strahlenden Säuglingen beworben werden. Auch der Erfolg von Geländewagen für den Stadtgebrauch ist damit vergleichbar. Sie stehen in unseren Breiten für Freiheit und Natur. Die Liebhaber dieser Wagen sehen darin sehr viel mehr als nur ein Auto, das sie von A nach B bringt.

In den USA wurde im Zusammenhang mit den mehr oder weniger geländetauglichen Autos – Trucks, Sport Utility Vehicles (SUV) etc. – vor wenigen Jahren eine ganz andere Idee integriert. Ein großes Auto steht dort für die persönlich empfundene Sicherheit – insbesondere bei Frauen. Das Thema Sicherheit ist in den Vereinigten Staaten sehr wichtig, wie wir spätestens seit dem Film »Bowling for Columbine« von Michael Moore wissen. Die Bedrohung ist ein wesentlicher Bestandteil der US-amerikanischen Medienberichterstattung und hat in Jahrzehnten die Sensibilität für Gefahren bei der Bevölkerung bis zur Überreizung hoch getrieben. Seit vielen Jahren boomt die Sicherheitsindustrie in den USA. Warum sollte dieses Motiv also nicht auch in anderen Bereichen als nur bei der Sicherung der eigenen Wohnung umgesetzt werden? Auf diese Weise werden ursprünglich profane Autos zu Beschützern aufgewertet, die Prinzessinnen vor Bösewichten bewahren oder ihnen gar helfen, sich selbst zu wehren, indem sie böse Drachen mit ihren Kuhfängern aus dem Weg schieben. In diesen und anderen Fällen ist es aus rein marketingtechnischen Gesichtspunkten zunächst völlig unerheblich, ob die angeführten Verkaufsargumente der Wahrheit entsprechen.

In aller Konsequenz kann der Rat für Unternehmen im Zusammenhang mit der Marktforschung nur lauten, dass sie sich dringend stärker mit allen Motiven von Verbraucherinnen und Verbrauchern auseinander setzen müssen. Dass Frauen andere Themen bewegen als Männer, wurde teilweise schon gezeigt. Es ist aber unerlässlich, die Forschung in diesem Bereich zu intensivieren.

Aus den Erkenntnissen der Motivforschung ergeben sich zwei unterschiedliche Chancen: Wer ernsthaft in die Entwicklung innovativer Produkte investiert, dem eröffnen sich ungeahnte Sphären, in die bislang kaum jemand vorgedrungen ist. Und die Nachahmer unter den Unternehmen erhöhen ihre Chancen, mit Me-too-Produkten eine Abhebung von den Produkten der Konkurrenz zu erreichen, ohne auch nur das Geringste an den Produkten zu verändern.

Was Umfragen und Usability-Tests an Erkenntnissen einbringen könnten

Zu der Entwicklung eines Produkts gehört in aller Regel das Testen. Fachleute und Vertreter der jeweiligen Zielgruppe werden gegen Ende der Produktentwicklungsphase hinzugezogen, um die Prototypen zu testen. Während des Testvorgangs werden die Probanden beobachtet. Sie sind verpflichtet, spezifische Fragenkataloge auszufüllen. Den Beobachtungen beziehungsweise Antworten entsprechend werden die Produkte dem durchschnittlichen Bedarf und Bedürfnis angepasst. Dabei ist es völlig unerheblich, ob es sich um Fertiggerichte, Handys oder Software handelt. Nur scheint bei all diesen aufwändigen Testverfahren niemand die gewonnenen Ergebnisse gender-, also geschlechtsspezifisch auszuwerten.

Die genderspezifische Auswertung solcher Prüfungen würde aber endlich konkreten Aufschluss darüber geben, wer das jeweilige Produkt auf welche Weise benutzt und welche Verbesserungen von Männern oder Frauen gewünscht werden. Der Vergleich von weiblichen und männlichen Aussagen ist bei vielen Produkten sinnvoll. Handys bieten hierzu ein anschauliches Beispiel: Der Trend zur Miniaturisierung hat schon vor langer Zeit dazu geführt, dass die Tastaturen so weit geschrumpft sind, dass sie für Männerhände zu klein geworden sind. Dazu kommt, dass Frauen nicht nur über schlankere Finger verfügen, sondern nachweislich auch über höhere taktile Fertigkeiten. Sie können ihre Finger schneller bewegen als Männer. In weltweiten SMS-Wettbewerben, in denen es darum geht, möglichst schnell einen vorgegebenen Text einzutippen, haben junge Frauen das Siegertreppchen übernommen. Männer haben also gleich zwei natürliche Handicaps im Hinblick auf moderne Handys.

Mit zunehmendem Alter kommen Sehstörungen und unter Umständen eine weitere Reduktion der motorischen Fähigkeiten hinzu, die Senioren die Bedienung zusätzlich erschweren. Manche Frauen wiederum tragen die Fingernägel bevorzugt länger und lackiert, sofern ihr Beruf es zulässt. Die Handybedienung wird dadurch erschwert, weil eng sitzende Tasten mit den Fingernägeln gedrückt werden müssen, während die notwendige Anschlagstärke bei vielen Modellen erhöht wurde. All diese Tatsachen sind den Technikern seit geraumer Zeit bekannt, haben aber bis jetzt nicht dazu geführt, der Verkleinerung der Mobiltelefone Einhalt zu gebieten. Der Trend zum multifunktionalen Gerät hat bestenfalls dazu geführt, dass alternative Eingabehilfen wie miniaturisierte Stifte eingeführt wurden, die die Handhabbarkeit nur bedingt verbessern.

Doch wie könnte ein sinnvolles, auf die geschlechtsspezifischen Bedürfnisse ausgerichtetes Testverfahren aussehen? Im allerersten Schritt würde die separate Auswertung bereits vorhandener Erhebungsdaten von weiblichen und männlichen Probanden einen Schritt nach vorn bedeuten. Die getrennte Analyse der Antworten von Frauen und Männern ermöglicht überhaupt den Beginn des Erkenntnisprozesses, indem festgestellt wird, ob bereits auf den ersten Blick grundsätzliche Unterschiede existieren.

Der zweite, vertiefende Schritt umfasst die Analyse der gestellten Fragen. Wie bereits ausgeführt, entscheidet die richtige Fragestellung über die Qualität der Antworten. Wird eine Frau nach männlichem Denkmuster befragt, kann sie keine verwertbaren weiblichen Ergebnisse liefern. Umgekehrt sind weibliche Denkschemata von männlichen Probanden nicht erfüllbar. Mit Sicherheit ergeben sich spätestens im Hinblick auf die Fragestellung

Anhaltspunkte für Verbesserungen. Zu dem Lern- und Entwicklungsprozess eines sinnvollen Usability-Tests gehört weit mehr als nur die Beobachtung von Probanden in ihrem Umgang mit dem Gerät oder die Analyse ihrer Bewertungsbögen. Um die richtigen Fragenmethoden zu entwickeln, sollten beide Geschlechter, insbesondere aber die Frauen direkt zu Wort kommen. Nur so können sie mitteilen, was ihnen aufgefallen ist, auch wenn es nicht auf ihrem Fragebogen stand. Die Beobachtung der Probanden ist nur eingeschränkt aussagefähig. Wird eine gestellte Testaufgabe nicht oder nur auf Umwegen und mit Mühen erfüllt, bietet die Beobachtungsmethode keine ausreichenden Erklärungen für die Ursache. Es dient dem Entwicklungsprozess viel eher zu wissen, dass und weshalb eine Irritation aufgetreten ist. Überdies sind weitere Fragen von Belang, die bisher völlig aus der Markt- und Usability-Forschung ausgeklammert wurden: Welchen Eindruck gewinnt die Testperson auf Grund von Bedienungsschwierigkeiten von dem Produkt? Welcher Eindruck transferiert sich dadurch auf das Markenimage? Welche Verbesserungsvorschläge haben sich dem unvoreingenommenen Probanden geradezu aufgedrängt?

Die meisten Usability-Test-Center, gleichgültig ob es sich um interne Abteilungen von Unternehmen oder um externe Dienstleister handelt, verfügen über einen Pool mit Versuchspersonen. Diese werden in ständigem Wechsel eingesetzt. Manche Unternehmen haben strikte Vorgaben entwickelt, wie häufig – oder vielmehr selten – die Testpersonen an Untersuchungen teilnehmen dürfen. Dadurch, dass die einzelnen Probanden nur selten eingeladen werden, soll der so genannte Lerneffekt vermieden werden. Die zugrunde liegende Überlegung hierfür klingt zunächst sehr schlüssig: Das Gros der späteren Käufer besteht in aller Regel auch nicht aus Spezialisten. Die Kunden verfügen weder über Vorwissen noch über Vergleichsmöglichkeiten. Aber dadurch verschenken die testenden Unternehmen ein großes Wissenspotenzial. Versierte Tester ohne spezifisches Fachwissen haben Vergleichsmöglichkeiten. Sie können auf Vorteile bei anderen

Geräten und Modellen verweisen und ihren Erfahrungsschatz aus anderen Lebensbereichen einbringen. Sie sind frei von jeglichen Scheuklappen in Form eines fachmännischen Blicks und verhalten sich wie ein typischer Konsument: Wer eine nennenswerte Anschaffung plant, informiert sich über das Angebot und vergleicht die Produkte seiner engeren Wahl (Frauen und Männer unterscheiden sich stark in der Methodik). Und wer sich nur zwischen Tiefkühlerbsen verschiedener Anbieter entscheiden muss, wird sich im Zweifelsfalle mehrere Packungen nacheinander kaufen und alle – selbstverständlich unfreiwillig – testen, bis die optimale Sorte gefunden ist. Auch dabei tritt natürlich ein Lerneffekt auf.

Die Frage kann also nicht lauten, wie ein unversierter Verbraucher mit dem Produkt umgeht. Vielmehr muss gefragt werden: Wie muss mein Produkt beschaffen sein, um eine möglichst große Anzahl von Käufern zufrieden zu stellen? In welchem Umfeld muss sich mein Produkt im direkten Vergleich messen lassen? Was muss ich im Zusammenhang mit meinem Produkt verändern, damit es die Nachteile der Wettbewerbsprodukte zumindest nicht wiederholt, besser aber mit Vorteilen überflügelt? Nur geübte Tester können die notwendigen Antworten auf diese Fragen entwickeln.

Marktforschung für die weibliche Zielgruppe richtig gemacht

Um die weiblichen Verbraucher wirklich anzusprechen, müssen Unternehmen sie erst einmal richtig kennen lernen. Dazu müssen sie zunächst dazu bereit sein, jede verfügbare Information dankbar anzunehmen. Strategen müssen die Erkenntnis akzeptieren, dass Frauen selbst viel besser wissen, was sie wollen. Und Frauen sind dankbar, wenn ihnen jemand zuhört.

Wer meint, sich nicht mit seinen Kundinnen auseinander setzen zu müssen, wird niemals erfahren, welches Produkt sie bevorzugen oder bevorzugen würden, sofern es überhaupt erhältlich wäre. Solche Meinungsträger haben Defizite an allen Ecken und Enden. Sie wissen nämlich auch nicht, auf welche Weise sie mit wem kommunizieren sollen und verschwenden enorme Summen an Werbegeldern. Wie glaubwürdig sind sie noch, wenn sie gleichzeitig über den Shareholder Value skandieren?

Integrieren Sie die Verbraucherin in Ihre Geschäftsprozesse

Im zweiten Kapitel wurden Möglichkeiten aufgeführt, Mitarbeiterinnen in die Produktentwicklung einzubeziehen. Die Aufforderung wird an dieser Stelle erweitert. Nicht nur Mitarbeiterinnen können einen wertvollen Beitrag leisten, sondern ebenso Verbraucherinnen. Aus Sicht eines Unternehmens teilen sich Verbraucherinnen in zwei Gruppen: ihre Kundinnen und Nicht-Kundinnen. Zu den Nicht-Kundinnen gehören diejenigen, die entweder Wettbewerbsprodukte kaufen oder gänzlich auf den Erwerb bestimmter Produktgruppen zum jeweiligen Zeitpunkt verzichten. Zu den Letzteren gehören zum Beispiel Vegetarierinnen, die am Kauf von Fleischprodukten keinerlei Interesse haben, oder aber ehemalige Radfahrerinnen, die seit dem Verlust ihres letzten Fahrrads auf andere Verkehrsmittel umgestiegen sind, statt sich einen neuen Drahtesel anzuschaffen.

Zufriedene Kundinnen haben ihrerseits schon eine Beziehung zum Unternehmen aufgebaut. Sie werden sich geehrt und geschmeichelt fühlen, wenn sie nach ihrer Expertise gefragt werden. Sie werden bereitwillig zu allen notwendigen Erkenntnisprozessen beitragen. Nicht-Kundinnen sind beinahe noch wertvoller. Sie haben zumeist gute Gründe, Produkte oder Marken zu meiden. Der einfachste Grund ist, dass sie das Angebot noch gar nicht kennen. Dann kommen sie über die Mitarbeit im Bereich der Marktforschung damit in Berührung. Können sie sich dafür begeistern, sind sie prädestiniert dafür, dies in ihrem Bekanntenkreis zu verbreiten. Häufig jedoch entscheiden sich Konsumentinnen sehr bewusst gegen ein Produkt oder eine Marke. Solch ein Produkt beziehungsweise diese Marke ist bei einem Auswahlverfahren ausgeschieden und hat mit hoher Wahrscheinlichkeit gegen ein anderes Angebot verloren. Wer wäre besser geeignet, um etwas über den Wettbewerb auszusagen, als die Kundinnen der Wettbewerber? Niemand. Selbst der Mitarbeiter eines Schlüsselbereichs, der von einem Unternehmen zum anderen wechselt, kann niemals so entscheidende Informationen mitbringen. Wenn man bedenkt, welche ungeheuren Ausmaße die Wirtschaftsspionage bis zum heutigen Tag angenommen hat, wie viel Korruption herrscht und welche kriminellen Wege beschritten werden, dann ist es erst recht völlig unverständlich, dass jemand auf den Draht zu seinen eigenen Nicht-Kundinnen verzichtet.

Wenn Verbraucherinnen sich an Entwicklungen beteiligen dürfen, bauen sie eine sehr tiefe Bindung an die Marke und damit an das Unternehmen auf. Sie werden zu Insidern, deren Meinung etwas zählt. Sie sind stolz auf Ergebnisse, die auch auf ihren Beitrag zurückzuführen sind. Und wenn diese Frauen stolz auf sich und »ihre« Marke sind, dann werden sie zu deren besten denkbaren Repräsentantinnen. Sie werden schon selbst dafür sorgen, dass jeder von den Neuigkeiten erfährt, an denen sie mitgearbeitet haben.

Frauen sind für die Marktforschung und die Produktentwicklung deswegen so hervorragend geeignet, weil sie mit- und weiterdenken. Sie denken an eigene, mehr aber noch an die Bedürfnisse anderer. Das Ergebnis dieser Denkweise sind überragend erfolgreiche Produkte wie der schon erwähnte Volvo YCC oder die Ski und die Snowboards von K2.

Es wäre eine ungeheure Verschwendung, Frauen nur einmal zu Rate zu ziehen. Bei Bluestone haben wir die Erfahrung gemacht, dass wirklich jede Frau, die jemals von uns befragt wurde, bei nächster Gelegenheit von selbst auf uns zurückkam. Jede einzelne berichtete davon, dass unsere Fragen sie nicht mehr losgelassen haben. Gleich ob der zweite Kontakt nach Wochen oder erst nach vielen Monaten zustande kam, sie sprudelten stets über von Dingen, die ihnen im Zusammenhang mit unserer Befragung im Nachhinein noch ein- oder aufgefallen sind. Alle hatten ihre Wahrnehmung in der Zwischenzeit selbst erweitert und kamen auf teilweise sehr verblüffende Beobachtungen und Ideen. Wir mussten feststellen, dass sie eine wahre Quelle für großartige Erkenntnisse waren. Nicht ein einziges Mal haben wir Unsinn zu hören bekommen. Einige drängten uns geradezu, Produzenten für ihre Ideen zu finden, damit sie endlich bekämen, was sie wollten. Keine dieser Frauen hegte das geringste finanzielle Interesse an der eigenen Idee. Auch andere Eitelkeiten suchten wir vergebens. All diese Frauen freuten sich über den eigenen Lernprozess, viel mehr aber noch darüber, dass ihnen jemand zuhörte und sie ernst nahm. Nicht nur einmal, sondern jedes Mal. Sie wissen, dass unsere Tür und viel mehr als unsere Ohren für sie immer offen sind und deswegen kommen sie wieder, um ihre Gedanken mit uns zu teilen.

Jedes Unternehmen kann nichts anderes als dankbar sein, denn ein solches Engagement – und so eine Großzügigkeit – wird es selbst bei seinen am besten bezahlten Mitarbeitern nicht immer finden. Alle Firmen sollten jede Information aufsaugen, die sie von Frauen erhalten können, sie genauestens in ihrer Vielschichtigkeit analysieren und auswerten. Sie können nur lernen.

Frauen richtig befragen

Die klassische Befragung gleicht einem Spaziergang im Dschungel. So schön der Regenwald ist, so voll ist er von Fußangeln und Fallen, die man immer zu spät entdeckt, weil man dann schon zwei Meter unterhalb der Oberfläche liegt oder drei Meter darüber im Netz zappelt.

Die weibliche Sprache besteht aus einem geheimen Code, zu dem Männer keinen Schlüssel besitzen. Dazu kommt noch, dass Frauen oft von Männern erwarten, dass diese intuitiv verstehen, was die Frauen denken, ohne dass sie es wirklich sagen. Aus diesem Grund ist es selbst für die qualitative Marktforschung so schwer zu erfassen, was Frauen tatsächlich wollen. Bei der Beratung von Paaren wird der Frau empfohlen zu akzeptieren, dass das Hirn ihres Partners direkter, einfacher arbeitet, und auf deutliche Weise zu formulieren, was sie will. Das mag bei Partnerschaften tatsächlich unumgänglich sein. Es bedeutet aber auch eine riesige Umstellung für Frauen. Sie schaffen es vielleicht, sich für einen Partner, den sie lieben, zu verrenken. Wieso soll sie sich aber für die Marktforschung so anstrengen? Die Verantwortlichen wollen es ja häufig nicht einmal hören.

Unternehmen müssen deswegen beinahe erraten können, was Frauen wünschen. Falls dies aber so einfach wäre, dann würde es schon längst geschehen.

Wenn Marktforscher ihre Probanden befragen, dann erhalten sie nicht selten die eine oder andere Lüge zur Antwort. Um solche Falschaussagen von der tatsächlichen Meinung unterscheiden zu können, müssen die Forscher wissen, dass Frauen lügen, wenn es darum geht, eine Beziehung zu schützen. Sie lügen auch mit der Absicht, andere mögen sich dadurch besser fühlen. Am schwersten fällt es ihnen, bei Gefühlen zu lügen. Männer dagegen lügen, um Streit zu vermeiden. Und gern verfallen sie in Übertreibungen hinsichtlich ihrer eigenen Person und lügen daher, um vor anderen eine bessere Figur zu machen[109]. Das ist die Schwierigkeit bei der Marktforschung. Frauen sprechen Kritik unter Umständen nicht aus, während Männer übertreiben, was beispielsweise ihren Einfluss anbelangt. Bestimmte Aussagen sollten bei Männern und Frauen daher relativiert werden.

Nach allem, was wir inzwischen über Frauen wissen, erscheint es wie ein Widerspruch in sich, wenn die vielschichtig und intuitiv veranlagten Frauen mit quantitativen, anscheinend objektiven Methoden untersucht werden sollen und wenn daraufhin rationale, sachliche Strategien entworfen werden.

Um wirklich mehr über weibliche Gedankenwelten zu erfahren, müssen zuallererst die qualitative Marktforschung aus der Laborsituation geholt und die Befragungsarten verändert werden. Die auf alternativen Wegen erzielte Informationsausbeute kann anschließend als Basis für eine modifizierte quantitative Marktforschung verwendet und auf diese Weise verifiziert werden.

Fragen Sie eine Frau nie, was sie will

Die direkte Frage »Was wollen Sie eigentlich?« beziehungsweise »Welches Produkt wünschen Sie sich, das es noch nicht gibt?« liefert fast nie ein verwertbares Ergebnis. Eine Antwort auf solche Fragen würde voraussetzen, dass Frauen sich auf einer abstrakten Ebene schon damit auseinander gesetzt hätten. Wäre das ihr Stil, dann würden viel mehr Frauen Produktentwicklerinnen und Erfinderinnen werden. Dies ist aber bekanntlich eine überwiegend männliche Domäne. Außerdem sind die meisten Menschen nur selten in der Lage, sich etwas vorzustellen, das sich ihrer Erfahrung entzieht. Was wir nicht kennen, können wir in aller Regel auch nicht vermissen.

Frauen können dafür sehr präzise die Frage beantworten, was sie an konkreten Produkten stört oder was ihnen daran gefällt. Gibt man ihnen etwas zum Ausprobieren und hört man ihren Kommentaren dabei zu, dann erschließt sich sehr schnell, wo die Knackpunkte liegen. Ein Beispiel: Vor einiger Zeit beschloss ich die Anschaffung eines neuen Bügeleisens. Mein altes hatte ich über viele Jahre nur selten seinem eigentlichen Zweck zugeführt, denn das Bügeln von Wäsche gehört nicht zu meinen Lieblingsbeschäftigungen. Viel häufiger wurde es im gesamten Familienkreis für alles Mögliche benutzt, darunter für das Aufbügeln von Folien auf Modellflugzeuge. Irgendwann war das altgediente Stück nicht nur unansehnlich geworden, sondern zeigte bei den seltenen Versuchen, es zweckmäßig einzusetzen, auch unerträgliche Macken. Wann immer ich doch einmal Wäsche damit bearbeiten wollte, dampfte es nicht mehr. Stattdessen kam ein permanenter Wasserfall heraus. Kein Drehen am Regler, kein Betätigen der

Dampfstoßtaste vermochte daran etwas zu ändern. Die Wäsche auf dem Bügelbrett sah aus, als wäre sie gerade erst aus der Waschmaschine gekommen, während sich unter dem Bügelbrett große Pfützen bildeten, die jedem Teppich, jedem Parkett abträglich sind. Und ich stand mittendrin und hatte nasse Füße. Nun gut, ich verzieh dem Stück genau dreimal, dann reichte es mir. Bei nächster Gelegenheit, also rund ein halbes Jahr später, fand ich mich in der Elektrowarenabteilung eines Fachgeschäfts wieder, weil ich dringend einige Stücke für einen wichtigen Anlass bügeln musste. Ich studierte sorgsam das gesamte Angebot, bestehend aus rund 20 Modellen. Eins sah wie das andere aus, auf keinem der Kartons befand sich eine Angabe zur Leistung, die Informationen waren ausgesprochen dürftig, nur die Preise bildeten teilweise extreme Gegensätze. Weit und breit war kein Verkaufsberater zu erspähen, der mir bei meiner Auswahl hätte behilflich sein können, mir blieb also nichts anderes übrig, als mit geschlossenen Augen und ausgestrecktem Finger so lange die Regalreihen entlang zu fahren, bis meine Hand auf einem der Geräte landete. Das kaufte ich, fuhr damit nach Hause und nahm es sogleich in Betrieb. Was soll ich Ihnen sagen? Es kam, wie es vermutlich kommen musste. Das Gerät ersparte mir immerhin eine Reise zu den Niagara-Fällen. Ich muss da nicht mehr hin, denn ich habe sie schon gesehen – in meinem Wohnzimmer. Diese Erfahrung hat mich dazu bewogen, das Bügeln ein für allemal aufzugeben. Ich lasse nur noch bügeln. Wenn mich vor einigen Jahren ein Marktforscher gefragt hätte, was ich von einem Bügeleisen erwarte, wäre mir nichts dazu eingefallen. Jetzt wäre meine Antwort eindeutig: Ich erwarte, dass es dezente kleine Dampfwölkchen produziert, und zwar nur dann, wenn es mit Wäsche in Berührung kommt. Meine Wohnung ist schließlich kein Aquarium. Alles andere ist mir egal (jedenfalls glaube ich das, solange mir keine weiteren Missgeschicke passieren).

Die anthropologische Strategie

Seit jeher reisen Anthropologen an den Amazonas, nach Papua-Neuguinea oder in einen beliebigen anderen Weltteil, um einen archaisch lebenden Stamm in seiner natürlichen Umgebung zu beobachten. Sie verbringen einen gewissen Zeitraum unter den Stammesangehörigen, um etwas über deren Leben, die Sprache, Jagdtechniken und Familienstrukturen zu lernen. Niemand käme auf die Idee, es in unseren Breitengraden genauso zu machen. Zu weit ist die Ansicht verbreitet, man wisse alles über hier verbreitete Lebenswelten. Das stimmt aber meistens gar nicht.

Andrew Gershoff, außerordentlicher Professor für Marketing, und Eric J. Johnson, Professor für Wirtschaftswissenschaften an der Columbia Business School, haben festgestellt, dass zwischen den Entscheidern in Unternehmen und den anvisierten Kunden häufig riesige Unterschiede hinsichtlich der Lebenswelten bestehen. 1993 wurde in den USA eine Studie unter Führungskräften durchgeführt, die Schätzungen zum Verbraucherverhalten abgeben sollten. Gefragt wurde nach ihrer Einschätzung zum Absatz von Importbier und Chili in Dosen auf dem heimischen Markt. Außerdem sollten sie angeben, wie sehr sie selbst beide Produkte mögen und wie häufig sie diese kaufen. Es stellte sich heraus, dass sie die Verkaufszahlen von Importbier umso stärker überschätzten, je lieber sie es selbst tranken. Umgekehrt waren die wenigsten von ihnen bekennende Fans von Dosen-Chili. Daher unterschätzten sie den Markt für dieses Produkt proportional zu ihrer eigenen Abneigung. Diese Abweichung wird durch das psychologische Phänomen namens »False Consensus Effect« (Verzerrung durch falschen Konsens) erklärt. Dabei handelt es sich um den irrigen Glauben, die Verhaltensweisen und Vorlieben der Mehrheit entsprächen den eigenen. Die Einschätzung von anderen wird also stets von der Projektion der eigenen Vorlieben überlagert. Gershoff und Johnson erkannten, dass der wesentliche Fehler von Mitarbeitern von Projektteams und Entscheidern darin besteht, nicht festzustellen, was sie denn nicht oder nicht genau wissen. Als die Führungskräfte von den Professoren gefragt wurden, wie sicher sie sich bei ihren Schätzungen fühlten, zeigte sich der größte Teil übertrieben selbstsicher.[110]

Aus genau diesem Grund ist es so wichtig, Feldforschung zu betreiben, auch und gerade im Hinblick auf Frauen. Erst wer die unterschiedlichen Tagesabläufe von Frauen wirklich kennt, bekommt einen Zugang zu Lösungsansätzen. Wer meint, er wisse, wie seine eigene Frau ihren Tag verbringt und die Kinder managt, würde sein blaues Wunder erleben, wenn er sie tatsächlich einen ganzen Tag lang begleiten würde. Wer so etwas behauptet, verbringt seinen Alltag in der Regel von der Familie getrennt und außerhalb des Haushalts, also weit weg von den Schauplätzen des Geschehens.

Frauen können in den unterschiedlichsten Lebenssituationen beobachtet und befragt werden. Es wäre durchaus sinnvoll, wenn Marktforscher oder Mitarbeiter von Unternehmen ihren Arbeitsplatz verließen, um einen oder besser mehrere Tage mit der Mutter von drei Kindern, mit einer so genannten Karrierefrau, einer Studentin, einer Seniorin und Frauen mit weiteren Lebenswelten zu verbringen. Sie könnten sehr viel Ungeahntes lernen.

Die wiederholende Workshop-Strategie

Es bringt nur wenig, wenn ausschließlich einige Spezialisten oder nur externe Marktforscher die Kundinnen kennen. Viel wichtiger ist es doch, dass die Produktentwickler, Kommunikationsspezialisten, Vertriebsmitarbeiter und strategischen Entscheider wissen, mit wem sie es zu tun haben. Sie sind es, die ungefilterte Informationen für ihre Arbeit benötigen. Die Einführung von regelmäßigen Workshops, aber auch Round-Table-Gesprächen mit Verbraucherinnen und den Mitarbeitern unterschiedlicher Hierarchieebenen und Arbeitsbereiche garantiert den optimalen (Lern-)Effekt. Dabei dürfen die anwesenden Frauen weder unter der Lupe betrachtet noch in irgendeiner Form kritisiert werden.

Es wäre geradezu kontraproduktiv, in Diskussionen zu einzelnen Meinungen der Frauen einzusteigen. Das Ziel solcher Zusammenkünfte ist schließlich, dass Mitarbeiter des Unternehmens ihre Zielgruppe besser kennen lernen.

Wenigstens die ersten Zusammenkünfte sollten von einem neutralen Moderator begleitet werden, der Spielregeln für alle Beteiligten aufstellt und auf deren Einhaltung achtet. Auf diese Weise können eventuell existierende gegensätzliche Herangehensweisen überbrückt werden. Eine Moderatorin oder ein Moderator wäre gleichzeitig in der Lage, eventuelle Missverständnisse schnell aufzulösen.

Die regelmäßige Wiederholung solcher Veranstaltungen dient den Frauen von der »Kundenfraktion« zum Aufbau von Vertrauen. Die Unternehmensmitarbeiter profitieren vom steigenden Vertrauenspegel dadurch, dass die Qualität der erhaltenen Informationen von Mal zu Mal steigt.

Die assoziative Methodik

Wer Stichworte oder Bilder bar jeder Erläuterung in eine Gruppe von Frauen wirft, hat die besten Chancen, zusätzlich zum reinen Informationserhalt die weiblichen Denkprozesse und Kommunikationsstrukturen zu beobachten. Man gebe Frauen ein Stichwort, ein Produkt oder ein Markenbild und schaue, welche Assoziationen sie entwickeln. Es ist ganz erstaunlich, welche Gedankengänge sich dabei offenbaren. Da wird das Produkt- oder Logodesign kommentiert, Empfehlungen von Freundinnen werden herausgekramt, die Kommunikationsmaßnahmen von vor zehn Jahren mit den aktuellen verglichen und vieles mehr. Die Frauen erzählen sich Dinge in einer Offenheit, die sie in »offiziellen« Befragungen nie in einer solchen Deutlichkeit und vor allem Emotionalität preisgeben würden. So kann schnell aus einem »Mag ich nicht so gern« ein »Finde ich grottenhässlich« werden. Und ein »Kenne ich nicht, habe ich noch nie ausprobiert« offenbart sich unvermutet als »Meine Schwester hat es ausprobiert und für untauglich befunden«. Aus solch klaren, wenn auch schmerzhaften Aussagen lässt sich viel eher entnehmen, woran der gewünschte Markterfolg scheitert.

Modifizierungen der qualitativen Marktforschung

Wer gar nicht von den Traditionen der qualitativen Marktforschung lassen will, dem sei empfohlen, einige Modifizierungen durchzuführen.

Frauen wie Laborratten zu beobachten ist nur selten eine gute Idee. Frauen leben in Beziehungen zu jedem und allem. Sie passen sich stets an ihre Umgebung an. Wenn eine Forschungszelle keine Möglichkeit bietet, sich einzunisten, dann werden Frauen kaum verwertbare Informationen liefern können. Vielmehr werden sie den anwesenden Tester ins Zentrum ihrer Aufmerksamkeit stellen. Wesentlich erfolgversprechender ist immer die Befragung in einem »normalen« Umfeld, schließlich verläuft ihr Alltag mit seinen Erlebnissen, den Entscheidungs- und Kaufprozessen auch nicht im sterilen Raum.

Die üblichen Gruppenbefragungen reichen in der üblichen Methodik ebenso wenig aus, denn die anwesenden Frauen sind im Zweifelsfall stärker damit beschäftigt, die anderen auszuloten und die Beziehungen zu klären, als die Fragen der Marktforscher zu beantworten. Solche Gruppen sollten, wenn sie denn schon stattfinden, mehrmals zusammentreffen. Dann sind die Beziehungen aufgebaut und die Frauen benötigen weniger Zeit, um die Verhältnisse zu pflegen. Sie haben mit der Fortdauer der Treffen ihre Ressourcen frei für die Beantwortung von Fragen, sofern die Gruppe harmoniert. Andernfalls ergeben sich neue Konfliktherde, die zu Reibereien und zum Fernbleiben einzelner Teilnehmerinnen führen können.

Optimal ist dagegen die Beobachtung ganzer sozialer Netze. Zugegeben: Es ist nicht einfach, mehrere verwandte und befreundete Frauen zu einem Termin zusammenzubekommen, aber wenn Vertreter von Tupperware und anderen Home-Party-Anbietern es schaffen, dann sollte es auch für Marktforscher machbar sein. Vielleicht müssen die Forschungsrunden dann auf den Abend oder das Wochenende gelegt werden, doch das sollte wohl kaum ein entscheidendes Hindernis darstellen.

Ganze soziale Netze innerhalb eines Wohnzimmers einer der Beteiligten zu versammeln, garantiert nicht nur eine generell entspanntere Atmosphäre, sondern außerdem das perfekte Umfeld, um die Frau »in ihrer natürlichen Umgebung« zu erforschen. In Wohnzimmern oder Küchen finden die entscheidenden Beratungsgespräche unter Frauen zu Kaufentscheidungen statt. Die Forscher müssen sich nur noch dazusetzen und der weiblichen Kommunikation zuhören. Sie lernen nicht nur etwas über die entscheidenden Kaufargumente, sondern auch über die gegenseitigen Beeinflussungen. Bislang stellt genau dies eine einzige große Black Box dar. Über genau diese Kommunikationsprozesse wissen Unternehmensentscheider und Produktentwickler bislang so gut wie gar nichts.

Die »Zweckentfremdungsbeobachtungsstrategie«

Wenn Frauen Produkte testen, dann sollte das stets innerhalb des natürlichen Umfelds geschehen. In Usability-Testverfahren werden den Probanden meistens konkrete Aufgaben gestellt, die sie in einem vorgegebenen Zeitraum lösen sollen. Die Endnutzer von Produkten, und hier wieder insbesondere die weiblichen Vertreter, haben jedoch die unbequeme Angewohnheit, alles um sich herum dem eigentlichen Zweck zu entfremden.

In Gefängnisfilmen benutzen Ausbrecherkönige meistens einen Löffel, um sich den Weg in die Freiheit zu graben. Und zu Hause benutzen wir Löffel als Ersatz für Schaufeln, um kleine Pflanzen umzutopfen, portionieren damit Hustensaft, rühren Farben um; wir versuchen unsere medialen Kräfte daran zu messen (Löffel verbiegen wie einst Uri Geller) und kaufen kunsthandwerkliche Objekte, die aus kunstvoll verbogenem Besteck bestehen. In jedem Ding stecken ungeahnte Einsatzmöglichkeiten, die nur die Konsumenten kennen.

Umgekehrt gibt es auch den DAU, den dümmsten anzunehmenden User, wie Produktentwickler eine bestimmte Gruppe von Konsumenten nennen. Niemand zählt sie gern zu seinen Kunden, denn sie belagern Hotlines und reklamieren Geräte, die durch eine ursprünglich nicht vorgesehene Verwendungsweise beschädigt wurden.

Solche Phänomene entziehen sich in ihrem vollen Umfang jeglicher Laborsituation. Sie sind aber wichtig für die Reduktion von Fehlerquellen. Was nutzt es, ein Produkt herzustellen, das den alltäglichen Erfordernissen nicht gerecht wird? Wie häufig passiert es beispielsweise, dass Oberflächen von Gegenständen nach kurzer Zeit schäbig aussehen, weil sie ihr Dasein in einer Frauenhandtasche fristen müssen, wo sie zwischen Schlüsselbund, Stiften und allerlei Krimskrams buchstäblich aufgerieben werden? Sehr häufig, wie man beispielsweise an den Displays von Handys sehen kann.

Es gibt verschiedene Methoden, Frauen life zu beobachten. Eine Möglichkeit besteht darin, sie über einen gewissen Zeitraum per Video aufzuzeichnen. Mittels fest angebrachter Kameras in der Wohnung werden Probandinnen passiv beobachtet und das Material wird anschließend ausgewertet. Die Einbeziehung von Familienangehörigen oder Freundinnen ist ebenso sinnvoll. Gerade Kinder finden es aufregend, mit einer Kamera selbst hantieren zu dürfen. Sie werden ihre Mutter regelrecht belauern, um keinen Moment des Umgangs mit dem Testprodukt zu verpassen. Wenn Freundinnen die Kamera schwingen, dann werden sie sich früher oder später unweigerlich in den Produkttest einmischen. Der Nebeneffekt davon ist, dass Produkttester Datenmaterial von diesen Frauen gratis dazubekommen. Und das sind nur einige Beispiele für sinnvolle Herangehensweisen.

Die »Lass sie mal selbst machen«-Strategie

Die Methoden der »Zweckentfremdungsbeobachtungsstrategie« lassen sich beliebig erweitern.

Eine Möglichkeit besteht darin, Frauen alles frei fotografieren zu lassen, was sie mögen, was ihnen gefällt etc. Dadurch kann die allgemeine Informationsbasis gravierend erweitert werden. Mit der Kamera bewaffnet können Frauen hemmungslos über Geschäfte, ihr eigenes Heim und Freunde herfallen, um ihr Lieblingsspektrum zu dokumentieren. Vielleicht ist ihr Wohnzimmer zu klein, um die Traumcouch darin unterzubringen. Vielleicht hat sie noch keinen Führerschein, steht aber auf Motorräder (Ducati, Harley Davidson oder eine japanische Enduro). Vielleicht träumt sie von einem Verlobungsring von Cartier, obwohl der Prinz noch gar nicht in Sicht ist. Im Anschluss an die Foto-Phase dienen die Aufnahmen als Stützen für die Befragung in Form von Erläuterungen.

Es wäre zwar aufwändig, aber durchaus sinnvoll, Frauen innerhalb eines Testverfahrens mehrere Methoden zur freien Auswahl anzubieten. Die Informationen auf der Meta-Ebene potenzieren sich auf diese Weise. Der Phantasie für die gesamte Variationsbreite wird nur durch den Aspekt der Zweckmäßigkeit eine Grenze gesetzt.

Der Kunden-Index als integraler Bestandteil der Marktforschung

Was sich der Marktforschung völlig entzieht, ist die Kundentreue (vgl. Kunden-Index in Kapitel 2). Das Maß der Kundentreue und sogar der tiefen Zuneigung hat Auswirkungen darauf, wie Kunden Produkte oder die Gesamtleistung einer Marke bewerten. Wer sich schon einmal die Zeit genommen hat, Kundenportale wie Dooyoo[111] oder Ciao!com[112] zu durchforsten, weiß, dass zufriedene Kundinnen dazu neigen, ein Produkt wesentlich positiver zu bewerten, als unzufriedene. Sie sind sogar bereit, eindeutige Schwachpunkte zu verzeihen. Das folgende Originalbeispiel von Ciao!com steht stellvertretend für unzählige solcher Berichte von Käuferinnen:

Apple Computer iPod 20GB (PC-Version) > Erfahrungsberichte > Mein bester Lustkauf des Jahres[113]

Hallo liebe Ciao Community. Ich möchte heute mit Euch meine Begeisterung für meinen besten Lustkauf des letzten Jahres teilen. Lange habe ich mit dem Gedanken gespielt, mir einen MP3-Player zuzulegen. Aber nie hatte mich die Speicherkapazität, das Design und das Handling der auf dem Markt angebotenen Player überzeugt. Als sich dann Apple Mitte letzten Jahres entschied, den bislang nur für den MAC verfügbaren iPOD auch für den PC anzubieten, kratzte ich alle verfügbare Kohle zusammen und wagte das Investment. Ich wurde nicht enttäuscht …

TECHNISCHE SPEZIFIKATIONEN
****

(…) Neben eines HOLD Switches, der die Tasten des iPOD sperrt, hat er nur einen Kopfhörerausgang. Einen Line-Ausgang sucht man vergeblich. Das macht allerdings nichts. Stellt man die Lautstärke etwas geringer ein, so lässt sich der iPOD ausgezeichnet an einem Verstärker betreiben. Das ist laut Apple so vorgesehen und funktioniert nach meiner Erfahrung sehr gut.

(…) Dargestellt wird das Ganze auf einem hochauflösenden LCD Display, das von der Größe her vollkommen ausreichend ist. Das schärfste ist die superedle weiße Hintergrundbeleuchtung, die die Steuerung bei Nacht ermöglicht oder wahlweise wegen ihrer Leuchtkraft auch als Taschenlampe herhalten kann. Leider saugt diese Beleuchtung ordentlich an der iPOD-Batterie. Zurückhaltung in der Bedienung ist also angesagt. (…)

DER AKKU
****

Nachdem nun die Files auf dem iPOD sind, will man sie schließlich auch hören. Die mitgelieferten Kopfhörer mit ihren Neodymium-Membranen machen dies zu einem echten Genuss. Allerdings nur solange der Akku mithält. Und dieser ist leider mein zentraler Kritikpunkt beim iPOD. Eine Vollaufladung dauert ca. 3 Stunden, auch wenn der Akku laut Apple schon nach 1 Stunde ca. 80 % seiner Maximalkapazität besitzt. Diese reicht laut Apple für ca. 10 Stunden Musik. Was eigentlich nicht schlecht ist, sich doch im Betrieb leider als Illusion rausstellt, wenn man häufige Synchronisierungen durchführt, viel am Display rumspielt und oft in der Playlist vor und zurück springt. (…)

Apple ist sich des Problems bewusst und hat gerade die Firmware des iPOD upgedated. Diese kann einfach über Firewire ausgetauscht werden und verspricht eine längere Akkulaufzeit durch Stromsparfunktionen. Ich habe das Update gerade heruntergeladen und werde Euch auf dem Laufenden halten, ob es die erwarteten Energieeinsparungen bringt.

Für das nächste Update würde ich mir von Apple zudem wünschen, dass sie die Ladestandsanzeige des iPOD exakter machen würden. Diese springt nämlich durchaus schon mal den einen oder anderen Balken im Display hin und her ohne ersichtlichen Grund. Der Akku hält zwar trotzdem ca. 7 Stunden, aber auf die Anzeige kann man sich da oft nicht wirklich verlassen.

FAZIT
*****

Trotz der kleinen Akkuschwächen ist der iPOD ein geniales Teil. Er fasst gigantisch viele Daten, ist kinderleicht zu bedienen und hat ein fantastisches Design aus weißem Frontplate und verchromtem Gehäuse. Zudem besitzt er eine geringe Größe und ein niedriges Gewicht, was ihn ideal auch für Reisen macht.

Auch wenn die 20Gig-Version ein ca. 599 € großes Loch in den Geldbeutel reißt, so lohnt sich davon meines Erachtens jeder Cent. Vom ersten Auspacken bis heute spielt das Gerät im Vergleich zu anderen MP3-Playern mit 20Gig (z. B. Creative Nomad) in einer anderen Liga. Hier kauft der Kunde ein Stück Qualität und vor allem Image. Denn in der Öffentlichkeit wird der Player so manche Blicke auf sich ziehen.

Ich habe den Kauf des iPOD noch nie bereut. Selten wurde so komromisslose Qualität mit genialem Design kombiniert. Das merkt man im Preis, aber war es nicht schon immer etwas teurer, einen besonderen Geschmack zu haben?

************** UPDATE UPDATE ******************
Das Update hat in Sachen Batterielaufzeit keine Verbesserungen gebracht. Schade eigentlich. Bleibt auf ein Nächstes zu hoffen.

Aus der Kritik der stolzen und glücklichen Besitzerin gehen eindeutige Schwachstellen des Geräts hervor, dessen Kaufpreis mit immerhin 599 Euro angegeben wurde. Zweifellos gab es zum Kaufzeitpunkt günstigere Alternativen, die aber schon frühzeitig verworfen wurden. Der beschriebene iPod weist offensichtlich eine Menge von Schwachstellen im Zusammenhang mit seinem Energiemanagement auf und schränkt die Benutzerin daher stark in seiner Nutzung ein. Obwohl das Gerät allein damit aus objektiver Sicht seinen Zweck, die Kombination aus Musik und Mobilität, zu einem großen Teil verfehlt, liebt die Besitzerin es offensichtlich heiß und innig. Sie verzeiht Apple sogar bereitwillig, dass das angekündigte Update die daran geknüpften Versprechen nicht hält.

Etwas weniger differenziert in der Ausführung sind folgende Kritiken. Dafür zeigen sie sehr anschaulich, wie die grundlegende Einstellung der beiden Kritikerinnen zu ganz unterschiedlichen Bewertungsmaßstäben führt. Bei beiden geht es um dasselbe Gerät, manche Argumente sind beinahe identisch:

Klasse Handy-One Touch Club[114]

Produktbewertung des Autors: 5 von 5 möglichen Sternen

Ausstattung:	durchschnittlich
Klang:	sehr gut
Empfangsqualität:	ausgezeichnet
Verarbeitung:	gut
Akkulaufzeit:	
Design:	gut
Pro:	leichte Handhabung
Kontra:	nicht wahnsinnig viel Stand bye
Empfehlenswert?	ja

Ich habe auch ein Alcatel Handy und muss sagen/schreiben, dass ich sehr zufrieden mit diesem Handy bin. Es ist idiotensicher, man kann fast nix falsch machen. Die Bedienung ist einfach und in der Bedienanleitung ist alles gut aufgelistet.
Ich kann und werde das Handy weiterempfehlen. Gerade für Anfänger bzw. die noch nie was mit Handys zu tun hatten ist es ein guter Begleiter!! Sogar meine Oma hat ein Handy von Alcatel One Touch Club, dasselbe wie ich auch habe!!!

Und wenn sogar Omas Handys bedienen können, dann hat das schon was zu heißen.

Menüführung:	sehr gut
Tragekomfort:	ausgezeichnet
Bedienungsanleitung:	kinderleicht & hilfreich
Besitzen Sie das Produkt?	
Dauer des Besitzes/der Nutzung?	
Häufigkeit der Nutzung:	

Oh Man[115]

Produktbewertung des Autors: 1 von 5 möglichen Sternen

Ausstattung:	
Klang:	schlecht
Empfangsqualität:	schlecht
Verarbeitung:	schlecht
Akkulaufzeit:	ok
Design:	sehr schlecht

Pro: Dual-Band
Kontra: fast alles

Empfehlenswert?   nein

Was sich Alcatel hier wieder ausgedacht hat, schlägt wohl nicht gerade ein. Das Alcatel hat eine total hässliche Form. Auch dass nun die Oberschale nicht mehr schwarz, sondern silber ist, verbessert das Aussehen nicht sehr viel zum Positiven. Dieses Handy hat ein Gewicht von 150 g. Die Bereitschaftszeit beträgt bis zu 130 Stunden. Eine Sprechzeit von bis zu 4,75 Stunden. Der einzige Vorteil an diesem Handy ist, dass es eine Dual-Band-Funktion hat.
Die Menüführung ist supereinfach, bestimmt für Kinder gemacht.
Ansonsten kann man mit dem Telefon nichts machen, außer telefonieren.
Hier ist die Lautstärke beim Telefonieren auch nicht besonders. Man muss sehr gute Ohren haben. Außerdem stimmt der Tragekomfort nicht. Passt ja kaum irgendwo rein.

Menüführung: sehr gut
Tragekomfort: sehr schlecht
Bedienungsanleitung: kinderleicht & hilfreich
Besitzen Sie das Produkt?
Dauer des Besitzes/der Nutzung?
Häufigkeit der Nutzung:

Die zweite Kundin muss zwar zähneknirschend zugeben, dass das Handy durchaus Vorteile zu bieten hat (dieselben, die die erste anführt), aber das fließt in ihre Gesamtbewertung nicht ein.

Bei ihr entsteht der gegenteilige Effekt zur stolzen Besitzerin des iPods. Während bei dieser Negatives zu keinerlei Einschränkung in ihrer Zufriedenheit geführt hat, ist die unglückliche Handybesitzerin kein bisschen geneigt, die positiven Eigenschaften des Geräts zu akzeptieren.

Das Durchforsten von Kundenportalen zeigt natürlich ebenso, wie Männer Waren bewerten. Sie reagieren eindeutig weniger emotional und passen ihre Bewertung scheinbar sachlichen Argumenten an. Sie nehmen die Stärken und Schwächen der Produkte wahr, sind aber nicht bereit, über Schwächen hinwegzusehen, wie es begeisterte Frauen tun. Die männliche Begeisterung hält sich in genau definierten Grenzen, während der Wut eindeutiger Luft gemacht wird. Es scheint, als ob Frauen ihre positiven Erfahrungen lieber teilen, während Männern mehr daran liegt, ihre Erkenntnisse zu Fehlern herauszustellen.

Wer also genau wissen möchte, wie die Bewertung eines Produkts, einer Marke oder eines Unternehmens zustande kommt, darf den Aspekt der bereits bestehenden Einstellung von Verbraucherinnen nicht vernachlässigen. Ignorieren Marktforscher oder Unternehmensentscheider diesen Aspekt, dann laufen sie Gefahr, falsche Entscheidungen zu treffen. Eine Aussage kann also durchaus den Beziehungsaspekt betreffen, nicht das entsprechende Produkt, wie fälschlicherweise angenommen werden könnte. In aller Konsequenz bedeutet das, dass der Kunden-Index bis in die Marktforschung hereinreicht.

Die Gender Specific Needs Matrix

Bluestone hat mit der Gender Specific Needs Matrix (GSNM-Modell) ein Analyse- und Planungstool entwickelt, das die Unterschiede in den wesentlichsten Bedürfnissen von Frauen und Männern erfasst. Es eignet sich vorzüglich für die Feststellung, wie verschieden Frauen und Männer ein Produkt wahrnehmen und ob es überhaupt ihren Wünschen entspricht. Insbesondere technische Güter können auf diese Weise eingehend geprüft werden.

Die drei Hauptachsen verbinden die Extreme zwischen typisch weiblichen und typisch männlichen Anforderungen. Frauen legen größten Wert auf Nutzen, konkrete Eigenschaften und verfügen über ein geringes Zeitbudget. Außerdem wollen sich die meisten von ihnen nicht über das nötige Maß hinaus mit technischen Raffinessen befassen (low involvement = geringes Engagement). Männer dagegen lieben die Abstraktion, verbinden mit (technischen) Dingen Status und verwenden auf die Beschäftigung mit vielen Dingen gern auch einmal etwas mehr Zeit.

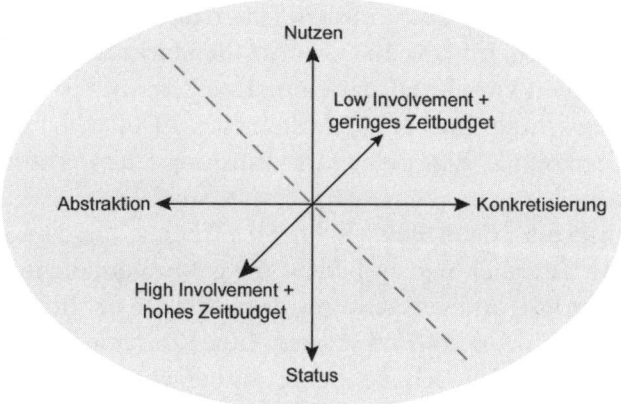

GSNM-Modell der Bluestone AG

Das GSNM-Modell erlaubt die Untersuchung verschiedener Fragestellungen in Kombination mit den Hauptachsen. Mathematische Verfahren ermöglichen die Eintragung von Ergebnissen aus Untersuchungen sowohl in Form von Rohdaten als auch in Form kumulierter Werte, jedoch stets nach Geschlechtern getrennt, in das Koordinatensystem. So können präzise Aussagen zu dem notwendigen Maß an Usability, Design, Benefit, sozialen Bedürfnissen und vielem mehr getroffen werden. Darüber hinaus eignet sich das GSNM-Modell für das Benchmarking.

7. Marketing für Frauen

Rettungsversuch für die Marke

Der Markenwert fließt schon jetzt in die Bewertung vieler Unternehmen ein. Wer viel in seinen guten Namen investiert, schafft damit einen Firmenwert, der neuerdings mit Geld ausgedrückt werden kann. Coca-Cola führt seit Jahren die Liste der wertvollsten Marken an. Im Jahr 2003 konnte die Marke ihren Wert gegenüber dem Vorjahr wieder einmal steigern und ist nun, mit einer Bewertung von fast 70,5 Millionen US-Dollar, der teuerste Name der Welt.[116] Eine gute Markenführung zahlt sich also dauerhaft aus.[117]

Seit Mitte der neunziger Jahre hat das Thema Markenführung für viele Unternehmen an Bedeutung gewonnen, nicht zuletzt deswegen, weil findige Agenturen das Thema in der Branche geschickt in den Vordergrund spielten. Gute Konzepte für die Markenführung sind tatsächlich wichtig. Bisher wurde das Thema jedoch häufig eher oberflächlich betrachtet.

Die Marke an sich sieht sich in vielen Branchen inzwischen mit dem Problem konfrontiert, dass die Markentreue der Verbraucherinnen seit Jahren abnimmt[118]. Gleichzeitig steigt der Absatz von Hausmarken und No-Name-Produkten[119]. Es ist nicht von der Hand zu weisen, dass die Verbraucherinnen heute mehr auf Preise achten als noch vor einigen Jahren. Das liegt aber nicht nur an der stagnierenden wirtschaftlichen Situation der Haushalte, sondern auch an Rabattschlachten, Coupons, Punktesystemen (z. B. Payback, Webmiles), zinslosen Kreditangeboten, Sonder- und Ausverkäufen und dem inzwischen längst alltäglichen Preiskampf im Einzelhandel. Damit sind die Chefeinkäuferinnen der

Haushalte eigentlich erst auf die Idee gekommen, dass reguläre Preise überteuert sind. Der Schluss, den sie aus allen Preisnachlässen ziehen, lautet, dass sie mit den nicht reduzierten Preisen womöglich über den Tisch gezogen werden. Sie sehen, dass manche Anbieter mit geringeren Preisen gut überleben können. Ihnen ist nicht bewusst, dass die Preisfestlegung des Handels eine Mischkalkulation unter Einbeziehung des Absatzes unterschiedlicher Produkte enthält, dass Standortmieten und unter Umständen saisonale Schwankungen eine Rolle spielen. Dabei haben Studien gezeigt, dass die deutschen Verbraucherinnen gar nicht den billigsten, sondern den fairsten Preis suchen. Wenn ihr Eindruck von Fairness jedoch vom Einzelhandel selbst verzerrt wird, darf sich dieser nicht wundern, wenn das weibliche Verständnis von einem guten Preis-Leistungsverhältnis von dem des Handels nach unten abweicht.

Was aber noch wesentlich verheerendere Auswirkungen hat, ist der Grad an Bedeutungslosigkeit, bei dem die Marke nach langer Entwicklung heute angekommen ist. Die Marke nähert sich auf dem vor Jahren eingeschlagenen Weg nun mit zunehmender Geschwindigkeit dem Ende ihrer ursprünglichen Bedeutung, sofern nicht schnell ein Umdenken stattfindet. Um sich die ganze Dramatik zu verdeutlichen und sich einer Lösung des Problems zu nähern, müssen wir ein klein wenig ausholen. Wir müssen uns das prinzipielle Dilemma der Marke anschauen.

Der Begriff Marketing nähert sich seinem 100. Geburtstag. Er tauchte erstmals irgendwann zwischen 1905 und 1920 an US-amerikanischen Universitäten auf. Die Grundidee bestand darin, mit diesem Begriff eine neue Dimension in den Verkauf einzubringen: die Marktorientierung. Bis dahin wurde der Verkauf im Wesentlichen von Preis und Menge bestimmt.

Wer sich heute mit Marketing und Markenführung ernsthaft auseinander setzen will, kommt um die Lektüre von Erich Fromms »Haben oder Sein« nicht herum. Darin beschreibt Fromm vorzüglich den Wandel von der Sein- zur Haben-Gesellschaft. Diese Veränderung war sehr tiefgreifend, denn sie umfasste die Entfremdung des Menschen von sich selbst, den Dingen, die ihn umgaben, und dies schlug sich sogar in unserem Sprachgebrauch nieder. Fromm selbst gibt folgendes Beispiel:

Nehmen wir an, eine Frau eröffnet das Gespräch mit einem Psychoanalytiker folgendermaßen: »Herr Doktor, ich habe ein Problem.« Einige Jahrzehnte früher hätte die Patientin anstelle von »Ich habe ein Problem« sehr wahrscheinlich gesagt: »Ich bin besorgt.« Der moderne Sprachstil ist ein Indiz für die heutige Entfremdung. Wenn ich sage: »Ich habe ein Problem«, anstelle von »Ich bin besorgt«, dann wird die subjektive Erfahrung ausgeschlossen. Das Ich, das die Erfahrung macht, wird ersetzt durch das Es, das man besitzt. Ich habe meine Gefühle in etwas verwandelt, das ich besitze: das Problem. Ein »Problem« ist ein abstrakter Ausdruck für alle Arten von Schwierigkeiten. Ich kann es nicht haben, da es kein Ding ist, das man besitzen kann, allerdings kann das Problem mich haben; genauer gesagt habe ich mich dann in ein »Problem« verwandelt, und meine Schöpfung hat Besitz von mir ergriffen. Diese Art zu sprechen verrät die versteckte unbewusste Entfremdung.[120]

Früher kauften die Menschen, um Dinge dauerhaft zu besitzen und zu gebrauchen, um sich langfristig an ihnen zu erfreuen und sie sogar an die nächste Generation weiterzuvererben. Anschaffungen stellten Investitionen dar. Vor rund 100 Jahren begann die radikale Veränderung. Neue Technologien und innovative Fabrikanten ermöglichten selbst denjenigen Menschen, die nicht zur Oberschicht gehörten, von bislang Unerhörtem zu träumen. Mit modernster Fertigung konnten die Produktionspreise selbst aufwändiger Güter auf ein erschwingliches Niveau gesenkt werden. Auf diese Weise wuchs das Angebot über die reine Bedarfsdeckung von Haushalten hinaus. Zu den Begründern des Marketings wird daher auch Henry Ford gezählt, der mit seiner Tin Lizzy lange vor Ferdinand Porsche mit seinem VW-Käfer auf die Idee kam, ein Auto für das Volk zu bauen.

Der Konsum war geboren – jedenfalls in den USA. Nun wurden Güter zu leicht austauschbaren Gebrauchsgegenständen. Alles wurde käuflich. Alle konnten sich – zumindest theoretisch – alles kaufen. Und weil die Dinge so leicht und inzwischen vergleichsweise günstig erhältlich waren, verloren sie an Wert für ihre Besitzer. Die Beliebigkeit, die sich auf die Beziehung der Konsumenten zu ihrer Habe niederschlug, wurde ab 1950 noch verstärkt. Es war die Geburtsstunde der Kreditkarte. Der Amerikaner Frank McNamara ging zum Essen aus und hatte seinen Geldbeutel vergessen, was natürlich zu gewissen Unannehmlichkeiten führte. Nach diesem Erlebnis gründete er sogleich die Kreditkartenfirma Diners' Club, deren Kreditkarte zunächst nur für die Begleichung von Restaurantrechnungen eingesetzt werden konnte. 1958 folgte die Gründung von American Express und im selben Jahr kam die BankAmericard, die wir heute als VISA kennen, auf den Markt. Jetzt war Konsum nicht nur möglich und günstig, sondern auch schneller geworden. »Warum warten?« hieß die Devise. Die Kreditkarte ermöglichte den Erwerb jedes Produkts an jedem Ort zu jeder Zeit, ganz nach dem Motto »Kaufe jetzt, zahle später«.

Die Massenfertigung verwandelte alle bis dahin herrschenden Marktgepflogenheiten. Die Anbieter verloren ihre Macht an die Konsumenten, die erstmals in die Lage versetzt wurden, frei innerhalb eines ständig wachsenden Angebots zu wählen. Und eben hier kam das Marketing mit seiner Marktorientierung ins Spiel. Hersteller mussten sich voneinander abheben, um von den Verbrauchern wahrgenommen zu werden. Wer den Bedürfnissen am nächsten kam, gewann im Wettbewerb um ihre Gunst. Das war die Geburtsstunde der Marke.

In Deutschland verlief die Entwicklung viele Jahrzehnte langsamer. Erst in den sechziger Jahren löste der Marketing-Gedanke die klassische Absatzwirtschaft ab, deren absatzpolitisches Instrumentarium über lange Zeit ausschließlich vom Verkauf und von der Reklame bestimmt wurde. Daran änderte auch die Untersuchung Heinrich Freiherr von Stackelbergs aus dem Jahr 1939 zunächst nichts, der die damals in Deutschland verwendeten Steuerungsinstrumente für die Marktbearbeitung revolutionierte. Während die vorherrschende Preistheorie von Preis und Menge als alleinigen absatzpolitischen Parametern von Unternehmen ausging, brachte von Stackelberg erstmalig Qualitätsvariationen und Vertriebspolitik in das Marktmodell ein. Er erkannte, dass damit die objektive Austauschbarkeit aller am Markt angebotenen Leistungen aufgehoben wird und dass dadurch eine Marktstimulierung stattfindet. Das ist genau die Situation, die wir heute im deutschen Sprachraum und in den anderen westlichen Ländern vorfinden.

Die Entwicklung von Marken war schon immer geprägt von dem Bestreben, sich von den Wettbewerbern abzuheben. Traditionell wird eine Marke von Versprechen gekennzeichnet. Diese Versprechen umfassen die stets gleichbleibend hohe Produktqualität bei gleicher Menge und die flächendeckende Erhältlichkeit. Ziel dieser Versprechen ist die Erringung des Vertrauens seitens der Verbraucher, um von ihnen gegenüber anderen Anbietern bevorzugt zu werden. Als diese Parameter definiert wurden, bezogen sich die Markencharakteristika noch auf das Produkt selbst. Dr. Oetker pries auf diese Weise sein Backpulver bei den Hausfrauen entsprechend an. Und Markenwerbung funktionierte sogar dann, wenn das Produkt selbst überhaupt nicht verfügbar war. Ein klassisches Beispiel ist die Hamburger Firma Darboven. Als zwischen 1939 und 1948 in Deutschland kein Bohnenkaffee erhältlich war, pflegte sie dennoch eine durchgehende Erinnerungswerbung. Der Ersatzkaffee wurde mit dem Slogan beworben: »Solang ›Idee-Kaffee‹ Dir fehlt,/Nimm ›Koff‹, so hast Du gut gewählt!«

Heute scheint die Konzentration auf das jeweilige Produkt längst nicht mehr auszureichen, denn die Anzahl aller Anbieter innerhalb eines Segments hat sich in der Zwischenzeit drastisch erhöht. Beinahe unzählig viele Firmen verkaufen Brot, Turnschuhe, Radiowecker und Porzellan. Eine echte Unterscheidung ist in den meisten Produktsegmenten kaum noch möglich, denn die Fertigungsprozesse und nicht selten die gesetzlichen Bestimmungen garantieren bei jedem Produkt ein hohes »Mindestmaß« an Qualität. Die Aufgabe von Marken ist stets, Produkten das Attribut eines höheren Werts zu verschaffen. Waren Markenprodukte früher tatsächlich mit einem Mehrwert oder einem Zusatznutzen versehen, und sei es nur durch die Garantie, stets dieselbe erwartete Produktqualität zu erhalten, sucht man heute zumeist vergeblich danach.

Auch das Qualitätsversprechen hat sich längst überholt. Anders ist es nicht zu erklären, dass die Software-Entwicklung unter den inzwischen extrem kurzen Entwicklungszyklen so stark leidet, dass so genannte Bug-Fixes, Service Packs und andere Updates, also nachgereichte Fehlerbeseitigungssoftware zur zusätzlichen Installation zur Regel gehören statt zur Ausnahme. Ebenso ergeht es Automobil-Herstellern, die eine Vielzahl von Modellen auf Grund gefährlicher Fehlkonstruktionen oder mangelhafter Montage zurückrufen müssen. Dazu kommt allerlei anderes technisches Gerät, das während der gesetzlich vorgeschriebenen Garantiezeit oder in den drei Tagen nach Ablauf der Gewährleistung seinen Geist aufgibt.

Die Marke muss heute von einem Image leben, das vor allem symbolisch oder sogar ideologisch geprägt ist. Der Wirtschaftswissenschaftler Heribert Meffert erläutert die Marke über die klassische Definition hinaus als ein in der Psyche des Konsumenten verankertes, unverwechselbares Vorstellungsbild eines Produkts oder einer Dienstleistung. Demnach entsteht der Sinn eines Produkts also vornehmlich im Kopf der Konsumenten. Andreas Buchholz und Wolfram Wördemann nennen diesen Vorgang in ihrem Buch »Was Siegermarken anders machen« sogar »virtuellen Nutzen«. Der Nutzen ist demnach ebenso irreal wie der Unterschied zu Produkten anderer Hersteller. Indem eine beliebige Eigenschaft in einen anderen Kontext gestellt wird, wird dem Verbraucher ein Nutzen suggeriert.

Markenmanager sind heute damit beschäftigt, Markenwelten mit Erlebnischarakter aufzubauen. Zu den bekanntesten Beispielen gehören unter anderem Nike und McDonald's. Wer die Produkte dieser Anbieter konsumiert, soll sich gleichermaßen in die passend dazu kreierte Erlebnis- und Wertewelt beamen. Es gilt also nicht länger »ein Produkt ist ein Produkt ist ein Produkt«[121], sondern die Nutzung des Produkts einer bestimmten Marke dient als Eintrittskarte in eine vordefinierte Inszenierung innerhalb des eigenen Lebens.

Ende der neunziger Jahre entstand das Marketing-Mantra, Marken müssten mit Emotionen aufgeladen werden. Professor Dr. Horst W. Opaschowski beschreibt moderne Konsumtempel, die Verbraucher zu noch mehr Konsum verführen sollen, indem sie Erlebnisse bieten[122]. Eine grundlegende Überlegung der modernen Markenführung beinhaltet die Absicht, dass sich die Kunden und Kundinnen mit dem erworbenen Produkt selbst aufwerten sollen. Das heißt also, das Produkt einer bestimmten Marke ist mehr wert als der Konsument, denn der muss sich erst ein Produkt kaufen und sich damit schmücken, um jemand zu sein. Dieser Mechanismus nennt sich Image-Transfer. Und die Verbraucher aller Altersklassen spielen sogar mit. Es sind nicht nur Jugendliche, die über Markenbekleidung und -schuhe oder den neuesten Handy-Klingelton die Akzeptanz ihrer Mitschüler erringen. Es reicht nicht, ein beliebiges Auto zu kaufen. Es muss schon ein Mercedes sein, denn ein Mercedes ist prestigeträchtiger als ein Toyota Corolla. Allerdings ist ein Toyota Corolla wiederum besser als gar nichts, wenn man sich keinen Mercedes leisten kann. Dinge kennzeichnen in unserer Gesellschaft den Status eines Menschen. Sinnleere Gegenstände sollen Menschen eine Identität geben.

Es ist absurd, denn das Zeitalter des Konsums läutete den Verlust all dieser Werte überhaupt erst ein. Menschen gaben – überspitzt formuliert – ihre Seele für Dinge her, die auf Grund ihrer Fülle und des herrschenden Überflusses schließlich ihren Wert für sie verloren. Die so entstandene innere Leere sollen sie durch mehr Konsum wieder auffüllen. Und auch das funktioniert, wenn man bedenkt, wie viele Männer, aber noch viel mehr Frauen genau dieser Aufforderung folgen. Shopping dient häufig der eigenen Belohnung. Die Schattenseite ist gekennzeichnet von der Kaufsucht. Die Marke versucht heute insgeheim, all die Nebenwirkungen einer Marktsituation zu beseitigen, die ihr eigenes Entstehen erst ermöglicht hat.

Die Frage, die sich zwangsweise daraus ergibt, lautet: Kann die Marke dieses Paradoxon überhaupt/jemals/befriedigend lösen?

Ja sie kann. Die Lösung besteht in der Rückkehr zum Ursprung der Marke selbst: dem Produkt. Die Marke kann erst dann wieder zu mehr als einer durch Werbung aufgeblähten Worthülse werden und einen echten Sinn zurückerhalten, wenn sie tatsächlich etwas verkörpert, das sich deutlich von anderen Angeboten unterscheidet.

Wie sich das weibliche Bedürfnis nach Nutzen in Produkten zeigt

Frauen haben mehrere Hauptkriterien, nach denen sie Produkte auswählen. Das wichtigste Argument ist der Nutzen. Das haben schon viele Studien bewiesen, die das Internet-Nutzungs-Verhalten von Frauen untersucht haben. Demnach suchen Frauen zielgerichtet nach Informationen, während Männer zum »Surfen« neigen. Weitere bedeutende Kriterien sind Anlass, Design, Status und nicht zuletzt der Spaß-Faktor. Diese Kriterien gelten für so genannte Frustkäufe nur eingeschränkt.

In allererster Linie soll ein Produkt immer einen Nutzen erfüllen. In einer Umfrage der Unternehmensberatung Roland Berger stimmten 91 Prozent der befragten Frauen der Aussage zu, »die verschiedenen Instrumente [eines Autos] müssen auf Anhieb möglichst einfach zu bedienen sein«[123]. Ein Nutzen kann aber auch schon allein darin bestehen, bei einem wichtigen Termin einen guten Eindruck zu hinterlassen oder über einen verrückten und völlig überflüssigen Gegenstand zu lachen. Meistens liegt der Sinn des Nutzens jedoch weit tiefer. Die Dinge, die für Frauen interessant sind, haben meistens eines gemeinsam: Sie erfüllen ihren ursprünglichen Zweck auf wünschenswerte Weise, nicht mehr und nicht weniger. Ob eine Frau eine Tüte Milch, einen Staubsauger, ein Vorratsglas, ein Haus oder eine Stereoanlage kauft, stets hat sie im Voraus eine genaue Vorstellung, welchen Zweck die Anschaffung erfüllen soll. Die Milch ist für das Frühstück der Kinder. Der Staubsauger soll auch die Haare des Haustiers aus dem Teppich entfernen können und diesen dabei schonend behandeln. Das Haus ist notwendig, damit sie jederzeit Klavier üben kann, ohne dabei irgendwelche Nachbarn zu stören; dabei muss es über einen Garten verfügen, damit sie Obst und Gemüse anbauen kann. Die Stereoanlage soll ihre Lieblingsmusik abspielen und ihre Bedienung sollte kein Studium der Elektrotechnik voraussetzen.

Was nützt ihr ein Staubsauger mit zuschaltbarer 2000-Watt-Turbo-Power, der so laut ist, dass die Haustiere panisch flüchten und sie von dem Geräusch das Gefühl bekommt zu ertauben? Inwieweit erfüllt eine Stereoanlage ihren Zweck, die über so viele Knöpfe verfügt, dass die Besitzerin sich nicht merken kann, welche fünf Knöpfe sie in welcher Reihenfolge drücken muss, um vom Radio auf den CD-Player umzuschalten? Wieso müssen Fernsehgeräte, Videorekorder, DVD-Player und Hifi-Anlagen ohnehin so grässlich gestaltet sein, dass eine große Anzahl von Frauen sie hinter Schrankwandtüren oder sogar hinter dem Sofa verstecken muss, damit das sorgfältig gestaltete Wohnzimmer nicht durch ihre Anwesenheit verunstaltet wird? Hilft ihr ein Vorratsglas wirklich, wenn es aus schwerem, glatten Glas gefertigt ist, der Durchmesser für eine Männerhand berechnet wurde und sie jedes Mal, wenn sie es aus dem Hängeschrank nimmt, befürchten muss, dass es ihr aus der Hand rutscht und auf dem Küchenboden zerschellt?

Bei einer Untersuchung der Yale University stellte sich heraus, dass zwar 68 Prozent der Männer einen Videorekorder oder ein vergleichbares Gerät auf Anhieb programmieren konnten, jedoch nur 16 Prozent der Frauen. Beiden stand eine Bedienungsanleitung zur Verfügung[124]. Dreht man die Betrachtung um, heißt das, dass 32 Prozent der Männer und 84 Prozent der Frauen, also die Mehrheit der Probanden, dem Denkschema der Produktentwickler nicht folgen konnte. Der Zweck von Videorekordern besteht darin, Aufzeichnungen abzuspielen und Sendungen aufzuzeichnen, gleichgültig ob man zum Zeitpunkt der Ausstrahlung selbst zugegen ist oder nicht. Der Nutzen des Geräts wird dann geschmälert, wenn es gar nicht oder nur unter größter Anstrengung programmiert werden kann.

Bis vor wenigen Jahrzehnten war es weit weniger notwendig, über Geschlechtsspezifika im Produktdesign nachzudenken. Zum einen waren die Aufgabenbereiche zwischen allen Familienmitgliedern festgelegt, sodass Waschmaschinen und Küchengeräte speziell für Frauen gebaut wurden, während anderes technisches Gerät Männern vorbehalten blieb. Somit waren die Funktionsweise und das Design an die Geschlechterrollen angepasst. Zum anderen war der Technisierungsgrad weit geringer als heute. Als die Elektronik zunehmend begann, die Mechanik abzulösen, wurden alle Geräte komplexer. Ein moderner Herd kocht nicht einfach nur. Er lässt sich programmieren, wann er welche Platte an- und wieder abschaltet. Nutzte man früher (mechanische) Schreibmaschinen, um einen ordentlich anmutenden Brief zu schreiben, benötigt man dafür heute Computer samt Maus, Tastatur, Monitor, Drucker und Unmengen komplexer Software, die die meisten Anwender hoffnungslos überfordert. Reichte früher eine Babyrassel aus, um einen Säugling zu beschäftigen, müssen es heute ganze Spiellandschaften sein, die bei Berührung fiepen und leuchten. Waren die Kinder zwei Jahre alt, kamen sie auf Spielplätzen und in Spielgruppen mit anderen Kindern zusammen. In den neunziger Jahren wurde die Interaktion durch die Teletubbys und durch Videocassetten mit stundenlangen Aufzeichnungen von lachenden Babygesichtern ersetzt. Verfügte ein Radio früher über eine überschaubare Anzahl von Tasten (für die Auswahl der Wellenbereiche) und zwei Drehknöpfe (für die Senderwahl und die Lautstärke), so sind die heutigen Geräte nicht selten kleine Monster, die alle über einige ursprüngliche und etliche nicht unbedingt notwendigen Funktionen verfügen, wobei die grundlegenden Funktionen aus Sicht einer Frau nicht selten unauffindbar sind.

Ich halte mich persönlich für überdurchschnittlich technikaffin – für eine Frau jedenfalls. Ich habe unter anderem eine Ausbildung als Computer-Programmiererin abgeschlossen. Dennoch hat es drei Jahre gedauert, bis ich einige Senderkurzwahltasten in meinem Autoradio umprogrammieren konnte. Ich zappte jahrelang ständig während der Fahrt herum, wann immer ich von einem meiner Lieblingssender auf einen anderen wechseln wollte. Das war gar kein so einfaches Unterfangen, weil Berlin eine sehr hohe Senderdichte hat. Jedes Mal nahm ich mir vor, bei allernächster Gelegenheit die Gebrauchsanweisung zu Rate zu ziehen, um meine favorisierten Radiostationen endlich auf die Kurzwahltasten zu legen. Drei Jahre lang habe ich es nicht geschafft, in das Handschuhfach des Wagens zu greifen und die Bedienungsanleitung herauszunehmen, um der nervtötenden Sendersuche ein Ende zu bereiten. Nach drei Jahren endlich ließ ich zufällig eine nebensächliche Bemerkung über meine lang gehegte Absicht fallen, während ich mit meinem Lebensgefährten unterwegs war. Mit der größten Selbstverständlichkeit erläuterte er mir innerhalb nur eines Satzes, wie die Programmierung zu ändern sei. Es war so brutal einfach, dass ich niemals von selbst darauf gekommen wäre. Dieselbe Funktion war bei meinem vorhergehenden Autoradio komplizierter gewesen, in etwa mit der Senderprogrammierung aller TV-Geräte und Videorekorder vergleichbar, mit denen ich in meinem Leben zu tun gehabt hatte. Die Programmierweise bei meinem jetzigen Autoradio war hingegen extrem simpel, die Logik wich allerdings von allem ab, was ich zuvor gekannt hatte.

Mein größter Wunsch zu meinem sechsten Geburtstag war eine Langspielplatte von ABBA gewesen. Ich bekam sie und ließ ab sofort kaum noch ein anderes Familienmitglied an unseren Dual-Plattenspieler. Mein Verschleiß an Plattennadeln war so unsäglich, dass meine Eltern schon bald einen Vorrat anlegen mussten.

Seither habe ich einige Radiorekorder, Walkmen, Anlagen und »Ghettoblaster« unterschiedlicher Qualität besessen. Mein erster eigener Radiorekorder brach ständig unter dem Dauergebrauch zusammen. So verlegte ich mich schon früh darauf, ihn auseinander zu schrauben, um die Kassettenmechanik zu richten. Dasselbe geschah bei meinen ersten Walkmen. Mit jedem Gerät wurde es schwieriger, nicht nur an das Innere heranzukommen, sondern auch die Mechanik zu verstehen. Als der CD-Player meines ersten »Ghettoblaster« seinen Geist aushauchte, ließ ich mich doch tatsächlich von dem Warnhinweis auf dem Gerät abschrecken. Das war das erste Gerät, das ich nicht öffnete, obwohl ich noch Jahre später den einen oder anderen Fernseher von innen betrachtete. Der Laser des CD-Laufwerks war mir nicht geheuer. Wenn ich heute CDs höre, nutze ich nicht die Anlage im Wohnzimmer, obwohl die Boxen einen wirklich phantastischen Klang haben, sondern einen unserer Computer. Seit vielen Jahren habe ich keine einzige meiner alten Schallplatten mehr gehört, obwohl sich in meiner Sammlung einige wundervolle Stücke befinden, weil der Plattenspieler seit Jahren nicht an die Anlage angeschlossen ist. Ich verzichte darauf, weil ich die Anlage nicht mag. Ich habe ganz einfach keine Lust, mich mit ihr auseinander zu setzen. Ich will überhaupt nicht wissen, wozu die ganzen Knöpfe und Regler da sind. Ich habe sie nicht ausgesucht, sondern mein Lebensgefährte, und zwar zu einem Zeitpunkt, als wir uns noch nicht kannten. Seither haben wir den Fernseher und den Videorekorder gemeinsam gekauft, alle Haushaltsgeräte habe ich ausgewählt. Seine Computer und sein technisches Spielzeug unterliegen seiner Urteilsfähigkeit, bei meinen Computern lasse ich mich von ihm beraten, entscheide aber selbst. Den DVD-Player, den wir vor einigen Jahren geschenkt bekamen, kann ich noch immer nur durch Ausprobieren aller Tasten auf der Fernbedienung bedienen und ich finde es gar nicht witzig, wenn mein Lebensgefährte ständig die Verkabelung aller Geräte umstöpselt, sodass ich nicht weiß, welche Geräte ich in welcher Reihenfolge einschalten muss, um das jeweils gewünschte zum Laufen zu bringen. Einmal hatte ich eine Freundin eingeladen, um gemeinsam einen Videofilm zu schauen. Eine meiner Katzen muss sich kurz zuvor auf die Fernbedienung des Videorekorders gelegt haben, denn plötzlich ging gar nichts mehr. Die Suche nach der Gebrauchsanweisung dauerte eine Viertelstunde unter Vereinigung der Kräfte aller Anwesenden. Herauszufinden, weshalb die Abspielfunktion gesperrt war und wie die Sperre wieder aufzuheben wäre, dauerte eine weitere halbe Stunde. Danach reichte die Zeit nicht mehr, um den Film noch anzuschauen.

Muss das alles so sein? Ich erinnere mich genau an die vollmundigen Versprechungen, die besagten, die Technik würde unser aller Leben erleichtern. Ich bezweifle den Wahrheitsgehalt dieser Aussage zuweilen sehr. Bill Gates, der Gründer von Microsoft, schwärmte einige Jahre lang von dem vernetzten, vollständig automatischen Haushalt und stattete sein eigenes Haus angeblich entsprechend aus, um neue Technologien zu testen. Mein ganzes Mitgefühl gilt seiner Frau, die vermutlich den größten Teil ihrer Zeit dafür aufwenden muss, Techniker zu rufen, sie bei Reparaturen zu beaufsichtigen und viele, viele Produktschulungen über sich ergehen zu lassen. Wer auch immer zuerst auf die Idee kam, einen Kühlschrank mit Internet-Zugang und automatischer Bestellungsauslösung zu entwickeln, hat vorher mit Sicherheit keine Hausfrau konsultiert. Ist es da ein Wunder, dass sich die Geräte nicht verkaufen?

Jegliches technisches Gerät in den westlichen Industrienationen wird heute unter der Prämisse entwickelt, alle Funktionen einzubauen, die technisch umsetzbar sind. Dass die Summe aller Eigenschaften häufig über das Ziel hinausschießt oder das Gerät dadurch den ursprünglich beabsichtigten Zweck nicht mehr erfüllt, bekommen nicht nur Frauen zu spüren, sondern auch Männer. Das Einzige, was sich unterscheidet, sind die Gerätschaften und die Einsatzgebiete. Bei der Rallye Paris–Dakar fallen in der Kategorie LKW jedes Mal unzählige westliche Fahrzeuge aus. Die unter den harten Wüstenbedingungen zuverlässigsten Fahrzeuge stammen seit vielen Jahren ausgerechnet aus dem Ostblock. Die ersten Plätze gewinnen Fahrer von russischen Kamaz-LKW, gefolgt von der tschechischen Traditionsmarke Tatra. Von einigen einzelnen Ausnahmen abgesehen, folgen Mercedes und Renault auf den mittleren Plätzen. Das Schlusslicht bilden die deutschen LKW von MAN und die von Ginaf aus den Niederlanden. Selbstverständlich werden die westlichen Trucks in erster Linie für ordentliche Autobahnen gebaut, aber bei den Rennfahrzeugen handelt es sich schließlich nicht um reine Serienmodelle. Der Kamaz wird seit Jahrzehnten dafür gebaut, am Schwarzen Meer genauso zu funktionieren wie in Sibirien. Während des sibirischen Winters muss vielleicht ein kleines Feuer unter dem Motor angezündet werden, damit der Wagen überhaupt anspringt, aber auch das ist einkalkuliert. Der Kamaz fährt über den eingefrorenen Baikalsee ebenso zuverlässig wie über das Altai- oder jedes andere Gebirge des Landes.

Dies ist beileibe nicht das einzige Beispiel. Bereits im ersten Golfkrieg Anfang der neunziger Jahre verzeichneten die US-amerikanischen Streitkräfte zahllose Ausfälle ihrer Geräte. Waffen, Fahrzeuge und Hubschrauber waren dem Wüstenklima, seiner Hitze und seinen Sandstürmen nicht gewachsen. Unzählige Waffengattungen klemmten im entscheidenden Moment, Hubschrauber konnten nicht aufsteigen oder stürzten ab und kosteten viele Soldaten ihr Leben. Die Kampftruppen hatten keine Ausrüstung, die Augen, Nase und Mund vor den Unmengen wirbelnden Sands hätte schützen können. Darüber hinaus waren sie nicht auf diese Bedingungen vorbereitet worden, anders als ihre Gegner, die sich schon ihr Leben lang daran angepasst hatten. Im Verlauf von über zehn Jahren haben die Amerikaner nicht viel daraus gelernt. Im Irak-Krieg von 2003 traten viele derselben Fehler wieder auf, wiewohl weniger darüber berichtet wurde. Der Wartungs- und Pflegeaufwand für die Technik überstieg auch diesmal wieder die Einsatzzeit um ein Vielfaches.

Ein alltäglicheres Beispiel sind die deutschen Hersteller von schwerem Baugerät. Sie konnten Anfragen aus Dritte-Welt- und Schwellenländern in der Vergangenheit häufig nicht nachkommen, weil ihre Maschinen meistens zu kompliziert und nicht zuletzt deshalb zu teuer sind. Viele Entwicklungsländer benötigen eine rudimentäre Ausrüstung für den Straßen- und Siedlungsbau. Sie haben keine ausgebildeten Bauleute zur Bedienung des Geräts zur Verfügung. Die Bautrupps bestehen häufig aus Menschen, die niemals eine Schule besucht haben. Bis sie gelernt haben, mit komplizierter Technik umzugehen, sind wer weiß wie viele Schäden entstanden. Teure Schulungen geben die Budgets selten her. Falls eine Maschine abseits jeder Großstadt ausfällt, ist kein hochqualifizierter Techniker zur Stelle, um die Ausfälle zu beheben. Außerdem sind die Ersatzteile schwer zu beschaffen und zudem teuer, falls sie aufwändige Elektronik enthalten. Und zuletzt stellt sich die Frage, wie die Maschinen generell auf unwirtliche Bedingungen reagieren. Den Zuschlag haben daher oft Anbieter von – aus westlicher Sicht – veralteter, aber beinahe unverwüstlicher Technik erhalten.

In unserer Gesellschaft sind wir mit weit profaneren »Problemen« beschäftigt. Zu gern vergessen wir, dass 65 Prozent der Weltbevölkerung in ihrem Leben noch nie ein Telefon gesehen, geschweige denn benutzt haben. Da unsere Wirtschaft aber unter anderem auf der Herstellung von Konsum- und Gebrauchsgütern für unsere Lebensgewohnheiten basiert, müssen wir uns Gedanken über diesen trotz aller Wehklagen der letzten Jahre kaufkräftigen Markt machen. Wir müssen sehen, wo wir in falsche Richtungen laufen. Wenn sich die Computertechnik, allen voran die Speichermedien, schneller entwickeln, als die Verbraucher hinsichtlich ihres Verständnisses und Bedarfs hinterherkommen, dann stimmt etwas nicht. Es ist noch gar nicht so lange her, dass CD-ROM-Laufwerke und -Brenner eine Neuheit darstellten. Als ich vor dreieinhalb Jahren mein Laptop kaufte, habe ich dafür über 7000 DM bezahlt, um ein DVD-taugliches Laufwerk dazu zu bekommen. Es kann aber weder CD-ROM noch DVD brennen. Inzwischen ist mit der Double-Layer-Technologie schon längst die nächste Generation am Markt, kaum dass ich mir endlich merken konnte, wie viele Daten auf eine gebrannte DVD passen.

Ich bin ständig damit beschäftigt, an Handys von gleichaltrigen oder älteren Freundinnen nach Funktionen zu suchen, weil die Besitzerinnen sie selbst nicht finden, wenn sie sie tatsächlich einmal benötigen. Mit unglaublicher Regelmäßigkeit wühlen wir uns auf unserer Suche durch die Untiefen der Menüs, nur damit das Gerät endlich tut, was es soll. Bei vielen, aber längst nicht allen Modellen von Nokia werde ich irgendwann fündig, bei anderen Marken unterscheidet sich die Logik so sehr, dass ich bei jedem neuerlichen Versuch schon gleich am Anfang versage. Dabei werde ich so häufig angesprochen, weil ich im gesamten Umfeld als die Frau mit dem größten technischen Verständnis gelte. Jede Suchaktion zieht denselben Seufzer bei jeder der Besitzerinnen nach sich: »Dabei will ich doch eigentlich nur telefonieren …« Viele von ihnen haben sich ihr Gerät nicht selbst ausgesucht, weil sie sich von der Vielfalt und mangels guter Beratung überfordert fühlten. Professor Dr. Uta Brandes, Leiterin des Fachbereichs Gender und Design an der Fachhochschule Köln, erzählte mir von einem ihrer Forschungsprojekte, zu dem auch die Beobachtung von Handyauswahlverfahren gehörte. Sie und ihre Studenten beobachteten folgende Szenen: Wann immer Paare zum Händler kamen, wählten die Frauen für sich selbst einfache Geräte, die aber gut aussehen sollten. Die Männer fielen ihren Frauen jedoch stets ins Wort und versuchten ständig, sie zu Geräten mit einer großen Anzahl komplexer Funktionen zu überreden. Fast immer hatten sie letzten Endes Erfolg. Daher ist es nicht weiter verwunderlich, dass diese Frauen später mit den Geräten, zu denen sie überredet wurden, nicht klar kommen. Bei etwas längerer Überlegung drängt sich ohnehin die Frage auf, weswegen Frauen ihre Männer brauchen, um sich ein Handy anzuschaffen. Es ist in den allermeisten Fällen undenkbar, dass Männer ihre Frauen freiwillig beim Shopping begleiten. Vermutlich würden sie sich lieber einer Prostata-Untersuchung unterziehen, als zu erleben, wie sie sich auch nur eine Bluse aussucht. Doch ganz offensichtlich sehen sich noch zu viele Frauen bei einigen Produkten nach wie vor außerstande, allein eine Wahl zu treffen. Welcher Schluss lässt sich daraus ziehen? Sind Frauen zu blöd für die Technik oder ist die Technik zu blöd für die Frauen? Ich tendiere zur letzteren Auffassung – und stehe damit nicht allein da. Zweifellos könnte Technik so entwickelt werden, dass Frauen damit uneingeschränkt zurechtkämen. Nur geschieht dies noch immer zu selten.

Es war übrigens auch Professor Dr. Brandes, die feststellte:

Im Design selbst jedoch ist das strukturelle Nachdenken über das Geschlechterverhältnis noch nicht richtig angekommen. Bestenfalls sind vereinzelte Klagen darüber zu vernehmen, dass Designerinnen in der beruflichen Praxis unterrepräsentiert sind – insbesondere in solchen Bereichen, die gemeinhin als typisch männlich gelten: zum Beispiel Industriedesign, Mediendesign, Design Management. Eine systematischere Analyse der Kategorie Geschlecht oder gar eine qualitative Designforschung unter Einbeziehung der Erkenntnisse der Gender Studies, wie sie sich etwa in den Sozial- und Geisteswissenschaften, der Ethnologie, aber mittlerweile selbst in einigen naturwissenschaftlichen Fächern finden, existiert im Designkontext noch überhaupt nicht.[125]

Genau das ist der Knackpunkt. Techniker entwickeln Technik in aller Regel für Techniker. Viele – längst nicht alle – Männer finden wegen ihrer grundlegenden (Zu-)Neigung zu Technik Gefallen an den Ergebnissen. Das heißt aber noch lange nicht, dass sie die Endprodukte vollständig verstehen oder damit umgehen können. Ich warte seit Jahren darauf, dass ein Wirtschaftsinstitut die jährlichen volkswirtschaftlichen Schäden berechnet, und sei es nur für ein einziges Land, die dadurch entstehen, dass Menschen mit ihrem Arbeitsgerät PC nicht umgehen können. Dabei meine ich nicht allein die auftretenden Geräteschäden oder den hohen Administrationsbedarf bei Geräten, deren Benutzer es nicht unterlassen können, ihre Systeme durch die Installation inkompatibler Software abzuschießen. Was ich vor allem meine, ist die alltägliche Suche nach Funktionen oder die unglaublich umständliche Bedienung, weil bestimmte Funktionen nicht bekannt sind. Seit 1990 habe ich ununterbrochen Gelegenheit, Büromitarbeiter bei der Arbeit mit dem PC zu beobachten. Ich hatte die Chance, einer unglaublichen Menge an verschwendeter Arbeitszeit zuzusehen. Allein die Masse an falschen Be- und Abrechnungen, die ich im Laufe der Jahre von Ämtern, Wohnungsgesellschaften und Unternehmen erhalten habe, spricht Bände.

Unmengen von Produktentwicklern und Designern befassen sich mit der Gestaltung von Abertausenden Papierkörben, Garderobenhaken, Stühlen, Pfeffermühlen, Zettelboxen für Schreibtische und so weiter. Doch schon bei dem oben genannten Vorratsglas hört es auf. Dabei sind es noch immer überwiegend Frauen, die es regelmäßig benutzen. Wieso kommt niemand auf die Idee eines Designs, das von einer weiblichen Hand, mit oder ohne lange Fingernägel, aus einer beliebigen Schrankhöhe gezogen werden kann, ohne dafür zwei Hände benutzen zu müssen? Die Vorratsdosen, die ich mir vor Urzeiten in großer Anzahl angeschafft habe, fassen einen Liter, haben einen Durchmesser von zehn Zentimetern, einen Umfang von rund 32 Zentimetern und wiegen im leeren Zustand bereits 721 Gramm. Ich kann sie mit meiner nicht eben kleinen Hand gerade so zur Hälfte umfassen. In der Zwischenzeit habe ich vergeblich nach einem sinnvollen Ersatz gesucht. Andere Produkte mögen inzwischen leichter geworden sein, doch die übrigen Schwachpunkte werden nicht gelöst, teilweise eher verstärkt. Meine Vorratsdosen gleichen Einweckgläsern, wodurch sie wirklich luftdicht schließen. Ich habe sie damals wegen ihres Verschlusses ausgewählt, denn ich gehöre zu den Menschen, die irgendwann in ihrem Leben die Begegnung mit Mehlmotten genießen durften und Zeugen ihrer schier unglaublichen Verbreitungsfähigkeit wurden. Viele der erhältlichen Vorratsgläser verfügen über Verschlüsse, die nur locker aufliegen und den Inhalt nicht gegen Schädlingsbefall schützen können. Was nutzen also all die vielen Produkte, die meinem und, wie ich in zahllosen Gesprächen feststellen konnte, dem Bedarf anderer Frauen nicht entsprechen?

Was ist mit den vielen Autositzen, die ich nicht, wie im Fahrsicherheitstraining gelernt, auf meine optimale Sitzposition einstellen kann? Selbst in der bestmöglich einstellbaren Position muss ich Kraft aufwenden und meine Oberschenkel abquetschen, um die Pedale durchzutreten, was insbesondere in Gefahrensituationen, die eine echte Vollbremsung erfordern, wertvolle Bruchteile von Sekunden kostet. Warum muss ich bei jeder schärferen Bremsung meine rechte Hand vom Lenkrad lösen, um meine Handtasche auf dem Beifahrersitz festzuhalten? Wieso muss ich nach Jahren, in denen ich Haltungsschäden vom Sitzen auf Bürostühlen entwickelt habe, feststellen, dass ich mit den Füßen nicht richtig auf den Boden komme, obwohl die Stühle auf die niedrigste Position eingestellt sind? Ich gehöre im Hinblick auf meine Körpergröße und -proportionen dabei keinesfalls in die Sagenwelt der Riesen, Sitzriesen oder Zwerge. Welcher Architekt hat eigentlich verbrochen, dass die Wasserzähler in meiner Wohnung ausgerechnet dort hängen, wo der Badezimmerhängeschrank hingehört? Ich habe einmal im Jahr meine liebe Not, den Schrank abzumontieren, damit die Ablesung vollzogen werden kann, was dadurch erschwert wird, dass der Schrank mit Lampen und einem Stromanschluss versehen ist und sich die Ableser noch jedes Mal geweigert haben, mir bei der gesamten Aktion zur Hand zu gehen. Dadurch kann ich, das Monstrum mitsamt seinem Stromanschluss und Inhalt balancierend, nicht einmal kontrollieren, ob die korrekte Zahl abgelesen wird. Wieso verzieht sich mein Brotkasten bis zur Unendlichkeit, wenn ich ihn auf Grund von Schimmelbefall in den Geschirrspüler werfe? Wieso sind riesige Einkaufstaschen nicht mit einer Schulterpolsterung versehen, damit sie auch in voll gepacktem Zustand nicht in Schultern einschneiden? Wieso finde ich seit Jahren fast keine Vasen, die meine Katzen nicht umstoßen können, wenn sie toben oder an Blumengräsern nagen (hätte ich kleine Kinder, wäre das Problem noch größer)? Warum muss ich jedes Mal, wenn ich dringend nach etwas Wichtigem suche, ewig lange in meiner jeweiligen Handtasche wühlen oder ihren Inhalt gleich auf dem

Boden auskippen (sehr zur Belustigung aller Umstehenden)? Warum stellt nicht endlich einmal ein Hersteller ein multifunktionales Handy her, das über alle notwendigen Funktionen verfügt, die ich beruflich und privat brauche, damit ich nicht ständig meine Tasche auf der Suche nach einer Vielzahl von Gegenständen durchwühlen muss? Wieso brauche ich Finanzberater, weil ich den Überblick über die Angebote am Finanzmarkt samt der ständigen Änderungen der betreffenden Gesetze nicht selbst überblicken kann? Wieso sind Kindersitze für das Auto zu so einem großen Anteil im Un-Falle unsicher und gefährlich für alle Insassen? Wieso enthalten viele Haarshampoos Krebs erregende Inhaltsstoffe? Warum wird Müttern eingeredet, sie müssten für die gesunde Entwicklung ihrer Kinder den gesamten Haushalt mit antibakteriellen Putzmitteln reinigen, wobei genau diese Produkte inzwischen dafür bekannt sind, schwere Allergien oder Hautekzeme ausgerechnet bei Kindern und Senioren auszulösen? Wieso muss ich meine akkubetriebene Zahnbürste entsorgen, wenn die Akkus ihren Geist aufgegeben haben, obwohl der Motor aber noch einwandfrei funktioniert? Und weshalb testen bei vielen Autoherstellern noch immer Männer mit vorgeschnalltem Stoffbauch (einschließlich kleiner Stoffbrüsten!) den Einstieg einer Schwangeren in einen Kleinwagen?

Welcher Produktentwickler denkt eigentlich auch mal an mich und meine Leidensgenossinnen? Wieso müssen wir uns mit alldem und noch viel mehr jeden Tag plagen und von Neuem abfinden? Und wenn wir schon dabei sind: Wieso bleibt es uns verwehrt, am Produktnamen zu erkennen, worum es sich eigentlich handelt? Was sind denn bitte:

1. »HND 171 E 6«, »MM 41568« und
   »ZOU 398 X & ZK 641 X«?
2. »Sensory TS 2164«, »Telios T 5770 Hepa« und
   »VS 08 G 2210«?
3. »Exilim Pro EX-P600«, »CX 7530«, »dr5100« und
   »DSC-P rot«?

4. »Amilo M 1425 M160857«, »M40 WVM 1600« und
   »Aspire 1802WSMi«?

Das sind keineswegs militärische Codes, sondern Produktbezeichnungen. Hier die Auflösung:

1. Einbauherde und Mikrowellengeräte
2. Staubsauger
3. Digitalkameras
4. Notebooks

Frauen wollen einfach nur, dass Produkte funktionieren. Sie sollen nicht die Kriterien erfüllen, die die Entwickler für wichtig halten, sondern die Nutzerinnen. Sie sollen ihrem Zweck gerecht werden. Nicht mehr und nicht weniger. Und wenn Frauen dazu Produkte wie das folgende benötigen, dann sollte daran nichts auszusetzen sein: Die Engländer John und Ashley Sims entwickelten 1998 eine Straßenkarte in doppelter Ausführung. Eine Ansicht zeigte die reguläre Ausrichtung nach Himmelsrichtungen mit dem Norden oben, während die zweite Ansicht den Süden nach oben setzte. Sie verlosten 100 Exemplare an die Leser einer überregionalen Tageszeitung. Mehr als 15 000 Frauen beteiligten sich an dem Gewinnspiel, aber nur eine Handvoll Männer. Die meisten Männer hielten sowohl die Werbeaktion als auch das Produkt für einen Scherz.

Song Airlines, eine Tochtergesellschaft von Delta Air Lines, bietet neuerdings auf ihren Flügen ein Elastikband und einen Ball mit Anleitungen für Gymnastikübungen während der Reise an. Das Sportprogramm ist von Fachleuten entwickelt worden, um den Passagieren insbesondere während Langstreckenflügen Bewegung zu ermöglichen. Das Sportgerät kann für acht US-Dollar an Bord erworben werden. Die Vorreiterrolle hat die Fluggesellschaft JetBlue übernommen, die eine Kombination von Yoga- und Pilates-Übungen anbietet. Auf diese Weise dient die Flugzeit endlich auch dem körperlichen Wohlbefinden.

Wer glaubt, dass Frauen nicht am Computer spielen, irrt. 77,5 Prozent der Jungen beziehungsweise Männer und 73,4 Prozent der Frauen spielen regelmäßig, wobei die spielenden Frauen im Durchschnitt deutlich älter sind als die männlichen Spieler[126]. Frauen bevorzugen lediglich andere Spiele. Sie langweilen sich bei all den Ballerspielen, die Jungen und Männer lieben, weil sie damit über Stunden, Tage und Wochen ihre Hand-Augen-Koordination trainieren können. Stattdessen bevorzugen Frauen Adventures und Wissensspiele. Am allermeisten lieben sie jedoch die Sims. Die Sims sind die Simulation einer Gesellschaft mit Figuren, die Charakter, Macken und Liebenswürdigkeiten aufweisen. Die erste Version des Spiels kam im Jahr 2000 auf den Markt und hat sich seither weit über zwölf Millionen Mal verkauft. Mit dieser Zahl hatte niemand gerechnet, zumal mehr als 60 Prozent der bisherigen Sims-Käufer Frauen sind. Will Wright, der als mythenumrankter Schöpfer der Sims gilt, erklärt sich den unerwarteten Erfolg bei Frauen damit, dass Frauen höhere Ansprüche an ihre Unterhaltung stellen. Er hat beobachtet, dass die Spielerinnen selbst kreativ werden wollen. Außerdem legen sie viel mehr Wert auf die Beziehungen zwischen den Spielfiguren. Sie richten ihren elektronischen Puppen hübsche Häuser ein, stellen Skulpturen in den Gärten auf, hängen Gemälde an die Wände und suchen ihren Figuren nach abgeschlossenem Nestbau einen Lover. Fast wie im richtigen Leben. Der Hersteller Electronic Arts hat im September 2004 endlich die zweite Generation der Sims auf den Markt gebracht, die sehr viel lebensnäher entwickelt wurde als die erste.

In Australien hat sich ein buchstäblicher Saftladen ausgebreitet. Die Firma PULP[127] unterhält landesweit zahlreiche Saft-Bars nach dem Vorbild der Kaffeekette Starbucks, nur dass es hier eben ausschließlich gesunde Getränke gibt. Das Angebot besteht aus frischen Saft-Mixes und Smoothies (Saft + Milchprodukte) in beinahe unendlichen Kombinationen. Da kommt ausschließlich frisches Obst, Gemüse, Milchprodukte, Kräuter, Algen und, falls gewünscht, Nahrungsergänzungsmittel in den Becher. Die Zusammenstellungen ermöglichen es figurbewussten Menschen, eine Zwischenmahlzeit auf sinnvolle Weise zu ersetzen. Keine Frage, dass die überwiegende Anzahl der Kunden weiblich ist.

In anderen Ländern ist die Möglichkeit, das Handy zu individualisieren, weitaus größer als in Deutschland. Selbst in Ostblockländern ist die Vielfalt der bunten Anhänger und Aufkleber in allen erdenklichen Farben und Materialien höher. Das aber mit Sicherheit breiteste Angebot findet sich in China und Japan. Dort ist das Handy schon längst zu dem geworden, was hiesige Hersteller bislang vergeblich zu erreichen versuchen: ein modisches Accessoire für Frauen[128]. Zugegeben: Der chinesische Geschmack wirkt aus unserer Warte manchmal fast unerträglich kitschig, aber unsere Mädels würden sich schon über so viel Variationsmöglichkeiten freuen. Schließlich will keine Frau so aussehen wie eine andere.

Die Möglichkeiten, die Wünsche von Frauen im Hinblick auf den Nutzenfaktor zu erfüllen, sind beinahe unendlich. Wichtig ist lediglich, dass der Nutzenfaktor optimal bedient wird. Doch es gibt auch die Ausnahme von der Nutzenfixierung, wie sich im nächsten Abschnitt zeigen wird.

Weibliche Statussymbole

Männer mögen Statussymbole. Die Marke und die Größe der Autos von Managern sagt etwas darüber aus, welche Position sie in der Hierarchie bekleiden. Wer es sich leisten kann, demonstriert sein Vermögen mit der Größe seines Hauses, durch den Besitz einer Yacht (statt eines Gummiboots), mit der Exklusivität seiner Urlaubsziele und mit der Frau an seiner Seite. Doch nicht nur Macht und Vermögen werden auf diese Weise zur Schau gestellt. Im Hobbybereich etwa manifestiert sich der Unterschied zwischen einem Anfänger und einem Könner nicht bloß durch die Fertigkeit des Einzelnen, sondern auch durch die Ausrüstung. Der eigene Leistungsstand wird unter anderem über die Bot-

**Tabelle 9: Funktionale Aspekte bei der Auswahl
des Autos bei Autokäuferinnen**

Anteil »Stimme voll und ganz zu«

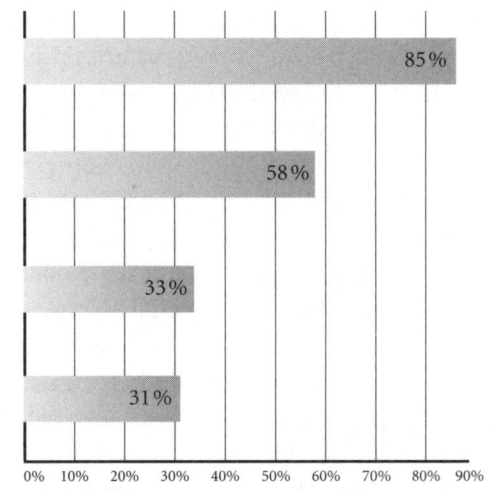

Ihr Auto muss in
erster Linie praktisch sein — 85%

Sie sehen ein Auto eher als
reines Fortbewegungsmittel,
das Fahrvergnügen spielt für
Sie eine untergeordnete Rolle — 58%

Die Marke des Autos ist Ihnen
wichtig — 33%

Beim Kauf eines Autos suchen
Sie immer nach einem Modell,
das besonders fortschrittlich ist — 31%

0% 10% 20% 30% 40% 50% 60% 70% 80% 90%

Quelle: Roland Berger Market Research:
Frauen als Zielgruppe für die Automobilindustrie, 2003

schaft des Hobbygeräts transportiert. Ambitionierte Amateur-
sportler besitzen nicht nur das teurere Sportgerät, sondern außerdem die passende Bekleidung, durch die ihr höherer Anspruch
auf den ersten Blick erkennbar wird. Top-Modellflieger bauen
sich längst keine Balsaholzmodelle mit einfachem Elektro- oder
Verbrennungsmotor mehr. Sie tüfteln an pulsogetriebenen Flug-
objekten, an Düsenfliegern oder Passagierjets aus Aluminium
mit echten Turbinen. Die besten Modellbauer der Welt werden
regelmäßig von einem echten Scheich aus den arabischen Emi-

raten durch eine Einladung zu seiner privaten Flugshow geadelt. Bei Anglern reicht die Variationsbreite vom Freizeit- über das Sport- bis zum Hochseeangeln. Und selbstverständlich gibt es für jedes Männerhobby zahllose offizielle Wettbewerbe.

Doch wie steht es im Vergleich dazu mit den Frauen? Sie sind weit weniger wettbewerbsorientiert als Männer. Schon ihre Autos wählen Frauen nach gänzlich anderen Kriterien als Männer. Typisch weibliche Hobbys, sofern Frauen überhaupt die Zeit dafür finden, sind weder mit großen Investitionen verbunden, noch bedürfen sie der Anwesenheit anderer Personen. Lesen, Musik hören, Handarbeiten, Basteln, Töpfern etc. entbehren jeglicher konkurrierenden Komponente. Frauen sind in aller Regel an Statussymbolen im männlichen Sinne nicht interessiert.

Wer aber genau hinschaut, wird feststellen, dass Frauen ebenfalls Begehrlichkeiten hegen. Die Wunschobjekte mögen je nach Alter, Grad der individuellen Pragmatik und den vorherrschenden Werten des sozialen Umfelds variieren. Dennoch gibt es auch weibliche Statussymbole. Sie folgen jedoch gänzlich anderen Regeln als die der Männer.

Bekleidung, Kosmetik, Schmuck, modische Accessoires und ebenso die Wohnungsausstattung gehören für viele Frauen dazu. Das klingt zunächst nach einem furchtbar billigen Klischee. Dafür gibt es aber eine rationale Erklärung.

Männliche Statussymbole folgen der Absicht, seine Fähigkeiten zu demonstrieren, weibliche Statussymbole dagegen unterstützen die Attraktivität. Die Fähigkeiten eines Mannes dienen ebenfalls seiner Attraktivität, um genau zu sein. Das Verhalten beider Geschlechter geht wiederum auf die uralte Programmierung zurück, den bestmöglichen Partner beziehungsweise die bestmögliche Partnerin zu erobern und dauerhaft an sich zu binden. Ein guter Versorger zeichnete sich durch seine Leistungen als Jäger und Beschützer sowie durch seinen hierarchischen Status aus, während eine gute Mutter ihre ausgezeichnete genetische Disposition durch ihre Erscheinung nach außen kommunizierte. Und genau das finden wir in unserer heutigen Konsumgesellschaft wieder, wenn auch mit gewissen Abwandlungen. Erich Fromm schreibt 1943 in seinem ausgesprochen lesenswerten Aufsatz »Geschlecht und Charakter«:

Männliche Eitelkeit will zeigen, was man kann und dass man niemals versagt; weibliche Eitelkeit zeigt sich hauptsächlich im Bedürfnis, anziehend zu wirken und sich selbst zu beweisen, dass man anziehend wirkt.[129]

Ein Mann, der um eine Frau wirbt, legt ihr heute keinen erlegten Hirsch mehr auf die Türschwelle. Stattdessen fährt er mit einem möglichst eindrucksvollen Wagen vor und lädt sie in ein teures Restaurant ein. Selbst wenn seine Lieblingsspeise aus Bratwurst und Pommes besteht, wird er sie nicht an die Currywurst-Bude an der Ecke führen, weil diese nur einen geringen Prestige-Wert besitzt. Mehr noch: Sie enthält in dem Kontext einer solchen Einladung das Warnsignal, dass er sich nicht mehr leisten kann, was wiederum zu dem Rückschluss führt, dass er kein begehrenswerter Kandidat ist. Nur wenn er annimmt oder weiß, dass zur gleichen Zeit andere Kandidaten um ihre Gunst buhlen, die ihr mehr zu bieten haben als er selbst, wird er sich überlegen, mit welchen originellen Einfällen er ihr Interesse auf sich lenken kann.

Die umworbene Frau wird sich auf das Treffen ganz anders vorbereiten. Sie wird mit Bekleidung, Schmuck, Frisur und Kosmetik dafür sorgen, ihre körperlichen Vorzüge optimal zur Geltung zu bringen. Wahrscheinlich kennt jede Frau Beratungssitzungen mit Freundinnen vor dem eigenen Kleiderschrank vor solchen Ereignissen. Wenn das, was sie in ihrer Kleiderkammer findet, nicht ausreicht, borgt sie sich das Kleid mit dem verführerischen Rückenausschnitt von ihrer Freundin oder zieht los, um sich extra noch eine Bluse für den Anlass zu kaufen, die genau mit ihrer Augen- oder Haarfarbe korrespondiert.

Doch auch unabhängig von einer Balzsituation haben Statussymbole eine wichtige Bedeutung. Sie dienen darüber hinaus dazu, den eigenen Stand innerhalb des sozialen Gefüges zu demonstrieren. Mit einer komplizierten, in höchstem Maße leistungsfähigen Stereoanlage drückt ein Mann gegenüber seinen männlichen Bekannten indirekt und vordergründig aus, dass er sich für Technik interessiert und den Unterschied zu billigen Boxen heraushören kann. Auf einer tieferen Ebene bedeutet er damit, dass sein räumlich-visuelles Vermögen gut ausgeprägt ist und dass sein Gehör in der Lage ist, Feinde wie Beutetiere über weite Entfernungen orten zu können. Männliche Statussymbole bedeuten immer »ich kann (besser, mehr, höher, schneller, weiter etc.)«.

Als Marilyn Monroe »Diamonds are a girl's best friend« intonierte, ging es im Prinzip um denselben Wert, der in einigen Kulturen noch heute mit Schafen, Ziegen oder Kamelen beglichen wird. In der westlich geprägten Kultur wurde der Brautpreis in dieser Form längst abgeschafft. Eine ledige Frau, die sich in Gucci oder Versace kleidet, sich mit Cartier-Schmuck und Prada-Accessoirs ausstaffiert, signalisiert Männern zumeist unbewusst, aber dennoch eindeutig, bis zu welchem Einkommen sie durch ihr Raster fallen. In vielen alten amerikanischen Schwarz-Weiß-Filmen kann man Ehefrauen weit jenseits der 65 Jahre aus dem Kreis der »oberen Zehntausend« sehen, die in geradezu unanständiger Weise mit Bergen von Pelzen und Schmuck behängt sind. Wer diese, häufig als besonders unattraktiv überzeichneten, Schauspielerinnen anschaut, käme wohl kaum auf die Idee, dass die Brillantcolliers in irgendeiner Weise ihre persönliche Anziehungskraft steigern könnten. Vielmehr lenken sie den Blick auf einen faltigen Hals und ein unansehnliches Décolleté, worauf eigentlich niemand freiwillig seine Augen werfen will. Darum geht es auch gar nicht. Diese Frauen untermauern lediglich ihren eigenen Wert. Sie sagen damit: Seht her, ich habe einen Mann gefunden und behalten, der es sich auf Grund seiner überragenden Fähigkeiten oder seines Standes leisten kann, mir so teuren Schmuck zu kaufen. Diese Botschaft geht überwiegend an andere Frauen. Sie impliziert die Aussage: Dein Schmuck kann sich mit meinem nicht messen, dein Mann sich also nicht mit meinem und du dich daher nicht mit mir. Der Besitz hat die persönlichen Qualitäten der oder des Einzelnen in vom Überfluss gekennzeichneten Gesellschaften abgelöst.

Die Feministinnen der siebziger Jahre haben sich bewusst von dem ur-weiblichen Wertesystem abgewandt. In ihrem Bestreben nach Gleichberechtigung sind sie in einigen Bereichen auf die männliche Perspektive gewechselt. Sie wollten ihren Wert als Frauen nicht durch Äußerlichkeiten untermauern, sondern durch innere Werte, also Fähigkeiten. Da auf Grund ihrer biologischen Ausstattung nicht alle in typisch männlichen (räumlich-visuellen) Domänen konkurrieren konnten, begaben sie sich auf das Feld des Denkens. Hier konnten sie den Männern leicht Paroli bieten, denn sie hatten vielfach schon Zugang zu einer besseren Bildung genossen als die meisten Frauengenerationen vor ihnen. Was sich aber viele von ihnen trotz alledem nicht nehmen lassen, ist die Ausstattung ihres Heims. Auch sie lieben es gemütlich und schön, denn das gehört zu ihren Qualitäten als Nestbauerinnen.

Eines wird aus alledem klar: Es gibt weibliche Statussymbole, aber sie setzen einen gänzlich anderen Ansatz voraus als die männlichen. Dies ist der Grund, weshalb die Automobilindustrie sich im Luxussegment im Wesentlichen auf männliche Käufer und Fahrer konzentriert, die Ehefrauen aber zunehmend als Entscheider berücksichtigt – und die Frauen wachen über ihren Status als Beifahrerinnen. Dabei vernachlässigt die Branche einen ganz anderen Faktor: Sie bietet Frauen schlichtweg keine adäquaten Statussymbole.

Indem die Autoindustrie quasi vor der Erkenntnis kapituliert hat, dass Frauen ein Auto nur als Fortbewegungsmittel betrachten, zerstört sie sich selbst einen riesigen Markt. Wie es dazu kommt, zeigt der folgende Mechanismus: Autobauer richten sich seit Jahrzehnten an Frauen, indem sie sie auf Kleinwagen festnageln. Sie erziehen Frauen mit ihrem Angebot seit jeher selbst dazu, sich auf den reinen Nutzenfaktor, die Fortbewegung von A nach B, zu beschränken. Und tatsächlich stimmen nur 18 Prozent der Frauen der Aussage voll und ganz zu, das Auto sei ein Mittel, ihre »Persönlichkeit und Individualität auszudrücken«[130].

Am gefährlichsten ist die augenblickliche Entwicklung auf eben dem Automobilsektor. Mit dem Aufkommen von Billigstautos glaubt die gesamte Branche vielleicht, Kundenwünsche zu befriedigen. Tatsächlich haben zahlreiche Studien der letzten Jahre gezeigt, dass Kunden auch bei Autos zunehmend auf den Preis und die Wirtschaftlichkeit achten. Außerdem sind die »Geiz-ist-geil«-Kampagnen aus ganz anderen Konsumbereichen und ihre Auswirkungen auf das Konsumentenverhalten nicht gänzlich ohne Wirkung auf Autobauer geblieben. Dennoch sagen nur 25 Prozent der Autofahrerinnen aus, sich das billigste Modell zuzulegen, das ihren Bedürfnissen entspräche[131].

Billigautos sollen neue Zielgruppen erschließen. Die Wagen sollen diejenigen ansprechen, deren finanzielle Lage bestenfalls die Anschaffung eines älteren Gebrauchtwagens erlaubt. Mit diesen Billigproduktionen beginnt die Autoindustrie denselben Preiskampf, der den Lebensmittel-, Bekleidungs- und anderen Einzelhandel schon in eine teilweise existenzbedrohende Situation gebracht hat. Was aber mittel- bis langfristig verheerende Auswirkungen haben wird, ist der Effekt, den die parallel transportierte Botschaft auslöst. Diese nicht beabsichtigte Botschaft an die Konsumenten lautet: »Um euch fortzubewegen, reicht ein Billigauto aus; alles Teurere ist überflüssig.«

Der Gebrauchtwagenmarkt wird unter noch stärkeren Druck geraten als bisher, was auch die vertraglich gebundenen Autohändler zu spüren bekommen werden. Durch das abnehmende Interesse sinkt der Wiederverkaufswert von Neuwagen grundsätzlich. Wenn Neuwagenkäufer nicht davon ausgehen können, ihren dann Gebrauchten zu einem akzeptablen Preis loszuwerden, dann sind viele von ihnen gezwungen, ihr Modell länger zu fahren als ursprünglich geplant. Das wiederum geht zu Lasten des Neuwagenabsatzes zu einem späteren Zeitpunkt. Um es klar zu sagen: Die Automobilindustrie begeht zum jetzigen Zeitpunkt Fehler, die ihr später auf die Füße fallen werden. Die dann entstehenden Verluste werden weitaus verheerender sein als alles, was mit Billigautos kurzfristig verdient werden kann. Die Abwärtsspirale hat längst begonnen. Jetzt nimmt sie nur noch an Fahrt auf. Der Talboden wird schon bald erreicht sein, falls nicht unverzüglich ein Umdenken einsetzt. Wie könnte eine Abkehr aber überhaupt aussehen?

Des Rätsels Lösung kann nur in nachhaltigen Konzepten liegen. Wenn wir wissen, welche Motivationen Menschen treiben, dann können wir darauf reagieren. Über die männlichen Motivationen wissen wir im Hinblick auf Autos genug. Die gesamte Branche war in der Vergangenheit ja im Wesentlichen darauf abgestellt. Für Frauen mangelte es jedoch an alternativen Konzepten. Wer jedoch versteht, wie ein Auto für Frauen gebaut und im Anschluss daran verkauft werden muss, das für sie ein Statussymbol darstellt, hat gewonnen. Wir haben am Beispiel des Hummers im ersten Kapitel gesehen, welche Argumente für die US-amerikanischen Frauen von Bedeutung sind. Hier in Europa sind es andere Eigenschaften, die Frauenherzen höher schlagen lassen. Das Geheimnis liegt in der Verbindung von Autos und anderen Lebensbereichen, solchen nämlich, die Frauen bevorzugt für ihre Demonstration von Status verbinden.

Wunder durch Co-Branding

Das Co-Branding, also der Zusammenschluss von Marken für die Entwicklung eines gemeinsamen Produktangebots, ist genau die Lösung, die bislang in vielen Bereichen fehlt. Dabei geht es an dieser Stelle nicht um die Absicht, die sonst hinter solchen Zusammenschlüssen steckt. Als Haribo zusammen mit Opel ein Haribo-Agila-Sondermodell herausgab, diente es beiden Unternehmen dazu, ihren Wirkungs- und Kommunikationskreis zu erweitern. Opel wollte verstärkt von Familien wahrgenommen werden, an die Haribo sich mit seinen essbaren Gummiprodukten wendet, während es Haribo nicht schadete, im Zusammenhang mit einem Auto wahrgenommen zu werden. Möglicherweise wollte Haribo seine Absicht untermauern, bei jungen Familien Aufmerksamkeit zu erregen. Als die Zeitschrift *Brigitte* beschloss, gemeinsame Sache mit der Elixia Health & Wellness Group zu machen, ging es beiden Beteiligten darum, fitnessaffine Frauen zu erreichen, die eigene Attraktivität durch den Kooperationspartner zu steigern und damit auch die eigenen Umsätze zu erhöhen. Dafür vereinen beide Seiten nun ihre Kräfte, indem Elixia in seinen Cafés Gerichte nach *Brigitte*-Rezepten und spezielle *Brigitte*-Fitnesskurse anbietet, während *Brigitte*-Redakteurinnen Ernährungsberatungsseminare in den Clubs anbieten und die ganze Aktion redaktionell begleiten, also für Elixia Werbung betreiben.

Für Automobilhersteller eignet sich das Co-Branding ebenso wie für Hersteller von Handys und viele andere, die bisher glaubten, sie könnten bei Frauen nicht landen. Es geht nicht immer darum, alle Lösungen selbst zu finden, weil das überhaupt nicht leistbar ist. Das musste nicht zuletzt auch Siemens feststellen, denn das Unternehmen ist mit wiederholten Anläufen ihrer Handy-Modeserie namens Xilibri gescheitert. Diese Aussage werden die meisten Frauen bestätigen, weil es in ihrer Natur liegt zu kooperieren. Kooperationen finden sie bislang in der Produktwelt aber nur sehr selten wieder. Sie selbst sind es tagtäglich gewöhnt, mit anderen Frauen die gegenseitige Kinderbetreuung zu vereinbaren, Kleidungsstücke zu kombinieren, Marken zu mischen und Job-Sharing zu betreiben. Warum sollten Handy-Hersteller auf die Siemens-Weise wieder scheitern, wenn sie nur von der Gegenseite lernen müssen. Porsche hat schließlich auch Siemens-Kaffeemaschinen und anderes Haushaltsgerät für den modernen Junggesellen gestaltet. Warum sollte nicht eine namhafte Mode- oder Schmuckmarke das Design für Handys, Telefonschutzhüllen, Ketten und Geräteverzierungen liefern? Autohersteller können Sondermodelle mit bei Frauen beliebten Marken aus allen erdenklichen Bereichen herausbringen. Im Luxussegment wären Sonderausstattungen denkbar, sodass die neue Besitzerin eine

Innenausstattung von Prada, Fendi, Gucci oder Chanel genießen kann. Wichtig ist bei alledem nur, ihre ästhetischen Werte und ihre grundlegenden Motivationen in Bezug auf die Steigerung ihrer Attraktivität aufzugreifen. Es geht darum, ihre Sprache zu sprechen und ihre Zeichen zu verwenden. Dann werden auch aus bislang uninteressanten Dingen Statussymbole – in jeder Preisklasse.

Wie sich Fehler bei der Markenführung vermeiden lassen

Manche Unternehmen befürchten, dass ihre sorgsam aufgebaute Marke eine rosafarbene Schlagseite erhalten könnte, sobald sie sich stärker der weiblichen Zielgruppe zuwenden. Tatsächlich sollten Konzepte für Frauen niemals auf Pink gebaut sein, sondern transparent.

Es lässt sich nicht häufig genug wiederholen: Die meisten Produkte und Services, die die Bedürfnisse von Frauen erfüllen, bedienen den Geschmack von Männern mehr, als diese jemals erwarten würden. Von dieser Aussage gibt es nur sehr, sehr wenige Ausnahmen, zu denen allerdings Porsche gehört. Frauen mögen den Klang von Porsche-Motoren nicht. Deswegen hat die Automarke weniger Erfolg beim weiblichen Geschlecht, als ihr lieb ist. Das typische Porsche-Röhren gehört jedoch untrennbar zum Markenbild, und die männlichen Porsche-Fans würden darauf ebenso wenig verzichten wollen wie auf das satte Pöttern einer Harley Davidson. Dabei hat Porsche schon beinahe so etwas wie ein Frauenauto gebaut und damit riesige Erfolge verzeichnet: Der Porsche Cayenne ist ein SUV, der selbst Frauenherzen höher schlagen lässt – wenn auch mehr in den USA als bei uns.

Wovor viele Hersteller Angst haben, haben andere schon längst vollzogen. In der Bekleidungs- und der Kosmetik-Industrie ist es seit Jahrzehnten üblich, gleichermaßen an Frauen wie an Männer zu verkaufen. Seit jeher haben Marken aus diesen Branchen zwei

Gesichter. Und die meisten davon sind sehr erfolgreich, abgesehen von der Firma Boss, der möglicherweise nicht nur die mangelnde Produktqualität im Damensegment die erhofften Umsätze verhagelt hat, sondern auch der Dominanz suggerierende Markenname.

Solange sich die Botschaften an beide Geschlechter nicht widersprechen, sondern vielmehr ergänzen, wird es keine Akzeptanzprobleme geben. Dann ist eine Marke endlich so weit, von Frauen wie Männern gleichermaßen geschätzt zu werden.

Wenn Frauen Geld ausgeben wollen und der Handel sie davon abhält

Dass die weiblichen Kaufgewohnheiten von den männlichen stark abweichen, das hat schon jeder beobachtet, wenn er Frauen mit Männern im Schlepptau in Einkaufszentren oder Einkaufsstraßen gesehen hat. Meine Mutter umschrieb es einst so: »Sobald ich mit deinem Vater ein Geschäft betrete, dauert es keine fünf Minuten, bis er aus tiefstem Herzen gähnend neben mir steht.« Und mein Vater kann so herzerweichend und beinahe im Sekundentakt gähnen, dass meine Mutter wie so viele andere Frauen auch gezwungen ist, stets im Voraus »Sondierungsshopping« zu betreiben, damit er das Geschäft nur noch zur Anprobe betreten muss. Ich habe ihn in meiner Jugend einmal während einer seiner Gähnorgien erlebt und war dadurch so schwer traumatisiert, dass ich dieses Erlebnis niemals in meinem ganzen Leben wiederholen möchte.

Als ich vor einigen Jahren an einem Samstagnachmittag ein Outlet-Center vor den Toren Berlins betrat, bot sich mir jedoch ein noch größeres Bild des Jammers. Völlig erschöpfte Männer saßen auf Bänken vor Geschäften, jeder allein, Hunden gleichend, die vor einem Laden zur Bewachung von Einkaufstüten abgesetzt wurden. Ihre Blicke drückten nur eines aus: tiefste Verzweiflung. Ich bedauerte wirklich, dass ich keinen Fotoapparat bei mir hatte, um dieses einmalige Bild für immer festzuhalten. Dabei ist diesem Shopping-Paradies ein Selbstbedienungsrestaurant angegliedert, in dem das Sport-Programm des Privatsenders Premiere auf einer riesigen Leinwand läuft. Aber vielleicht reicht die Kraft dieser Männer nicht einmal mehr dafür aus, sich dorthin zu begeben. Von ihren Frauen war die ganze Zeit nichts zu sehen, denn sie tummelten sich definitiv, sich bester Laune erfreuend, in den Untiefen der verschiedenen Shops.

Untersuchungen aus den USA haben gezeigt, dass umso mehr gekauft wird, je länger sich die Kundinnen im Geschäft befinden. Tatsächlich gibt es für Amerika auch eine Statistik über die durchschnittliche Aufenthaltsdauer von Frauen in unterschiedlicher Begleitung:

- Frauen, die mit weiblicher Begleitung unterwegs sind: 8 Minuten 15 Sekunden
- Frauen mit Kindern: 7 Minuten 19 Sekunden
- Frauen allein: 5 Minuten 2 Sekunden
- Frauen mit Männern: 4 Minuten 41 Sekunden.[132]

Wer an Frauen verkaufen will, sollte also tunlichst die Männer von ihnen forthalten. Dies kann auf die bereits genannte Weise mit Bier und Sport geschehen oder aber durch ein alternatives Angebot in einer Ecke des Geschäfts, wo er Dinge findet, die sein Interesse wecken.

Und welche Frau kennt das nicht? Wann immer ich unterwegs »schnell« noch einige Lebensmittel einkaufen möchte und mein Partner dabei ist, werde ich durch die Gänge gescheucht, als hätte mein letztes Stündlein geschlagen. Oder seins. Dabei fröne selbst ich meinem Sammlerinnen-Erbe, auch wenn ich es offiziell immer auf meinen Beruf schiebe. Ich muss mir die Waren einfach genauer anschauen, insbesondere wenn es sich um Produktneueinführungen handelt. Das braucht eben seine Zeit. Wenn ich stattdessen die ganze Zeit angetrieben werde, möchte ich mich am liebsten am nächsten Verkaufsregal festketten und ihm so zeigen, was ich von seinem Benehmen halte. Wenn ich ihn allein mit einem Einkaufszettel losschicke, dann bringt er nicht immer alles mit, was ich aufgeschrieben habe, hat zielsicher zu teureren Produkten gegriffen, als ich ausgewählt hätte, aber dafür ist er in Rekordzeit zurück. Er ist einfach ein typischer Mann, der das zweifelhafte Vergnügen schnell hinter sich bringen will und dafür sein Jäger-Verhalten einsetzt. Tatsächlich haben medizinische Untersuchungen gezeigt, dass der Stress, den Männer beim Einkaufen empfinden, schwere gesundheitsschädliche Auswirkungen auf sie hat.

Frauen sind da ganz anders. Viele entspannen beim Shopping geradezu. Unschlagbar ist in diesem Zusammenhang die Formulierung, die Barbara und Allen Pease für die Charakterisierung von Frauen und Männern gefunden haben: »Gestreßte Männer trinken Alkohol und rücken in anderen Ländern ein. Gestreßte Frauen essen Schokolade und rücken in Einkaufszentren ein.«[133] Eine nicht repräsentative Untersuchung anlässlich der Popkomm 2004 gemeinsam mit *Brigitte Online* und Bluestone hat gezeigt, dass mehr als 50 Prozent der befragten Frauen es schätzen, beim Shopping Neues zu entdecken. Dagegen sagten lediglich etwas über 30 Prozent aus, der Kauf an sich wäre wichtig. Dabei ist der Kauf, und damit der Besitz, für jüngere Frauen sehr viel wichtiger als für die älteren. Umgekehrt schätzen es Frauen mit fortschreitendem Alter zunehmend, Zeit für sich selbst erübrigen zu können (Gesamtdurchschnitt: 42 Prozent).[134] Damit ist einmal mehr bestätigt, dass ich nicht die einzige Sammlerin weit und breit bin.

Übrigens kaufen Frauen häufig in Geschäften ein, die ihnen unsympathisch sind. Die *Brigitte* Kommunikationsanalyse 2004 erstellte nicht nur eine Analyse des Markendreiklangs für Marken, sondern auch für den Handel. 83 Handelsketten wurden auf die Kriterien Bekanntheit, Sympathie und Kauf hin untersucht. Im Gegensatz zu Produktmarken, die stets einen geringeren Prozentsatz beim Kauf als beim Sympathiegrad aufweisen, bietet der Handel ein fast ins Gegenteil verkehrtes Bild. Nur elf Handelsketten wiesen exakt dieselben Werte bei Sympathie und Kauf aus, insgesamt sieben Geschäfte waren den Befragten sympathisch, was jedoch in einem geringeren Maße Einfluss auf den Einkauf hatte. Jedoch kauften Frauen in 65 Handelsketten ein, obwohl sie sie unsympathisch fanden. Dennoch ist dies kein Zeichen, dass sich bei den Händlern nichts ändern muss. Ganz im Gegenteil: Die Frauen würden sich nicht nur auf das Nötigste beschränken, fühlten sie sich dort wohler. Seit Jahren klagen die Einzelhändler über sinkende Umsätze, doch sie tun nur wenig von ihrer Seite dazu, dies zu ändern.

Wenn Frauen ein Kaufhaus betreten, sind sie sehr häufig in hohem Maße gestresst. Sie stürmen die Geschäfte nach Arbeitsende, wissend, dass sie sich schon verspäten, um sich adäquat um ihre Kinder und ihren Mann zu kümmern, der sicherlich schon mit den Fingern trommelnd zu Hause sitzt. Was sie im Kaufhaus vorfinden, ist häufig nicht gerade dazu geeignet, ihren Stresspegel zu senken oder ihre Laune zu verbessern: arrogante Verkäufer oder besserwisserische Verkäuferinnen, Wühl- und Grabbeltische, Fünfziger-Jahre-Ästhetik und keine Möglichkeit, die bereits getätigten Einkäufe irgendwo abzugeben. Dann sollen sie womöglich ihr Geld für Dinge ausgeben, von denen die Frauen gar nicht wissen, ob sie gut sind. Frauen scheuen sich häufig, Neues auszuprobieren, wenn sie nicht fest daran glauben, dass das betreffende Produkt wirklich besser ist. Das trifft insbesondere auf pflegende Kosmetik und Lebensmittel zu. In beiden Fällen können Produktproben den Zweifel nehmen (oder bestätigen).

Das Problem mit Produktproben im Lebensmittelbereich ist nicht nur, dass sie in den vergangenen Jahren immer seltener angeboten wurden, sondern auch die Präsentationsform. Viele Frauen scheuen sich, an einen aufgebauten Promotionsstand heranzutreten, an dem Lebensmittel zum Probieren aufgereiht sind. Ich selbst gehöre dazu. Wann immer ich einen solchen Stand sehe, mache ich einen großen Bogen darum. Allein die Tatsache, dass ich dorthin gehen muss, um etwas zu bekommen, vermittelt mir den Eindruck zu schnorren. Da ich aber weder bedürftig noch gierig wirken möchte, probiere ich lieber gar nicht. Meine Neugier kann niemals so stark werden, dass ich meine Haltung dadurch verliere. Wenn allerdings jemand mit einem Tablett auf mich zukäme und mich freundlich bitten würde, etwas zu probieren, dann täte ich dieser Person den Gefallen. Gern sogar.

Produkte bei Nicht-Gefallen zurückgeben zu können, stellt für Frauen eine enorme Risiko-Minimierung dar. Sie bevorzugen Geschäfte, die diesbezüglich eine liberale Politik verfolgen. Die Geld-zurück-Garantie für die Dauer von 14 Tagen bei Saturn (einem Schwesterunternehmen von Media Markt!) ermöglicht mir den risikolosen Kauf technischer Produkte. Wenn die Druckerpatronen nicht passen oder ich mir eine Anschaffung in der Zwischenzeit doch anders überlege, bringe ich sie einfach zurück. Niemand fragt mich nach dem Reklamationsgrund, niemand möchte mir einen Gutschein andrehen. Ich erhalte mein Geld auf der Stelle zurück und habe jeden Grund, wiederzukommen und weiterhin die Geiz-ist-geil-Kampagne zu ignorieren.

Das ist übrigens auch der Grund, weswegen Lands' End[135] sich so großer Beliebtheit erfreut. Der US-amerikanische Versender von Outdoor- und Freizeitbekleidung garantiert seit inzwischen über 40 Jahren die Rücknahme – jederzeit. Jederzeit meint ohne Angabe von Gründen, selbst Jahre nach dem Kauf und sogar in Deutschland. Den Versandhandel gibt es nach all den Jahrzehnten immer noch und er expandiert in immer mehr Länder. Das Konzept geht offensichtlich auf, denn es basiert auf Vertrauen. Die Kundinnen wissen zu schätzen, dass sie keinerlei Risiko eingehen. Lands' End demonstriert wiederum, wie sicher das Unternehmen in Bezug auf seine Produktqualität ist und wie sehr es seinen Kundinnen und Kunden vertraut.

In »real existierenden« Geschäften sind Verkäufer das A und O. Sie sind diejenigen, die Beziehungen zu den Kundinnen herstellen und pflegen müssen. Die meisten scheinen aber bis zum heutigen Tag nichts davon zu wissen. Viel schlimmer jedoch ist, dass diese Botschaft häufig noch nicht einmal bei ihren Arbeitgebern angekommen ist. Dabei haben die Einzelhändler »im wahren Leben« gegenüber Internet-Shops den großen Vorteil, mit jeder Kundin eine persönliche Beziehung aufbauen zu können. Sie können es richtig »menscheln« lassen, und zwar ganz zu ihrem eigenen Wohl, weil das Knüpfen von Beziehungen entscheidend für ihren Absatz ist. Frauen brauchen andere Menschen, insbesondere Gespräche mit Frauen. Jedes, wirklich jedes Gespräch einer Verkäuferin mit einer Kundin kann dazu dienen, den Stress der Kundin zu reduzieren, einfach weil Frauen die Gesellschaft anderer Frauen benötigen, um Stress abzubauen. In Las Vegas existiert ein Golf-Bedarfs-Geschäft für Frauen. Dort gibt es eine Theke, an der die Kundinnen und andere Gäste mit einer Vielzahl von Getränken versorgt werden. Was aber viel wichtiger ist: Der Tresen trägt zur kommunikativen Atmosphäre bei. So kommen häufig Kundinnen vorbei, die nur auf einen Schwatz reinschauen möchten. Die Kundinnen unterhalten sich mit den Mitarbeiterinnen und untereinander. Das Geschäft brummt, denn die kaufwilligen Anwesenden lassen sich von anderen Frauen in ihrer Wahl bestätigen, während die Wahrscheinlichkeit, doch etwas unplanmäßig zu kaufen, bei all denjenigen steigt, die ursprünglich nur einen Kaffee trinken und plauschen wollten. Paco Underhill hat feststellen können, dass Frauen sehr viel mehr Geld ausgeben, wenn sie in weiblicher Begleitung sind, als wenn sie allein shoppen. Auf jeden Fall ist das Geschäft immer angefüllt mit Leben, was natürlich auch andere Passantinnen anlockt. Es gibt kein besseres Rezept für die Kundinnenbindung als diese »Kommunikationspolitik«.

Die Atmosphäre ist für Frauen ein sehr entscheidender Faktor beim Einkaufen. Boutiquen teurer Designer haben dies längst erkannt, während die preislich darunter liegenden Geschäfte vor der Investition in echte Konsumtempel zurückschrecken. Frauen reagieren sehr empfindlich auf viele noch immer typische Fehler des Handels. So lieben es Frauen beispielsweise, sich an Ecken von entsprechend gestalteten Verkaufstresen zu schmiegen oder in kleinen Nischen Zuflucht zu suchen, während sie sich in aller Ruhe ein Produkt aussuchen. Die Wahrscheinlichkeit, dass sie etwas kaufen, steigt auf diese Weise. Außerdem sind sie in solchen Zonen davor geschützt, dass jemand von hinten gegen ihr Hinterteil stößt. Darauf reagieren Frauen extrem sensibel. Jeder weiß, wie unangenehm es an einer Supermarktkasse ist, wenn der Hintermann oder die Hinterfrau nicht aufpasst und den Wagen gegen den Po stößt. Mir selbst ist es schon mehrmals passiert, dass ich bei einer Wiederholung ungewöhnlich unflätig reagiert habe. Tatsächlich ist die Berührung eines fremden Hinterns aber eine sehr intime Geste, ganz besonders dann, wenn es sich dabei um denjenigen einer Frau handelt. Gleichgültig, um welches Geschäft es geht: Es sollte immer so viel Platz in den Gängen und Zwischenräumen vorhanden sein, dass keine unabsichtliche Berührung des Hinterteils einer Kundin stattfinden kann, sonst wird sie das Geschäft fluchtartig verlassen, ohne ihren Kauf abzuschließen.

Das Ladendesign ist aber nicht der einzige Punkt mit Bedeutung. Was bislang noch relativ selten eingesetzt wird, sind Düfte. Dabei kaufen Frauen sogar künstlich beduftete Kerzen, um sich wohl zu fühlen. Außerdem haben wir im dritten Kapitel bereits gesehen, dass manche Düfte bei Frauen sogar Schmerzen lindern können. Und nach einem längeren Shopping-Abenteuer haben wenigstens alle Frauen schmerzende Füße, die dringend der Linderung bedürfen. Es muss ja nicht gleich so riechen, als wäre eine Fabrik für Räucherstäbchen explodiert.

Ich frage mich auch häufig, wieso ich als Kundin ständig meine Privatsphäre verletzten lassen muss. Bei der Post und in der Bank kann ich mich darauf verlassen, dass andere Abstand halten müssen. Wieso darf mir jemand in der Apotheke über die Schulter schauen, während ich ein Rezept für die Anti-Baby-Pille einlöse oder ein Mittel gegen Fußpilz erstehe? Was geht andere mein Gesundheitszustand oder meine bevorzugte Verhütungsmethode an? Ich fühle mich bei jedem Besuch in einer Apotheke oder einem Drogeriemarkt an den Anti-Aids-Spot aus den achtziger Jahren erinnert, in dem eine fiese Verkäuferin (unnachahmlich gespielt von Hella von Sinnen) den armen, von Frauen umringten jungen Mann (Ingolf Lück) in peinliche Bedrängnis bringt, indem sie quer durch den Supermarkt nach einer Preisauskunft bezüglich seiner Kondome brüllt. Wenn ich an der Kasse stehe, umringen mich nie freundliche Leute, die mir meine Schamesröte aus dem Gesicht wischen.

Oder wieso grenzt in vielen Kaufhäusern die Damenwäscheabteilung direkt an die Rolltreppe im ersten Obergeschoss, während sich die Technikabteilung im dritten oder vierten Stock befindet? Ist denn wirklich noch niemandem aufgefallen, welche Szenen sich an diesem Kreuzungspunkt täglich abspielen? Wildfremde Männer beobachten Frauen beim Hinauffahren bei der Auswahl von Dessous. Wenn man einigen der Herren dabei zusieht, wie ihre Augen in Bruchteilen von Sekunden auf eine so enorme Größe anwachsen, dass sie die Besitzer mit ihrem plötzlichen Übergewicht fast über die Brüstung der Rolltreppe ziehen, dann fragt man sich zuweilen schon, wozu Peep-Shows überhaupt noch benötigt werden. Für viele Frauen ist das ein guter Grund, ein Fachgeschäft aufzusuchen: Dort gibt es keine Technikabteilung.

Eines sollten sich alle Händler bewusst machen: Verärgern sie ihre Kundinnen, dann haben sie das genau ein einziges Mal gemacht. Die wenigsten erhalten jemals eine zweite Chance. Umgekehrt ist eine zufriedene Kundin lebenslang treu. Sie wird selbst dann wiederkehren, wenn sie in einen anderen Stadtteil oder in ein anderes Land umgezogen ist – weil sie sich wohl fühlt.

»Sex sells« – nur ein Mythos?

Ob Autozubehör, Parfums oder Damenunterwäsche, viele Hersteller und Werber glauben, dass sich alles mit der gewissen Prise nackter Haut verkaufen lässt. Es lässt sich nicht verhehlen, dass es der Porno-Industrie recht gut geht. Allein Hardcore-Pornos erzielen jährlich einen Umsatz von vier Milliarden US-Dollar, Tendenz steigend[136]. Dabei handelt es sich jedoch um eine männliche Domäne. Bislang schlugen alle Versuche, Frauen Pornographie zu verkaufen, fehl. Obwohl Kalender mit halbnackten Männern inzwischen in vielen Ländern den Absatz von Kalendern mit nackten Frauen übersteigen, kann nicht automatisch davon ausgegangen werden, dass sich Frauen ernsthaft dafür interessieren. Die Hauptabnehmer sind nämlich homosexuelle Männer. 99 Prozent der pornographischen Websites, Magazine und Filme richten sich an Männer. Das gilt ebenso für die anderen Angebote, die nackte Männer zeigen. Wie ist das also mit Sex als Hilfsmittel für den Absatz anderer Produkte?

Inzwischen ist hinreichend bekannt, dass der Anblick einer schönen Frau das Belohnungszentrum im Gehirn von Männern aktiviert. Männer reagieren stärker als Frauen auf visuelle Reize in Form sexuell erregender Bilder, auch wenn der Grad der Erregung selbst nicht höher ist. Die nachweisbare Reaktion in der für Emotionen zuständigen Amygdala ist bei Männern jedoch stärker ausgeprägt als bei Frauen.[137] Die Evolution hat Männer darauf programmiert, auf weibliche Sexualreize zu reagieren. Frauen sind dagegen nicht auf männliche Reize abgerichtet. Doch bedeutet das für die Werbung, dass nackte Frauen auf Motorhauben bei Männern automatisch den Kaufreflex auslösen?

Weit gefehlt. Das Hamburger Marktforschungsunternehmen MediaAnalyzer wies eindrucksvoll durch Blickmessungen in einer Untersuchung nach, dass Männer bei Print-Anzeigen in Zeitschriften ihren Blick auf nackte oder verheißungsvoll verhüllte weibliche Körperteile lenken und dort »kleben« bleiben. Sie nehmen weder den Markennamen noch die Produktabbildung oder eine Werbebotschaft wahr. Frauen dagegen lenken ihren Blick von nackten weiblichen Körperteilen weg, selbst wenn es sich um weitgehend unverfängliche Bereiche handelt. Wenn sich das Produkt oder das Logo außerhalb der »Abflugschneise« des Blicks einer Leserin befindet, nimmt sie kaum noch etwas von beidem mehr wahr. Falls sie auf Grund dessen nicht automatisch etwas Unangenehmes mit der Marke oder dem konkreten Produkt verbindet, so hat die Anzeige auf jeden Fall ihre beabsichtigte Werbewirkung verfehlt, bei Frauen wie Männern. MediaAnalyzer fasst also zusammen:

Frauenprodukte sollten nicht mit nackten Frauenkörperteilen beworben werden. Frauen reagieren aversiv auf derartige Abbildungen. Nackte Models sprechen fast ausschließlich Männer an – diese beachten dafür umsatzrelevante Bereiche nicht mehr und erinnern insgesamt die Marke kaum.[138]

Ein vergleichbares Ergebnis kann auch für TV- und Kinospots vermutet werden. Wie sollte erfolgreiche Werbung für Frauen dann also aufgebaut sein?

Frauen bemängeln stets die Klischees in der Werbung. Sie sehen glückliche Familien am Frühstückstisch bei einem gemütlichen Start in den Arbeitstag – und glauben nichts davon. Wer will es ihnen verübeln? Schließlich weiß niemand besser als sie, wie es morgens in einer durchschnittlichen Familie zugeht. Da ist Eile gefordert, die Kinder sind unausgeschlafen und ihr Mann sucht womöglich gerade fluchend seine rechte Socke. Tatsächlich ist ein deutliches Übermaß an Hausfrauen in der TV-Werbung festzustellen, die leidenschaftlich gern Fußböden schrubben und auch sonst jede anfallende Tätigkeit mit Ruhe und einem Lächeln erledigen. Arbeitende oder gar echte Karrierefrauen kommen kaum vor. Falls doch, sind sie häufig überperfekt dargestellt, wie beispielsweise die junge Karrierefrau von Jacobs Krönung Light, die jahrelang über die Bildschirme flatterte. Sie begann ihren Tag mit einer Tasse Kaffee und war nach einem langen Arbeitstag noch so frisch bei ihrem nächtlichen Date, als wäre sie gerade eben erst aus der Dusche gestiegen. Auch solche Bilder decken sich in keiner Weise mit realen Erlebnissen von Frauen. Doch genau diesen Realitätsbezug erwarten Frauen von Werbung. Sie wollen sich in den dargestellten Personen wiederfinden. Daher lehnen sie Bilder von Top-Models in der Werbung sehr häufig ab, da diese jeglicher Glaubwürdigkeit und jedes Identifikationsfaktors entbehren. Dazu muss man bedenken, dass Frauen sich ständig mit anderen Frauen vergleichen. Der empfundene Druck durch Top-Models, die aller Wahrscheinlichkeit nach auch noch per Computer »überarbeitet« und dadurch weiter geglättet wurden, ist zu hoch. Wie sollen Frauen eine andere sympathisch finden, wenn sie gegen deren Attraktivität niemals ankommen, ganz besonders dann, wenn mit Schönheitsprodukten geworben wird? Allerdings sollte man Frauen nicht ganz beim Wort nehmen, denn viele glauben nur, dass sie »ganz normale Frauen« sehen wollen. Es hat sich herausgestellt, dass die Darstellerinnen durchaus ein wenig idealisiert sein sollten.

Frauen schätzen humorvolle Werbung. Schaden kann das nicht, weil Lachen bekanntlich gesund ist und Sympathien schafft. Auch die Darstellung von interessanten Beziehungen, wie Freundschaften, ist selbstverständlich ein gutes Thema. Als du darfst seine Kampagne »Wer ist Paul?« startete, war der Erfolg groß. Eine Frau steht vor dem Spiegel und zählt Kritikpunkte an ihrem Körper auf. Schnell stellt sich heraus, dass ein gewisser Paul das alles gesagt haben soll. Sie selbst, so ergänzt sie, finde sich völlig okay. Daraufhin fragt ihre Freundin auf dem Sofa herablassend: »Wer ist schon Paul?«. Sie drückt damit aus, dass der Kerl nun wirklich keine Ahnung hat, vollkommen unwichtig ist und bestärkt ihre Freundin. Die abschließende Frage des Werbespots ist seither ein kleiner Klassiker: »Noch ein Schnittchen, Schneewittchen?« Eine wirklich schöne Geschichte über Freundschaft unter Frauen und Selbstbewusstsein.

Dagegen reißt vermutlich jede Frau ihre eigenen Witze über die klassische Bindenwerbung. Es ist beinahe unerträglich, dieselbe blaue Ersatzflüssigkeit (einschließlich der entsprechenden Bildunterschrift) in das Watte- oder Gel-Innere einer Binde rinnen zu sehen, die auch für die Demonstration der Saugfähigkeit von Babywindeln verwendet wird. Die Marke Allways des internationalen Markengiganten Procter & Gamble hat es in Jahren nur ein einziges Mal geschafft, eine überzeugende und sympathische Werbung auf Sendung zu schicken. Darin wirbt das deutsche Frauen-Fußballnationalteam für das Produkt, indem die Weltmeisterinnen auf eindrucksvolle Weise am Ball zeigen, was sie können. Das ist kein Vergleich zu der völlig absurden Darstellung einer mit Papier-Einkaufstüten schwer bepackten jungen Frau, die von einem Mann nach dem Weg gefragt wird und die Richtung weist, indem sie ihre Beine – unter einem kurzen Rock, versteht sich – in alle Himmelsrichtungen wirft, während der Mann ihr ins Gesicht schaut. Ebenso schlimm ist die Werbung von Zotts Jogolé, einem fettarmen Joghurt-Produkt, die bis Ende 2004 ausgestrahlt wurde. Darin treffen sich drei junge Frauen an einer Skater-Bahn im Park, um gemeinsam den Joghurt zu löffeln. Um auszudrücken, wie wunderbar attraktiv sie durch den Joghurt werden, lassen die Werber im Hintergrund eine Menge gleich gekleideter männlicher Skater Faxen machen. Dass Joghurt Mädchen in dieser Weise aufwertet, glaubt keine Frau. So sollte Werbung für Frauen jedenfalls nicht aussehen.

Ich möchte jedoch auf gar keinen Fall versäumen, auf zwei TV-Spots hinzuweisen, die ich für Meilensteine in der Autowerbung halte. Der erste bewirbt den Touareg von VW. Darin werden zwei äußerlich gleiche Modelle des SUV gezeigt, die durch eine hügelige Geröllandschaft samt Bachbett heizen. Schließlich treffen sie sich in entgegengesetzter Fahrtrichtung im Bachbett, fahren die Fenster herunter und sichtbar wird ein Mann im Vordergrund sowie eine Frau im anderen Wagen. Auf ihre Frage lässt er verlauten, dass er gleich die Kinder abhole. Als er sie fragt, wohin sie unterwegs sei, antwortet sie lässig, sie fahre eine Tüte Milch kaufen. Das beworbene Produkt ist kein auf Frauen zugeschnittenes Auto, wenigstens nicht in Deutschland. Aber erstmals wird eine Frau gleichberechtigt mit ihrem Mann gezeigt. Beide fahren mit viel Spaß selbstverständlich denselben Wagen, sie teilen sich die häuslichen Aufgaben, wodurch sie beide entspannt und lässig daherkommen. Die Macher des Spots sagen im Making-of-Film aus, sie wollten mit diesem Werbespot lediglich eine interessante Story erzählen. Herausgekommen ist aber der erste echte »Gleichberechtigungsspot« im Automobilbereich, ob das nun beabsichtigt war oder nicht.

Das zweite Beispiel liefert ausgerechnet Mercedes für sein neues CLS-Modell. In dem Werbespot »Olivier« fährt ein roter CLS durch die Straßen einer Großstadt und hinterlässt eine Spur hübscher, schmachtender, junger Damen, die alles stehen und liegen lassen, aus Autos springen und Staus verursachen, während sie mit einem Dackelblick dem Wagen hinterherschauen und »Olivier« säuseln. Schließlich kommt der Wagen vor einem Luxushotel zum Stehen. Heraus steigt eine elegante, schöne und sehr selbstbewusste Frau, die sich den Wagen eindeutig selbst gekauft und von ihrem selbst verdienten Geld bezahlt hat. In der Zwischenzeit springt ein junger Hotelbediensteter in dcn Wagen, um ihn wegzufahren, doch der Schlüssel steckt nicht. Die Dame wedelt mit dem ebenfalls eleganten Schlüsselbund, den sie – wissend lächelnd – mit amüsiert-strafendem Blick seinem Kollegen in die Hand fallen lässt, während sie den Namen des Knaben genüsslich ausspricht: Olivier.

Mercedes hat mit diesem Spot erstmals einen Luxuswagen an Karrierefrauen kommuniziert. Die angesprochenen Frauen wissen, was Macht ist, und dürften im Umgang damit wenig Probleme haben. Die Werbung hat nicht nur Stil, sondern außerdem eine überraschende Wendung und Esprit. Damit ist sie die erste Werbung, die in diesem Segment wirklich einmal Frauen anspricht. Dabei hat Mercedes Benz keinesfalls beabsichtigt, einen reinen Frauenspot zu kreieren. Die Geschichte enthält auch für Männer wichtige Botschaften. Die wichtigste Information ist sicherlich die, dass außergewöhnlich hübsche (und willige) Frauen alles für einen CLS-Fahrer stehen und liegen lassen. Auf meine Anfrage erhielt ich von DaimlerChrysler folgende Aussage zur gemessenen Werbewirkung:

Der TV-Spot war von seinem Konzept eher ungewöhnlich und hat somit verschiedenste Reaktionen ausgelöst (…). Ein paar wenige Herren fühlten sie sich von den emanzipierten Frauen in den verschiedenen Filmszenen eher überfordert, andere empfanden die Emotionalität der Geschichte äußerst erfrischend.

Tatsächlich erkennt die DaimlerChrysler AG allmählich die weibliche Kundschaft. Sollte sie auch, denn immerhin gehen in den USA bereits 31 Prozent ihrer Neuwagenverkäufe auf das Konto von Frauen.

Das Schöne und sicherlich Wirkungsvolle am letztgenannten Beispiel ist die darin enthaltene Subtilität. Der Spot verzichtet auf angenehme Weise auf überdeutliche Werbebotschaften. In der Reklame wird im Allgemeinen viel zu häufig mit dem Holzhammer gearbeitet. Frauen nehmen viel mehr wahr, als männliche Werber es sich überhaupt vorstellen können. Dadurch sehen Frauen Werbung häufig als übertrieben an und reagieren ablehnend. Es lässt sich in letzter Zeit sogar beim Product-Placement ein Unterschied feststellen. Neuere amerikanische Filme mit einem hauptsächlich weiblichen Zielpublikum platzieren die Produkte ihrer Sponsoren weitaus dezenter, als dies in Männerfilmen geschieht. Dennoch übersehen Frauen in »ihren« Filmen nicht, was sie sehen sollen.

Auf jeden Fall haben VW und Mercedes es geschafft, Frauen mit ihren Spots zum »Buzzen« zu bringen. Sie haben den Grad der Zuneigung seitens vieler Frauen garantiert erhöhen können. Und das ist mit Sicherheit schon ein großer Effekt.

Ein Wort zum Neuromarketing

Eben flattert mir wieder einmal ein Newsletter in mein elektronisches Brieffach, der das Neuromarketing zum revolutionären Instrument der Werbewirtschaft ausruft. »Goldgräberstimmung« soll in diesem neuen Forschungsbereich herrschen. Tatsächlich mehren sich in Fachkreisen in den letzten Monaten solche Meldungen. Aber was ist Neuromarketing überhaupt? Und ist es wirklich die Antwort auf die Gebete von Marketingfachleuten, die schon immer ihren Konsumenten ins Gehirn schauen wollten?

Der Begriff Neuromarketing bezeichnet die neue Praxis, Verbraucher der Computertomographie zu unterziehen und dabei zuzuschauen, welche ihrer Gehirnbereiche auf gezeigte Produkte anspringen. Bevorzugt wird das aktuellste Verfahren, die funktionelle Magnetresonanztomographie (fMRT), eingesetzt (eine Darstellung dieses und anderer Verfahren befindet sich für Interessierte im Anhang dieses Buches). Das Neuromarketing soll nach den Vorstellungen der damit befassten Wissenschaftler genauesten Aufschluss darüber geben, was die Verbraucherinnen und Verbraucher zu Begeisterungsstürmen hinreißt. So sollen die geheimsten Wünsche aufgedeckt und gleichzeitig psychologische Hürden umgangen werden.

Die Marktforschung hat, wie bereits gezeigt, mit dem Problem zu kämpfen, dass die Befragten häufig opportunistische Aussagen machen, um dem Interviewer zu gefallen, seine Akzeptanz oder Bestätigung zu gewinnen oder aber um eine Verurteilung zu verhindern. In einer Untersuchung würde sich ein Fußfetischist sicherlich ebenso ungern unfreiwillig »outen« wie eine Karrierefrau aus einer typisch männlichen Branche, die heimlich von Romantik träumt. Wer sich zu einer ökologisch bewussten Lebensweise anhält, wird kaum als heimlicher Liebhaber von umweltschädlichen Technologien ertappt werden wollen. Das Selbstbild von Testpersonen ist für die Marktforschung ebenso hinderlich wie die Trennung zwischen der öffentlichen Erscheinung beziehungsweise Selbstdarstellung (Image) und dem Privatleben mit all seinen kleinen und großen Geheimnissen, die einfach jeder Mensch hat. Zahlreiche psychologische Untersuchungen haben in der Vergangenheit gezeigt, dass gerade unter den durchsetzungsfähigsten Managern eine Vielzahl von Männern zu finden ist, die ihre Macht in Wirklichkeit aus dem heimlichen Mangel an Selbstbewusstsein nähren. Solche Menschen wären sicherlich wenig dankbar, im Rahmen einer Gehirnanalyse unfreiwillig Daten auszuwerfen, die Rückschlüsse auf ihr als unzureichend empfundenes Innerstes erlauben könnten.

Mit dem Neuromarketing soll die Gefahr der bewussten oder unbewussten Falschaussage ausgeschaltet werden. Darüber hinaus läuft eine Vielzahl von Entscheidungen unbewusst ab. Das

Gehirn ist – nach derzeitigem Erkenntnisstand – darauf abgestellt, für solche Fälle im Nachhinein eine Erklärung zu konstruieren, die das Verhalten erklären oder rechtfertigen soll. Und tatsächlich springen schon erstaunlich viele Unternehmen auf das Angebot an, Verbrauchern ins Gehirn zu blicken. In den USA gehört der Kernspin-Tomograph bei Unternehmen wie Procter & Gamble, Coca-Cola und General Motors angeblich schon zu den ganz selbstverständlichen Vorbereitungen bei einer Entscheidungsfindung. In Deutschland wird DaimlerChrysler stets als Vorzeigekunde angegeben. Der Autobauer will wissen, welches Autodesign die höchsten emotionalen Wellen schlägt. In Deutschland haben sich mehrere Forschungsteams aus Wirtschaftswissenschaftlern und Neurologen an den Universitäten München, Bonn, Ulm, Münster und Magdeburg formiert, die Antworten auf diese und andere Fragen finden wollen – natürlich gegen eine entsprechende Gebühr.

Eigentlich klingt dieses Angebot aber wie das berühmte Pfeifen im Walde. Weil Marketingfachleute und Werber nicht wissen, wie sie zu den benötigten Informationen für die optimale Gestaltung ihrer Angebots- und Kommunikationspalette kommen sollen, zahlen sie gern 1000 Euro und mehr je Stunde, denn so viel kostet allein die Benutzung des Geräts. Die Durchleuchtung von nur zwölf Testpersonen verschlingt schnell mal eben 50 000 Euro. Für große Beträge erhoffen sie sich Antworten auf sehr spezifische Fragen. Sie wollen sehen, welche Bereiche des Gehirns beim Anblick von Autos, Mobiltelefonen und allerlei anderen Produkten welches Ausmaß an Reaktionen zeigen. Letztlich wollen sie das Design finden, bei dem das Belohnungszentrum am heftigsten reagiert (vgl. Kapitel 2). Aber was vermag das Scannen des Gehirns wirklich zu zeigen?

Die verschiedenen Verfahren der Computertomographie können tatsächlich visualisieren, welche Gehirnbereiche durch den Anblick beliebiger Bilder aktiviert werden. Die Technik ist allerdings noch lange nicht ausgereift, denn sie ist vergleichsweise langsam. Sie kann die Gehirnprozesse, die im Millisekundenbereich stattfinden, daher gar nicht in Echtzeit darstellen. Das Ergebnis ist mit dem Stroboskopeffekt vergleichbar. Das flackernde Licht erlaubt die punktuelle Wahrnehmung eines Geschehens. Was aber zwischen den Lichtblitzen passiert, bleibt im Dunkeln.

Zahlreiche Privatkliniken setzen die Computer-Tomographie inzwischen sehr gewinnbringend ein, indem sie – überwiegend männlichen – Nachwuchsmanagern einen kompletten Körper-Scan für mehrere tausend Euro anbieten. Sie geben vor, damit präventive Medizin zu praktizieren. Wer sich auf diese Weise untersuchen lässt, soll schon frühzeitig erfahren, ob er sich eventuell auf Grund eines hohen Stresspegels in einer gesundheitlichen Bedrohungssituation befindet. In einem langen Verfahren wird tatsächlich der gesamte Körper von den Zehen bis zum Scheitel elektronisch abgebildet. Im Anschluss daran wird die gesamte Bilderflut von einem Arzt auf mögliche Anomalien durchgesehen. Hier drängt sich der Vergleich mit einer Autoinspektion geradezu von selbst auf.

Kritiker werfen diesen Privatkliniken unseriöses Verhalten vor. Sie führen an, dass auf diese Weise keinerlei sinnvolle Erkenntnisse gewonnen werden können. Die Analyse des umfassenden Bildmaterials sei wesentlich komplizierter, als sie dargestellt werde. Sie bedürfe einer genauen Durchsicht durch eine Vielzahl von Spezialisten, was in der für die Untersuchung vorgesehenen Zeit und den damit verbundenen Preis aber gar nicht machbar sei. In Wahrheit wäre es eher Zufall, wenn bei der Sichtung des Datenmaterials überhaupt etwas gefunden würde. Eine ganzheitliche, umfassende und vollständige Diagnose sei auf diese Weise definitiv nicht möglich. Und sicherlich können die Privatkliniken den Vorwurf nicht gänzlich von sich weisen, die Standzeiten einer so teuren Technologie reduzieren zu wollen, indem sie die Betriebsdauer gegen Entgelt erhöhen. Die Kunden für dieses Angebot verlassen die Klinik aber in aller Regel sehr zufrieden. Sie sind überzeugt, sich etwas Gutes getan zu haben (schließlich war es auch ein teurer Luxus). In der Jackentasche haben sie eine CD-ROM oder DVD mit ihrem gescannten Körper, dem Beweis für ihr Erlebnis, den sie ihren Freunden ebenso vorlegen können wie Fotos von einem Abenteuerurlaub.

Faktisch wissen die Gehirnforscher bisher sehr wenig über Gehirnfunktionen. Noch ranken sich viele Geheimnisse um die Verarbeitung von Nervenimpulsen und das Zusammenspiel von Gehirnbereichen. Zahlreiche Körperfunktionen sind bislang weder lokalisiert geschweige denn entschlüsselt worden. Nach wie vor suchen die Wissenschaftler nach Erklärungen für Verhalten. Sie sind weit davon entfernt, psychische oder neurologische Erkrankungen heilen zu können. Weder sind Normen für Gehirnprozesse eindeutig festgelegt, noch Abweichungen identifiziert. Es ist kaum etwas über Auslöser gewalttätigen Verhaltens oder von Liebe bekannt. Und zu guter Letzt vernachlässigt ein großer Teil aller Versuchsanordnungen jegliche Betrachtung von geschlechtsspezifischen Unterschieden, deren Existenz und Relevanz schon längst bekannt sind. Wie soll die Technik bei diesem Wissensstand zuverlässig Aufschluss über Gehirnreaktionen und -prozesse geben, die über ein Mindestmaß an Aussagefähigkeit für das Marketing verfügen?

Angenommen, die Gehirnforschung wäre bereits in der Lage, wichtige Erkenntnisse über die Vorlieben von Konsumenten zu liefern. Die Untersuchungsergebnisse wären zunächst mit der Fülle an Datenmaterial aus der quantitativen Marktforschung zu vergleichen. Sie bedürften ebenso der Auswertung und der Interpretation wie reine Zahlenwerte (tatsächlich stecken hinter den Messungen von Gehirnaktivitäten auch nur komplizierte mathematische Verfahren). Fehlinterpretationen sind – insbesondere zum gegenwärtigen Zeitpunkt – ebenso wenig ausgeschlossen wie in der regulären Marktforschung. Und solange das Bewusstsein für geschlechtsspezifische Unterschiede im Marketing so wenig ausgeprägt bleibt wie bisher, werden die Ergebnisse aus dem Neuromarketing keine sinnvollen Resultate bei der Umsetzung in Form von Produkten liefern.

Aber das Neuromarketing ist eben noch lange nicht so weit. Wenn die Gehirne von Probanden beim Anblick eines bestimmten Sportwagens eine stärkere positive Reaktion zeigen als bei anderen Autos dieser Kategorie, was ist dann daraus gewonnen? Worauf haben die Testpersonen denn wirklich reagiert? War es die kantige Karosserie, die Form der Kotflügel, der rassige Kühlergrill, die Farbe, die Landschaft im Hintergrund, eine Kombination all dieser Details oder die Vorstellung des Fahrziels? Welche Erkenntnis kann aus einer solchen Untersuchung gezogen werden? Oder nehmen wir an, es könnte genau identifiziert werden, welche Verbraucher welches Automodell mit welchen Details in einem bestimmten Zeitraum bevorzugen. Diese Erkenntnis stünde, wie auch Ergebnisse aus der heutigen Marktforschung, im Prinzip jedem Autohersteller offen. Würde dann nicht jeder dieselben Autos für die unterschiedlichen Zielgruppen bauen? Einige würden sich weiterhin auf den Volumenmärkten bewegen, andere würden sich auf Nischen spezialisieren. Einer ist schneller mit seinem Produkt am Markt, andere folgen ihm nach. Wo ist da der Unterschied zu den heutigen Strategien?

Zweifellos ist die Gehirnforschung eine faszinierende wissenschaftliche Disziplin. Die Technologie selbst ist höchst beeindruckend. Mit Sicherheit handelt es sich beim Neuromarketing um eine spannende Option, die in Zukunft wahrscheinlich interessante Ergebnisse zu liefern imstande sein wird, auch wenn sie niemals die heiß ersehnte Hoffnung auf ein Patentrezept erfüllen kann. Wir reden aber keinesfalls über einen Zeitraum von drei bis fünf Jahren, wie uns Consultants und Forscher Glauben machen wollen[139]. Sinnvolle Ergebnisse werden erst wesentlich später erzielbar sein. Bis dahin sollte die Zeit von den Marketing-Fachleuten dazu genutzt werden, ihre Hausaufgaben zu machen und die seit Jahren existierenden Defizite im Marketing zu beseitigen. Diese Arbeit wird dann, wenn die Technik so weit ist, eine wertvolle Basis für marktgerechte Ergebnisse liefern. Bis dahin bleibt das Neuromarketing, was es jetzt schon ist: ein ungeheuer teures technisches Spielzeug für Männer.

Marketing für Kundinnen ist Marketing von morgen – Eine Checkliste

Unternehmen, die marktwirtschaftlich denken und handeln müssen, können es sich keinen Moment länger leisten, eine so große und wichtige Zielgruppe wie die Frauen zu ignorieren. Und auch diejenigen, die meinen, »schon etwas für Frauen zu tun«, sollten sich ernsthaft die Frage stellen, ob das, was sie tun, wirklich ausreicht. Unternehmensentscheider sollten sich immer wieder bewusst machen, wer eigentlich die wichtigste Person für ihr Unternehmen ist – denn das ist zweifellos die Kundin. Sie entscheidet, sie beeinflusst, sie kauft oder lässt auf präzise Anweisung kaufen. Sie ist – wie schon in Urzeiten – die Gebieterin über Haus, Hof und Familie. Jetzt nimmt sie zudem ihre Möglichkeiten im Berufsleben wahr und entscheidet zunehmend über die Verwendung großer Budgets.

Es muss so klar gesagt werden: (Marketing-)Manager, die sich dieser Marktveränderung verschließen, gefährden die Existenz ihres Unternehmens und die seiner Mitarbeiter. Der Einwand, die Umstellung eines Unternehmens auf Gender-Marketing-Prinzipien sei zu aufwändig oder zu teuer, kann und darf dabei nicht gelten. Nachweislich werden in Unternehmen alljährlich immense Ressourcen für letztlich nutzlose Projekte bereitgestellt. Manfred Gröger von der Münchner Fachhochschule für Rechnungswesen und Controlling hat eine vier Jahre währende Studie zum Thema Projektmanagement durchgeführt. Die im Frühjahr 2004 publizierten Ergebnisse zeigten, dass nur 43 Prozent aller Forschungsprojekte von den Beteiligten selbst als sinnvoll eingeschätzt wurden und nur 13 Prozent der Forschungsbemühungen erwiesen sich nach Projektabschluss als überhaupt wertschöpfend. Jedes Jahr geben allein deutsche Unternehmen rund 200 Milliarden Euro für Projekte aus. Gröger schätzt, dass davon 120 bis 150 Milliarden Euro aus dem Fenster geworfen werden.[140] An Ressourcen mangelt es also offensichtlich nicht.

Durch die Lektüre von »Der Kunde ist weiblich« werden Sie manche Dinge künftig anders wahrnehmen als bisher. Sie werden das, was Sie in ihrem Umfeld beobachten, anders bewerten. Sie werden Ereignisse zunehmend in einem anderen Kontext sehen. Sie werden anders zuhören. Manches wird Sie nicht länger gleichgültig lassen. Das ist gut so, denn dann werden Sie etwas verändern wollen. Und für Veränderungen stehen Ihnen viele Optionen zur Verfügung.

Folgende Fragen in neun wichtigen Bereichen können Ihnen helfen zu verstehen, wo Sie mit ihren Veränderungen anzusetzen haben:

1. Information

- Was wissen wir tatsächlich über unsere Kundinnen und Kunden, was wissen wir noch nicht?
- Wann haben wir/hat unser Marketing-Team zum letzten Mal das tägliche Leben von Frauen wirklich gründlich aus der Nähe betrachtet?
- Was lernen wir aus den Beschwerden, die wir erhalten?
- Welche geschlechtsspezifischen Unterschiede hinsichtlich der Bedürfnisse und Wünsche unserer Kundinnen und Kunden gibt es? Welche Gemeinsamkeiten existieren?
- Stellen wir diesen beiden Gruppen die richtigen Fragen, um zu verwertbaren Erkenntnissen zu kommen? Haben wir ihre Antworten gründlich gegengecheckt, sodass die Ergebnisse schlüssig sind?
- Nutzen wir unsere Mitarbeiterinnen und Mitarbeiter genügend für die Gewinnung neuer Erkenntnisse?

2. Produkt, Angebot

- Ist unser Angebot für Frauen austauschbar oder einzigartig? Können sie sich in das, was wir ihnen bieten, verlieben?
- Wie viele unserer Produktneueinführungen floppen am Markt?
- Erfüllen unsere Produkte weibliche Ansprüche? Sind sie intelligent, weil sie die Leistung der Kundin verbessern? Werden sie dem ursprünglich anvisierten Nutzen optimal gerecht? Minimieren sie Verletzungsgefahren und Risiken für die Kundin und andere? Sind sie umweltfreundlich? Lassen sie überflüssigen (technischen) Schnickschnack weg? Sind sie zuverlässig und haben ein gutes Design? Geben sie ein gutes Gefühl und machen im Optimalfall auch noch viel Spaß?
- In welchem Verhältnis sind Männer und Frauen an der Produktentwicklung beteiligt?
- Lassen wir unsere Kundinnen und Kunden aktiv an der Produktentwicklung teilhaben oder dürfen sie nur »posthum« bewerten?
- Erzeugt unser Angebot bei den Kundinnen Stress? Oder spart es Zeit, die sie anschließend für sich selbst verwenden können?
- Ist uns ausreichend bewusst, dass wir mit guten Produkten nicht nur Lösungen für Frauen bieten, sondern auch für weitere Zielgruppen?
- Benötigen wir Co-Branding, um den Wünschen unserer Kundinnen gerecht zu werden?
- Sind unsere Marketing-Fachleute, Projektmanager und Produktentwickler im Gender Marketing geschult? Kennen sie die unterschiedlichen Bedürfnisse und K.-o.-Kriterien von Männern und Frauen?

3. Preisgestaltung

- Ist unser Angebot so attraktiv und einzigartig, dass Frauen bereit wären, mehr Geld zu investieren?

- Zerstören wir uns Märkte dauerhaft dadurch, dass wir uns in Preiskämpfen erschöpfen, wobei wir gleichzeitig andere Strategien außer Acht gelassen haben?

4. Vertrieb

- Sind uns die Kaufentscheidungsprozesse unserer Kundinnen und Kunden wirklich bekannt? Wer entscheidet tatsächlich in welchem Maße?
- Ist unser Vertrieb in jeglicher Hinsicht auf Kundinnen optimiert? Findet sie unser Angebot in einem für sie angenehmen Umfeld und Kontext? Erhält sie eine Beratung, die ihren Ansprüchen genügt? Wird sie wirklich verstanden?
- Wie gehen wir mit unseren Kundinnen um? Sind sie nach dem Erwerb allein gelassen oder zeigen wir ihr, dass wir weiterhin für sie da sind?
- Wie erfolgreich sind wir im Cross-Selling?

5. Kommunikation

- Ist unsere Kommunikation nur einseitig oder in beide Richtungen angelegt? Schalten wir nur Werbung, oder suchen wir auch gezielt den Input unserer Kundinnen und Kunden?
- Wann haben sich unsere Top-Manager und darüber hinaus alle Mitarbeiter das letzte Mal mit Kundinnen über ihren Alltag und/oder über das Unternehmensangebot unterhalten?
- Bevormunden wir die Frauen oder merken sie, dass wir sie respektieren?
- Kommunizieren wir zu direkt? Sind wir zu konfrontativ? Sprechen wir wirklich »ihre« Sprache?
- In welchem Maße empfehlen uns Kundinnen weiter? Und sorgen wir aktiv dafür, dass sie es tun?
- Liefert unsere Marke und unser Handeln genügend Gesprächsstoff für sie und ihre Freundinnen? Ist unsere Marke ein fester Bestandteil ihres Lebens?

6. Service

- Reicht unser Service aus, um eine echte, dauerhafte und nachhaltige Bindung zu erzeugen?
- Haben wir eine einladende, offen zugängliche und kostenlose Hotline oder schrecken wir Kundinnen mit zusätzlichen Kosten und Mühen ab?
- Ist unser Service-Personal im speziellen Umgang mit Kundinnen geschult?
- Was bieten wir Besonderes, damit sie uns unseren Wettbewerbern vorziehen?

7. Unternehmensstrukturen

- Inwieweit integrieren unsere Unternehmensstrukturen und Entscheidungsprozesse das weibliche Denken?
- Berücksichtigt die Personalabteilung die Geschlechtsunterschiede in ausreichendem Maße, um Frauen und Männern dieselben Einstellungs- und Aufstiegschancen zu bieten?
- Haben wir eine spezielle Projektgruppe »Frauen« (deren Existenz wir schleunigst überdenken sollten)?
- Ermutigen wir unsere Mitarbeiterinnen, ihre weiblichen Stärken umfassend einzubringen?
- Nehmen unsere männlichen Mitarbeiter ihre Kolleginnen und Kundinnen ausreichend ernst?
- Was haben wir in der Vergangenheit dafür getan, unseren Mitarbeiterinnen die Vereinbarung von Arbeit und Familie zu erleichtern?
- Wie gehen die Mitarbeiterinnen unseres Unternehmens miteinander um? Sind sie stark untereinander verbunden? (Falls nicht, dann besitzt das Unternehmen aller Wahrscheinlichkeit nach nur wenig Know-how hinsichtlich seiner Kundinnen.)
- Ermöglichen wir Mitarbeiterinnen ausreichende Aufstiegschancen? Bieten wir ihnen genug Unterstützung, nach einem Mutterschaftsurlaub zurückzukehren?

8. Unternehmenskultur

- Sind wir unseren Kundinnen gegenüber loyal oder wünschen wir uns nur ihre einseitige Loyalität?
- Welche Frauenbilder dominieren in unserem Unternehmen? Sind es überwiegend Klischees oder differenzierte Sichtweisen?
- Welche Projekte fördern wir außerhalb des Unternehmens? Unterstützen wir frauenrelevante Themenbereiche oder betreiben wir nur Sportsponsoring?
- Gehen wir respektvoll mit unseren Kundinnen und Kunden um? Schätzen wir sie oder wollen wir ausschließlich möglichst viel verkaufen?

9. Was sonst noch wichtig ist

- Bringen wir unsere Kundinnen zusammen, sodass sie auch untereinander Beziehungen pflegen können?
- Was können wir tun, um noch besser für (potenzielle) Kundinnen zu werden?
- Wie sehr richten wir uns an ihrem vielfachen Leben aus? Helfen wir ihr, diese zu managen? Berücksichtigen wir ihr Sozialverhalten?
- Reichen Frauen unsere Marke an Familienangehörige und andere Frauen weiter?
- Begleitet unsere Marke die Kundinnen auf ihrem Lebensweg? Wächst sie mit?
- Finden unsere Kundinnen in unserer Marke, in unseren Angeboten und Mitarbeitern stets ein Spiegelbild ihrer selbst?

Haben Sie viele Fragen mit »nein« beantwortet? Zu viele? Und haben Sie Ihre Antworten auf Fragen, bei denen Sie nicht mit einem Nein oder Ja antworten konnten, nachdenklich gemacht? Dann besteht dringender Handlungsbedarf. Eines ist sicher: Wenn Sie gezieltes Gender Marketing machen, gewinnen Sie – und Ihre Kundinnen.

Und zum Schluss

Lieber Leser,
liebe Leserin,

nun wissen Sie, dass ich mich aus tiefster Überzeugung dem Gender Marketing zugewandt habe. Jetzt verstehen Sie, weshalb es mir wichtig ist, mit Ihnen in einen Dialog zu treten. Ich bin daran interessiert, was Sie denken, was Sie wünschen und welche Fragen Sie eventuell haben. Ich lade Sie herzlich auf meine Internet-Homepage zum Buch ein. Hier finden Sie ergänzende Informationen zum Thema und interessante Linklisten. Was aber noch viel wichtiger ist: Hier können wir uns jederzeit austauschen, diskutieren und gemeinsam Ideen entwickeln.

http://www.bluestone-ag.de

Folgen Sie meiner Einladung. Um etwas zu bewegen, braucht es immer möglichst viele Menschen, die gemeinsam an einem Strang ziehen.

Ich freue mich auf Sie.

Herzlichst

Diana Jaffé

Anhang

Entwicklung und aktueller technischer Stand in der Gehirnforschung

Die moderne Hirnforschung steht noch ganz am Anfang. Sie wurde zu Beginn der neunziger Jahre durch den technischen Fortschritt ermöglicht. Die Beobachtung und Analyse lebender Gehirne begann jedoch bereits in der ersten Hälfte des 20. Jahrhunderts durch die Erfindung der Elektroenzephalographie (EEG) durch Hans Berger. Durch am Kopf angebrachte Elektroden erfolgte die Messung neuronaler elektrischer Impulse. Dieses Verfahren maß erstmals Hirnaktivitäten und stellte sie als Wellenlinien auf Endlospapier dar. Zuerst konnte das EEG nicht zwischen unterschiedlichen Hirnbereichen unterscheiden. In den sechziger Jahren ermöglichte die mathematische Berechnung so genannter ereigniskorrelierter Potenziale eine Aktivitätsbestimmung differenzierter Gehirnregionen. Das EEG war zum großen Bedauern der Wissenschaftler aber nicht in der Lage, die elektrische Aktivität in tiefer liegenden Hirnbereichen zu messen. Seine Fähigkeiten beschränkten sich weitgehend auf die Erfassung von Vorgängen in der Hirnrinde.

Die moderneren Methoden zur Entschlüsselung der Hirnaktivitäten werden im Allgemeinen unter dem Begriff Computertomographie (CT) zusammengefasst. Sie verwenden bildgebende Verfahren, auch Brain Imaging genannt. In den siebziger Jahren kam erstmals die transaxiale Röntgen-Computertomographie zum Einsatz. Sie funktionierte nach demselben Prinzip wie gewöhnliche Röntgenaufnahmen, sodass nur die unterschiedliche Gewebedichte der grauen und der weißen Gehirnsubstanz, von Blut und Zerebrospinalflüssigkeit abgebildet werden konnte.

Die Positronen-Emissionstomographie (PET) erlaubte erstmals die Darstellung von Hirnaktivitäten. Grundlage der PET ist die Visualisierung der Verteilung einer radioaktiv markierten Substanz (auch Radiopharmakon oder Tracer genannt) im Organismus. In der Neurologie inhaliert der Proband Sauerstoff-150 als Marker. Der schwach radioaktive Sauerstoff bindet sich an die roten Blutkörperchen und gelangt so in das Gehirn. Das PET kann dadurch die Durchblutung des Gehirns sichtbar machen. Je stärker die Durchblutung in einem Hirnareal, desto höher ist seine neuronale Aktivität. Die PET eignet sich zur Ermittlung von Hirnregionen, die während spezifischer kognitiver Leistungen aktiv sind wie beispielsweise dem Hören, der Bewegung von Körperteilen, dem Lesen etc. Die wesentlichen Nachteile dieses Verfahrens liegen in der Dauer der Erstellung von Einzelaufnahmen sowie in der unvermeidlichen Registrierung von Hintergrundaktivitäten im Gehirn, die identifiziert und auf mathematischem Wege bereinigt werden müssen, um aussagekräftige Bilder zu erhalten. Die Zuführung radioaktiver Substanzen dient auf Dauer nicht gerade der Gesundheit des Probanden, selbst wenn die kritischen Stoffe eine schnelle Zerfallsrate aufweisen. Auf Grund der langen Aufzeichnungsdauer können nur so genannte Differenzbilder verschiedener Versuche sowie unterschiedlicher Personen erstellt werden.

Ein weiteres Verfahren ist das Magnetic Resonance Imaging (MRI oder MRT), auch Kernspinresonanz- oder NMR-Tomographie (Nuclear Magnetic Resonance) genannt. Wird es nicht nur für die Gewinnung anatomischer Erkenntnisse eingesetzt, sondern werden außerdem funktionale Aspekte untersucht, heißt es funktionelle Magnetresonanztomographie (fMRT oder fMRI). Diese Methode erlaubt die indirekte Ermittlung der Aktivität von Nervenzellverbänden, indem die magnetischen Eigenschaften des Hämoglobins, also des in den roten Blutkörperchen enthaltenen Farbstoffs, genutzt werden. Das Verfahren untersucht die Veränderung des Sauerstoffgehalts im Blut von Hirngefäßen während der Denkprozesse. Nervenzellen (Neuronen) benötigen für ihre Aktivität Energie, die sie durch die Verbrennung von Glukose erhalten. Die Glukose und der Sauerstoff werden dem Gehirn mit dem Blut zugeführt. Die Nervenzellen entziehen dem Blut bei erhöhter Aktivität eine größere Sauerstoffmenge als im Ruhezustand. Um die Neuronen in diesem Stadium ausreichend mit Sauerstoff zu versorgen, wird die Blutzufuhr im betreffenden Hirnbereich gesteigert. Der Sauerstoff wird unter Zuhilfenahme des Farbstoffs der roten Blutkörperchen transportiert. Die magnetischen Eigenschaften des Hämoglobins verändern sich, wenn Sauerstoff abgegeben wird. Mit der fMRT lassen sich diese magnetischen Veränderungen messen. Die besonderen Vorzüge dieses Verfahrens liegen in seiner Präzision. Bis auf wenige Millimeter genau lassen sich die magnetischen Veränderungen lokalisieren. Computergestützte Verfahren visualisieren die mittels fMRT gewonnen Daten in Form von dreidimensionalen Abbildungen des Gehirns, die sämtliche Aktivierungsmuster enthalten. Dieses modernste aller Verfahren kann also genau nachweisen, welche Gehirnareale aktiv sind, wenn die Versuchsperson einen Witz hört, belohnt wird, eine Hand bewegt oder eine Testaufgabe löst. Diese Technik ermöglicht erstmals die Abbildung ganzer Prozesse innerhalb des Gehirns und ihrer Zusammenhänge. Allerdings ist sie noch immer deutlich langsamer als das in Echtzeit arbeitende EEG. Dafür bietet die MRT mehrere Vorteile gegenüber der CT oder der PET. Es erlaubt anatomische und funktionale Aussagen und bleibt gleichzeitig nicht-invasiv, weil es weder die Verabreichung radioaktiver Substanzen noch eine ionisierende Strahlung erfordert. Die räumliche Genauigkeit ist mit ein bis zwei Millimetern weitaus höher als bei der PET, die die Ergebnisse bis zu einem halben Zentimeter verfälschen kann.

Die besten, weil umfangreichsten Ergebnisse werden durch die Kombination unterschiedlicher Verfahren zur Messung der Hirnaktivität erzielt. Eine beliebte Verbindung stellen EEG und fMRT dar. Diese beiden Methoden ergänzen sich hinsichtlich ihrer zeitlichen und räumlichen Präzision. Die fMRT ist noch weit davon entfernt, den Signalaustausch von Nervenzellen in Echtzeit zu erfassen. Nervenimpulse finden im Millisekundenbereich statt, während die Änderungen in der Sauerstoffkonzentration erst mehrere hundert Millisekunden später einsetzen. Die Elektro- oder Magnetoenzephalographie jedoch kann diese Schwäche kompensieren und liefert so die Daten, die der fMRT entgehen.[141]

Anmerkungsverzeichnis

1 A. und B. Pease, 2002, S. 252
2 G. Meck
3 Gesellschaft für Konsumforschung
4 Das *Moderne Marketing* wird nach Prof. Dr. Jochen Becker durch vier Säulen definiert:
   1. Marktausrichtung,
   2. Kundenorientierung,
   3. Umsetzung des ganzheitlichen Marketings,
   4. Gewinn durch Kundenzufriedenheit.
   Das *Ganzheitliche Marketing* wird im Allgemeinen durch das Streben definiert, alle betrieblichen Funktionen und Prozesse auf allen Hierarchieebenen und in allen Unternehmensbereichen aufeinander abzustimmen. Durch diesen konzertierten Zusammenschluss wird das Denken und Handeln aller Mitarbeiter auf das Streben nach Zufriedenheit des Kunden gelenkt.
   Die Verfasserin fügt dieser Definition eine weitere Ebene hinzu, die besagt, dass alle internen und externen Marketingmaßnahmen optimiert und miteinander koordiniert werden müssen, um einen umfassenden und einheitlichen Auftritt gegenüber der Öffentlichkeit, den Kunden und den Mitarbeitern abzusichern.
5 http://www.2vertex.com
6 http://www.ames.com
7 http://www.oxo.com
8 o. V: »Was Männer und Frauen am Garten lieben«
9 Vor einigen Jahren haben sich die Begriffe B2B und B2C in die neudeutsche Geschäftssprache eingebürgert. Gemeint sind damit die Ausrichtungen von Unternehmen auf Geschäftskunden (Business to Business – B2B) oder aber auf Endverbraucher (Business to Consumer – B2C). Im Gender Marketing geht es nicht länger um B2C, sondern um B2W beziehungsweise B2M, also um Geschäfte mit Frauen (Business to Women) und/oder Männern (Business to Men).
10 General Motors veröffentlicht keine offiziellen Daten zum Verbrauch. Kritiker sprechen von zehn Meilen, die der Wagen je Gal-

lone zurücklegen kann. Das entspricht 16 km/3,7853 Liter oder im umgekehrten Verhältnis 23,65 Liter auf 100 km.

11 Der Hummer 3 soll im Frühjahr 2005 auf den Markt kommen.

12 http://www.frenchmeadow.com

13 E. Fromm, 1994, S. 113 f.

14 M. Barletta: »Pretty Maids All In A Row«

15 Neben der klassischen Identifikation nach demografischen Gesichtspunkten gibt es die so genannten Milieu-Ansätze. Dabei werden die Zielgruppen unter anderem nach ihren Überzeugungen, Lebensstrukturen, Lebensweisen, Lebensauffassungen, Werten und ihrem Medien- und Konsumverhalten eingeteilt. So können zwei Personen zwar aus demografischer Sicht in dieselbe Gruppe gehören, in ihrem Lebensstil jedoch stark voneinander abweichen. Damit gehören sie in unterschiedliche Milieus. Zwei Frauen können beide Ärztinnen mit eigener Praxis sein, dieselbe Anzahl Kinder haben, dasselbe Gehalt verdienen, verheiratet sein, in einer Großstadt leben etc., sich in ihrem Konsumverhalten jedoch erheblich unterscheiden. Die eine Frau trägt bevorzugt italienische Mode, kleidet ihre Kinder entsprechend, fährt einen Sportwagen, liebt Fernreisen zu exotischen Stränden und lädt die Familie allabendlich in teure Restaurants ein, während die andere auf Bio-Ernährung schwört, Bekleidung ausschließlich aus umweltfreundlich angebauten Naturmaterialien trägt, ihren Kindern jedoch auch handelsübliche Jeans erlaubt, bevorzugt Fahrrad fährt, Ferien der Kinder wegen auf einem inländischen Bauernhof macht und gern ins Theater geht.

16 http://www.85broads.com

17 K. Gerencher, Übersetzung: die Verfasserin

18 S. Weingarten

19 Die Mille Miglia ist ein Autorennen über 1000 Meilen, das von 1927 bis 1957 in Italien durchgeführt und schließlich auf Grund eines schweren Unfalls mit mehreren Todesopfern eingestellt worden war. Seit 1977 findet die traditionsreiche *Mille Miglia Storica* jeweils im Mai statt, ein Oldtimer-Rennen, das seit seiner Einführung viele Nachahmer gefunden hat.

20 B. Beckhan, S. 41

21 Definition auf Wikipedia.de: »*Benchmarking* (Wirtschaft) ist grundsätzlich ein kontinuierlicher Prozess, bei dem Produkte, Dienstleistungen oder Methoden und Prozesse zwischen den wichtigsten Wettbewerbern oder den führenden Wettbewerbern verglichen werden.« http://de.wikipedia.org/wiki/Benchmarking

22 Der Shareholder-Value-Ansatz ist ein betriebswirtschaftliches Konzept, das auf das gleichnamige Buch von Alfred Rappaport aus

dem Jahre 1986 zurückzuführen ist. Darin heißt es, die Unternehmensleitung habe im Sinne der Anteilseigner zu handeln, indem sie den langfristigen Unternehmenswert durch Gewinnmaximierung und Erhöhung des Eigenkapitals vergrößert. Der Shareholder-Value-Ansatz bewertet das Unternehmensgeschehen anhand seines freien Cash-Flows, also einer Reihe von Zahlungen, abzüglich des Marktwertes des Fremdkapitals (z. B. in Form von Bankverbindlichkeiten).

23 Zum Beispiel: A. M. Schüller et al., *Total Loyalty Marketing*; A. M. Schüller, *Zukunftstrend Kundenloyalität*

24 vgl. Sigmund Freuds topografisches beziehungsweise Schichtenmodell. Freud unterteilte die menschliche Psyche in drei Bewusstseinsebenen: Das Bewusste, das Vorbewusste und das Unbewusste.

25 H. C. Breitner et al.

26 M. Spitzer, S. 142

27 A. und B. Pease, 2002, S. 308

28 Ibid., 2001, S. 161

29 S. Lueken

30 A. und B. Pease, 2001, S. 165

31 J. Koch

32 Auf der Projekt-Homepage heißt es: *Der Girls' Day – Mädchen-Zukunftstag wird gefördert vom Bundesministerium für Bildung und Forschung, vom Bundesministerium für Familie, Senioren, Frauen und Jugend sowie aus Mitteln des Europäischen Sozialfonds. Girls' Day – Mädchen-Zukunftstag ist ein Projekt von Frauen geben Technik neue Impulse e. V. und ist eine Gemeinschaftsaktion des Bundesministeriums für Bildung und Forschung und des Bundesministeriums für Familie, Senioren, Frauen und Jugend, der Initiative D21, der Bundesagentur für Arbeit, des Deutschen Gewerkschaftsbundes, der Bundesvereinigung der Deutschen Arbeitgeberverbände, des Deutschen Industrie- und Handelskammertages, des Zentralverbands des Deutschen Handwerks und des Bundesverbandes der Deutschen Industrie.* http://www.girls-day.de

33 M. Barletta: »Pretty Maids All In A Row«, Übersetzung: die Verfasserin

34 Killerapplikationen sind Anwendungsmöglichkeiten, die einer Technologie häufig erst Sinn verleihen. Meist wird der Begriff im Zusammenhang mit der Durchsetzung einer Technologie oder eines konkreten Geräts am Markt benutzt. Die vor einigen Jahren für mehrere Milliarden Euro versteigerten UMTS-Lizenzen für den neuen Mobil-Standard in der Telekommunikation sind mangels sinnvoller Einsatzgebiete bis heute bestenfalls im Testeinsatz. Die

Teilnehmer an der Versteigerung haben damals angenommen, UMTS würde sich für Internet an jedem beliebigen Ort optimal eignen. Allerdings ist die Technologie einerseits von W-LAN (Wireless LAN – kabelloses Netzwerk) für den Einsatz in Ballungszentren überholt worden, andererseits hat sich herausgestellt, dass UMTS für die Nutzer sehr teuer wird. Die Mobilfunkanbieter haben aber keinen Service zu bieten, der so hohe Kosten für die Verbraucher rechtfertigen würde. Es fehlt also die Killerapplikation.

35 o. V.: »Der YCC: Ein Volvo von Frauen«

36 Der Begriff Weblog (oder Blog) ist ein Kunstwort, bestehend aus *Web* und *Logbuch*. Er bezeichnet eine Webseite, die periodisch neue Einträge erhält, zusammengestellt aus Berichten aus dem Internet, Verweisen auf die Originalquelle, Kommentaren des Autors und gegebenenfalls anderen Internet-Fundstücken.

37 P. Davidson, Übersetzung: die Verfasserin

38 N. Knox, Übersetzung: die Verfasserin

39 Alle Quellen zum Volvo YCC: J. Pander; N. Knox; o. V.: »Der YCC: Ein Volvo von Frauen«

40 A. und B. Pease, 2002, S. 19

41 A. Cagnacci et al.

42 M. Spitzer, S. 3 f.

43 Gruner + Jahr (Hrsg.): »25 Jahre: Frauen …«

44 *Freundin* (Hrsg.): »Millenniums-Frauen 2«

45 Institut für Demoskopie Allensbach

46 http://www.fe-losophy.com

47 http://www.gfk.de

48 Das mechanistische Weltbild von Wissenschaft und Natur wurde von Leibniz (1646–1716) begründet und von Laplace (1749–1827) weiterentwickelt.

49 Immanuel Kant (1724–1804) war einer der bekanntesten Vertreter der Aufklärung, jedoch weder Begründer noch Wegbereiter. Die Aufklärung geht auf Descartes (1596–1651) zurück. Descartes prägte ein Denken, das sich logisch aus den Maximen der Renaissance ergab und bis heute die westliche Welt beherrscht: der Zweifel an allem, was nicht durch Vernunft bewiesen wurde. Kant definierte die Aufklärung (»Aufklärung ist der Ausgang des Menschen aus seiner selbstverschuldeten Unmündigkeit. Unmündigkeit ist das Unvermögen, sich seines Verstandes ohne Leitung eines anderen zu bedienen.« in »Was ist Aufklärung?«, 1784).

50 Vgl. J. M. Weiss et al. Sowie A. D. Sherman et al.

51 Für das genannte Experiment werden Primaten ausgewählt, weil sie die größte genetische Übereinstimmung mit dem Menschen auf-

weisen. Die Affenbabys unterscheiden sich aufgrund ihrer Anlagen in ihrem Aggressionspotenzial. Aggressive Babys wenden sich gegen jeden und alles, sogar gegen ihre eigene Mutter. Bei den Müttern wiederum wird zwischen denen unterschieden, die sich das aggressive Verhalten ihrer Kinder gefallen lassen, und denen, die es nicht tun. Die aggressiven Kinder laufen regelmäßig Gefahr, von ihren wehrhaften Müttern verstoßen zu werden. Geschieht dies, haben die Kinder im frühen Alter keine Chance auf ein Überleben. Die aggressiven Kinder der geduldigen Mütter dagegen haben hervorragende Überlebenschancen. Mehr noch: Ihre Aggressivität erhöht ihre Chancen, künftige Alpha-Männchen der Gruppe zu werden. Hordenführer sind nicht nur die Oberbefehlshaber, sondern haben außerdem den meisten Nachwuchs. Affenkinder mit einer geringen Aggressivität ecken weder bei wehrhaften noch bei geduldigen Müttern an. Sie verfügen allerdings auch nicht über die Anlagen, um sich in der Hierarchie durchzusetzen und einen prominenten Posten in der Gruppe zu besetzen. Dadurch zeugen sie schließlich weniger Nachwuchs. Offenbar ist die Kombination aus Anlagen und Umfeld entscheidend für den Erfolg, zumindest aber für das Überleben von Affenkindern. Beide Einflüsse sind nicht voneinander zu trennen. Die aggressiven Anlagen der Affen befinden sich im Gleichgewicht mit den friedfertigen in der Population. Der Genpool sorgt so für die Vorhaltung eines mittleren Aggressionsniveaus. Dadurch kann sich die Horde den Veränderungen in ihrer Umwelt innerhalb weniger Generationen anpassen. Eine Überzahl aggressiver Kinder würde die Überlebenschancen der friedlichen Kinder steigern, weil es mehr friedfertige Mütter gäbe, die brave Kinder großziehen. Umgekehrt würde ein Übermaß an friedfertigen Kindern eine Mutation in die aggressive Richtung begünstigen. Auf lange Sicht ist eine heterogene Population stabil, während eine genetische Homogenität instabil ist. Aus demselben Grund halten Spezialisten die Förderung sozial benachteiligter Kinder für so wichtig. Ihre Anlagen werden durch ihr Umfeld häufig nicht von selbst ausreichend gefördert, was durch gezielte Fördermaßnahmen ausgeglichen werden soll. Vgl. S. J. Suomi, 1997, M. Champoux et al. und M. L. Bastian et al.

52 *The Swan* ist ein aus den USA importiertes Konzept einer Reality-TV-Kurzserie. 16 Frauen begeben sich für drei Monate in die »Obhut« von Personal-Trainern, Ernährungsberatern, Psychologen, Schönheits- und Kieferchirurgen. In dieser Zeit sind sie von Familie und Freunden abgeschnitten, unterziehen sich diversen Schönheitsoperationen, Fettabsaugungen, Brustvergrößerungen etc. Die Fernsehgemeinde darf bei der Verwandlung der hässlichen Entlein

in schöne Schwäne teilhaben. In einem K.-o.-Verfahren stellen sich die »Schwäne« dem Urteil anderer, bis zum Schluss eine Siegerin feststeht.

53 A. und B. Pease, 2001, S. 86
54 Ibid., S. 82
55 E. Luders et al.
56 A. und B. Pease, 2001, S. 173
57 A. und B. Pease, 2002, S. 163
58 Ibid.
59 A. und B. Pease, 2001, S. 21
60 Ibid., S. 194
61 Ibid., S. 191
62 A. und B. Pease, 2002, S. 73
63 Die Forschung von Marco Iacoboni und seinen Kollegen von der Universität in Los Angeles hat gezeigt, dass das Gehirn nicht unterscheidet, ob eine Person die Gesichtsmimik einer anderen Person beobachtet oder ob erstere die Gesichtsausdrücke selbst vollführt. Bei beiden Aktionen werden die gleichen Hirnteile aktiv. Dabei handelt es sich um die direkt über den Augen und neben den Ohren liegenden Gehirnregionen, den Mandelkern und die so genannte Insel, ein im Innern des aufgefalteten Gehirns verborgener Teil der Hirnrinde, der Bewegungen mit Empfindungen verbindet.
64 D. E. Everhart et al.
65 S. Anders et al.
66 P. Dalton et al.
67 D. V. Santos et al.
68 S. Marchand et al.
69 W. Bischof et al.
70 o. V.: »Wie wir schmecken«
71 J. Grabmeier
72 D. Graham-Rowe
73 L. Spinney
74 T. Canli et al.
75 D. Hammersmith und J. E. Biddle
76 W. A. Castellow et al. und A. C. Downs und P. M. Lyons
77 A. H. Eagly et al.
78 R M Shansky et al.
79 o. V.: »Gender And Sex Hormones …«
80 S. W. Gangestad et al.
81 M. L. Fisher
82 vgl. Kapitel 3.7, Angaben der GfK
83 http://www.weberbank.de

84 J. Sheer

85 SnowSports Industries America

86 http://www.kulturkaufhaus.de

87 P. Underhill

88 Zur Prime Time zählt im Fernsehen die Ausstrahlungszeit zwischen circa 20 und 22 Uhr.

89 A. und B. Pease, 2001, S. 209

90 Mystery-Kampagnen sind Werbemaßnahmen, die neugierig machen sollen. Sie sind immer mehrstufig aufgebaut. Im ersten Schritt wird eine Information oder Botschaft platziert, die keinen Hinweis auf einen Hersteller, ein Produkt oder Ähnliches enthält. Sie soll zunächst neugierig machen. Frühestens im zweiten Schritt wird die Auflösung geboten. Bekannte Mystery-Kampagnen wurden zur Markteinführung der koreanischen Automarke Daewoo und von e.on-Strom durchgeführt. Bei Daewoo brachte ein Frauenmund den TV-Zuschauern die korrekte Aussprache des Firmennamens bei. Neuere Kampagnen bieten die Auflösung ihrer präsentierten Rätsel manchmal gegen Anruf oder SMS an. Das Ziel besteht stets darin, die Verbraucher zum Reden zu bewegen. Tatsächlich kann man beobachten, wie sich überall Menschen nach dem Start solcher Kampagnen gegenseitig befragen oder gemeinsam Mutmaßungen anstellen.

91 A. und B. Pease, 2002, S. 19

92 In Anspielung auf Mike Krügers »Nippel-Song« (1980)

93 http://www.argh-faktor.de – Zu meinem großen Bedauern stammen die letzten Einträge aus dem Jahr 2003.

94 http://www.argh-faktor.de/telekom.htm

95 J. Nitson

96 http://www.specialk.de/ausrutscher.html

97 http://www.siemensmobile.de/cds/frontdoor/0,2241,de_de_0_15784_rArNr NrNrN,00.html

98 http://www.siemens-mobile.de/cds/frontdoor/0,2241,de_de_0_43991_rArNr NrNrN,00.html

99 o. V.: »Auch psychischer Schmerz tut weh«

100 *Journal für die Frau*

101 Bereits im Juni 2004 fand ein international besetztes Symposium zu GIST in Bremen statt. Eine umfassende Dokumentation kann unter http://www.e-gist.net eingesehen werden.

102 http://www.frau-und-auto.hsnr.de/

103 K. Frick

104 Damit wird auf Datenmüll angespielt: Wer eine Datenbank mit unsinnigen Daten füttert, darf sich nicht wundern, wenn nur un-

sinnige Daten dabei herauskommen. Daher: Müll rein – Müll raus.

105 Ja, Sie haben richtig gelesen. Die Obergrenze liegt für viele Unternehmen bei einem Alter von unter 50 Jahren. Und dabei sprechen wir keinesfalls nur von Firmen, die Skateboards, Kinderbekleidung oder Schulhefte herstellen. Obwohl allseits seit mindestens zehn Jahren bekannt ist, dass unsere Gesellschaft überaltert, kümmert sich bis zum heutigen Tage kaum jemand um die rasant wachsende Anzahl der älteren Mitbürger. Für das Marketing sind sie in vielen Feldern geradezu unsichtbar, auch wenn viele ganz verschiedene Studien zeigen, dass ältere Verbraucher über ein Vermögen verfügen, das sie gern für ihre Wünsche einsetzen würden.

106 Bauer Media KG:»Beauty Guide 2003«

107 o. V.:»Werbeausgaben steigen weltweit auf 500 Mrd. Dollar«

108 Zentralverband der deutschen Werbewirtschaft (ZAW)

109 A. und B. Pease, 2002, S. 303

110 A. Gershoff und E. Johnson

111 http://www.dooyoo.de

112 http://www.ciao.de

113 http://www.ciao.de/Apple_Computer_iPod_20GB_PC_Version__Test_2588889

114 http://www.ciao.de/Alcatel_Club__Test_427600

115 http://www.ciao.de/Alcatel_Club__Test_228367

116 Interbrand

117 Der Coca-Cola-Konzern hat seit Beginn des neuen Jahrtausends viele wichtige Markttrends verpasst und leidet an den Konsequenzen aus Produkt- und Managementfehlern. Trotzdem führt er das Ranking der jährlich von Interbrand ermittelten Markenrangliste weiter an, selbst wenn er geringfügige Verluste hinnehmen musste.

118 Die Markentreue von (männlichen) Verbrauchern bleibt dagegen weitgehend stabil. Es heißt, sie benutzen die Marken stärker zu ihrer Orientierung als Frauen, die als Konsumentinnen geübter sind. Daher war auch die Werbung eines Herstellers von Digitalkameras so gut auf den Punkt gebracht, in der eine Frau ihren Mann zum Einkaufen in den Supermarkt schickt und ihm einen ganz besonderen Einkaufszettel mitgibt: Darauf sind Fotos der Produktpackungen abgebildet, die er mitbringen soll.

119 INRA Mölln und GFMO.OMD

120 E. Fromm, 1980, S. 33

121 In Anlehnung an Gertrude Stein:»A rose is a rose is a rose.« (Eine Rose ist eine Rose ist eine Rose), aus dem Gedicht *Sacred Emily* (1913)

122 H. W. Opaschowski
123 Roland Berger Market Research
124 A. und B. Pease, 2001, S. 170
125 U. Brandes, 2001
126 o. V.: »Auch Frauen ballern gerne«
127 http://www.pulpjuice.com.au
128 U. Brandes et al., 2002
129 E. Fromm, 1994, S. 123
130 Roland Berger Market Research
131 Ibid.
132 P. Underhill, S. 102
133 A. und B. Pease, 2001, S. 228
134 Die Ergebnisse der Untersuchung sind erhältlich unter http://www.
    bluestone-ag.de/publikation.html
135 http://www.landsend.de
136 *Spiegel-TV*-Reportage: Die Geschichte des erotischen Films.
    17. 01. 2004
137 S. Hamann et al.
138 C. Scheier
139 M. Horx
140 M. Pohl
141 H. Kettenmann und M. Gibson

Literaturverzeichnis

S. Anders, N. Birbaumer, B. Sadowski, M. Erb, I. Mader, W. Grodd, M. Lotze:»Parietal somatosensory association cortex mediates affective blindsight«, *Nature Neuroscience 7*, 01. 04. 2004, S. 339–340

X M. Barletta:»Pretty Maids All In A Row«, *All About Women Consumers 2002*, EPM Communications

X M. Barletta: *Marketing to Women: How to Understand, Reach, and Increase Your Share of the Largest Market Segment, 2002*, Dearborn Trade

M. L. Bastian, A. C. Sponberg, S. J. Suomi, J. D. Higley: (2003)»Long-term effects of infant rearing condition on the acquisition of dominance rank in juvenile and adult rhesus macaques (Macaca mulatta)«, *Dev Psychobiol 42*, 2003, S. 44–51

Bauer Media KG (Hrsg.):»Beauty Guide 2003«, http://www.bauermedia. com/studien/branchen/kosmetic/kosmetik.php

Bauer Media KG (Hrsg.):»MAXI Auto-Cup 2003«, http://www.bauer-media.com/studien/zielgruppen/women/jungefrauen.php

Bauer Media KG (Hrsg.):»World of Women 3«, http://www.bauermedia. com/pdf/ studien/zielgruppe/wow/wow_3.pdf

BBDO:»Future Woman 2«

B. Beckhan: *Die etwas gelassenere Art sich durchzusetzen*, 2001, Kösel

W. Bischof et al.:»Positive und negative Wirkungen raumlufttechnischer Anlagen auf Befindlichkeit, Leistungsfähigkeit und Gesundheit«, 2004

X U. Brandes:»Designing Gender: Das Drama der Geschlechter in Logo-Gestaltungen«, *Werbung, Mode und Design* (Hrsg.: Guido Zurstiege, Siegfried J. Schmidt), 2001, VS Verlag für Sozialwissenschaften

X U. Brandes, S. Stich, E.-L. Lamm:»Über die unbewusste und bewusste Vergeschlechtlichung von Produkten. Mobiltelefone in China und Japan – ein interkultureller Vergleich«, 2002, Fachhochschule Köln

H. C. Breitner, R. L. Gollub, R. M. Weisskoff, D. N. Dennedy, N. Makris, J. D. Berke, J. M. Goodman, H. L. Kantor, D. R. Gastfriend, J. P. Riorden, et al.:»Acute effects of cocaine on human brain activity and emotion«, *Neuron 19*, 1997, S. 591–611

X A. Buchholz und W. Wördemann: *Was Siegermarken anders machen*, 2002, Econ Verlag

A. Cagnacci, A. Renzi, S. Arangino, C. Alessandrini, und A. Volpe: »Influences of maternal weight on the secondary sex ratio of human offspring«, *Human Reproduction 19*, Februar 2004; S. 442–444

T. Canli, J. E. Desmond, Z. Zhao, J. D. E. Gabrieli: »Sex differences in the neural basis of emotional memories«, *Proceedings of the National Academy of Sciences of the United States of America – PNAS 2002 99*, 06. 08. 2002, S. 10789–10794. Vorabveröffentlichung: http://www. pnas.org/cgi/content/abstract/99/16/10789?maxtoshow=&HITS= 10&hits=10&RESULTFORMAT=&fulltext=Turhan+Canli+ &searchid=1100183066498_3306&stored_search= &FIRSTINDEX=0

W. A. Castellow, K. L. Wuensch und C. H. Moore: »Effects of Physical Attractiveness of the Plaintiff and Defendant in Sexual Harassment Judgements«, *Journal of Social Behavior and Personality 5*, 1990, S. 547–562

M. Champoux, A. Bennett, C. Shannon, J. D. Higley, K. P. Lesch, S. J. Suomi: (2002) »Serotonin transporter gene polymorphism, differential early rearing, and behavior in rhesus monkey neonates«, *Mol Psychiatry 7*, 2002, S. 1058–1063

X P. Dalton, N. Doolittle, P. A. S. Breslin: »Gender-specific induction of enhanced sensitivity to odors«, *Nature Neuroscience 5*, 01. 03. 2002, S. 199–200

X P. Davidson: »Somebody at Volvo Gets It«, *Thinking by Peter Davidson – Ideas and Commentary on Advertising, Branding, Marketing, Technology and Culture* (Weblog), 16. 12. 2003, http://peterthink.blogs.com/ thinking/2003/12/somebody_at_ vol.html

A. C. Downs und P. M. Lyons: »Natural observations of the Links Between Attractiveness and Initial Legal Judgements«, *Personality and Social Psychology Bulletin 17*, 1990, S. 541–547

A. H. Eagly, R. D. Ashmore, M. G. Makhijani und L. C. Longo: »What is Beautiful is Good But … A Meta-Analytic Review of Research on the Physical Attractiveness Stereo-Type«, *Psychological Bulletin 110*, 1991, S. 109–128

X G. Engelbrech und E. Nagel: »Einkommen von Männern und Frauen beim Berufseintritt – betriebliche Ausbildung und geschlechtsspezifische berufliche Segregation in den 90er Jahren«, IAB-Werkstattbericht Nr. 17/2002, kostenloser Download: http://doku.iab.de/werkber/2002/wb1702.pdf

EUROSTAT, Generaldirektion »Beschäftigung und Soziales«: »Das Leben von Frauen und Männern in Europa«, 2002

D. E. Everhart et al.: »Sex-Related Differences in Event-Related Potentials, Face Recognition, and Facial Affect Processing in Prepubertal Children«, *Neuropsychology 15*, 2001, S. 329–341

M. L. Fisher: »Female intrasexual competition decreases female facial attractiveness«, *Proceedings of the Royal Society – Biology Letters Vol. 271, No. S5*, 07. 08. 2004, S. 283–285

Freundin (Hrsg.): »Millenniums-Frauen 2«

Freundin (Hrsg.) und Institut Rheingold: »V. E. N. U. S.«

K. Frick: »Die Zukunft der Frau«, Gottlieb Duttweiler Institut für Wirtschaft und Gesellschaft, 2003

E. Fromm: »Geschlecht und Charakter« (1943), *Liebe, Sexualität und Matriarchat – Beiträge zur Geschlechterfrage*, 1994, dtv

E. Fromm: *Haben oder Sein*, 1980, dtv

Für Sie und Zukunftsinstitut: »Female Symplifying«

S. W Gangestad, J. A. Simpson, A. J. Cousins, C. E. Garver-Apgar, P. Niels Christensen: »Women's Preferences for Male Behavioral Displays Change Across the Menstrual Cycle«, *Psychological Science Vo. 15, No. 3*, März 2004, S. 203–207(5)

K. Gerencher: »Zipping up their purses ›Buycott‹ aims to show women's economic disparity«, *CBS.MarketWatch.com*, 18. 10. 2004, http://www.marketwatch.com/news/archivedStory.asp?archive=true&dist=ArchiveSplash&siteid=mktw&guid= %7BD996CFD0 %2D05BE %2D4C32 %2DAD4B %2DF88EE28CEBB2 %7D&returnURL= %2Fnews %2Fstory %2Easp %3Fguid %3D %7BD996CFD0 %2D05BE %2D4C32 %2DAD4B %2DF88EE28CEBB2 %7D %26siteid %3Dmktw %26dist %3D %26archive %3Dtrue %26param %3Darchive %26garden %3D %26minisite %3D

A. Gershoff und E. Johnson: »Summer School: Wie aus Selbstsicherheit Marketing-Flops werden«, *Financial Times Deutschland Online*, 05. 09. 2003, http://www. ftd.de/pw/ka/1062516678456.html

Gesellschaft für Konsumforschung (GfK): »Book News«, Januar 2004

C. P. Gilman: *Our Androcentric Culture, or the Man-Made World*, 2001, Indy Publish.com

J. Grabmeier: »Women Remember Appearances Better Than Men«, *Medical News Today*, 30. 04. 2004, http://www.medicalnewstoday.com/medicalnews.php?newsid= 7801

D. Graham-Rowe: »Face facts«, *New Scientist*, 23. 05. 2001, http://www.newscientist. com/news/news.jsp?id=ns9999780

Gruner + Jahr (Hrsg.): »25 Jahre: Frauen, gestern, heute und morgen. Analyse und Interpretation der Ergebnisse aus 25 Jahren (1973–1998) *Brigitte*-Forschung«, Januar 2000

Gruner + Jahr (Hrsg.): »Brigitte Kommunikationsanalyse 2002«

Gruner + Jahr (Hrsg.): »Brigitte Kommunikationsanalyse 2004«

S. Hamann, R. A. Herman, C. L. Nolan, K. Wallen: »Men and women differ in amygdala response to visual sexual stimuli«, *Nature Neuroscience 7*, 01. 04. 2004, S. 411–416

D. Hammersmith und J. E. Biddle:»Beauty and the Labor Market«, *American Economic Review 84*, 1994, S. 1174–1194

M. Horx (Hrsg.):»Das Geheimnis des Neuro-Marketing«, *Zukunftsletter 11*, 2004, Verlag für die Deutsche Wirtschaft AG, http://backclick3.vnr.de/bc/ servlet/rl?r= AQAAUIEABTb9AABhmcW6

INRA Mölln und GFMO.OMD:»Perspektiven für den Markenartikel«, 2002

Institut für Demoskopie Allensbach:»AWA 2004«

Interbrand:»Annual Ranking of 100 of the Best Global Brands 2003«

JobScout24: Nur 5,5 % der Bewerberinnen für Führungspositionen fordern auch Spitzengehälter, 29. 04. 2002, http://www.jobscout24.de/download/PDF/presse/Bewerberinnen.pdf

Journal für die Frau (Hrsg.):»Frauenleitbilder am Rande des Jahrtausends«, 1998

I. Kant: *Was ist Aufklärung?*, 2002, Vandenhoeck & Ruprecht

H. Kettenmann und M. Gibson (Hrsg.) für die Neurowissenschaftliche Gesellschaft und Bundesministerium für Bildung und Forschung (BMBF) Referat Öffentlichkeitsarbeit: *Kosmos Gehirn*, 2001

N. Knox:»Volvo teams up to build what women want«, *USA TODAY*, 15. 12. 2003, http://www.usatoday.com/money/autos/2003–12–15-volvo-cover_x.htm

J. Koch:»Die besseren Ingenieure – Gut fürs Klima«, *UniSPIEGEL 3/2004*, 24. 05. 2004, http://www.spiegel.de/unispiegel/jobundberuf/0,1518,300 628,00.html

KPMG:»Trends im Handel 2005«

E. Luders, K. L. Narr, P. M. Thompson, D. E. Rex, L. Jancke, H. Steinmetz, A. W. Toga:»Gender differences in cortical complexity«, *Nature Neuroscience 7*, 01. 08. 2004, S. 799–800

S. Lueken:»Veraltet ist stets nur, was misslang«, *Junge Welt*, 22. 02. 2003, http:// www.jungewelt.de/2003/02–22/031.php

S. Marchand, P. Arsenault:»Sweet smells banish pain«, *New Scientist – Physiology and Behavior 76*, Juni 2002, S. 251. Kurzfassung: http://www.new scientist.com/news /news.jsp?id=ns99992424

S. McBride:»Women execs hold their own in some but not all IT sectors«, *Computerworld*, 21. 10. 2004, http://www.computerworld. com.au/pp. php?id=293330146 &fp=16&fpid=0

G. Meck:»Boss hat jetzt Erfolg bei den Frauen«, *FAZ.NET*, 16. 02. 2004, http://www.faz.net/s/RubEC1ACFE1EE274C81BCD3621EF555 C83C/Doc~E55748A7198B1485EA5CFCE936F2A57DB~ATpl~ Ecommon~Scontent.html

J. Nitson: »Mystery signal traced to TV«, *Corvallis Gazette-Times*, 16. 10. 2004, http:// www.gtconnect.com/articles/2004/10/17/news/ top_story/gtsun01.txt

H. W. Opaschowski: *Kathedralen des 21. Jahrhunderts. Erlebniswelten im Zeitalter der Eventkultur*, 2000, GERMA PRESS Verlag

J. Pander: »Der kleine Unterschied«, *Spiegel Online*, 05. 03. 2004, http://www. spiegel.de/auto/aktuell/0,1518,289004,00.html

A. und B. Pease: *Warum Männer lügen und Frauen immer Schuhe kaufen*, 2002, Ullstein Tb.

A. und B. Pease: *Warum Männer nicht zuhören und Frauen schlecht einparken*, 2001, Ullstein Tb.

L. J. Peter, R. Hull: *Das Peter-Prinzip oder Die Hierarchie der Unfähigen*, 2001, Rowohlt Tb.

M. Pohl: »120 Milliarden Euro für ›Unsinnsprojekte‹«, *Spiegel Online*, 04.04.2004, http://www.spiegel.de/wirtschaft/0,1518,294012,00.html

F. Popcorn und L. Marigold: *EVAlution*, 2001, Heyne

M. L. Quinlan: *Just Ask a Woman: Cracking the Code of What Women Want and How They Buy*, 2003, Wiley

Roland Berger Market Research: »Frauen als Zielgruppe für die Automobilindustrie«, 2003

D. V. Santos; E. R. Reiter; L. J. DiNardo; R. M. Costanzo: »Hazardous Events Associated With Impaired Olfactory Function«, *Arch Otolaryngol Head Neck Surg 130*, März 2004; S. 317–319

C. Scheier: *Wie wirken Print-Anzeigen? MediaAnalyzer Print03-Anzeigenstudie*, 2003, MediaAnalyzer Software & Research GmbH

A. M. Schüller, G. Fuchs, M. Kleinsorgen: *Total Loyalty Marketing*, 2004, Gabler-Verlag

A. M. Schüller: *Zukunftstrend Kundenloyalität*, 2004, Businessvillage

M. P. Seligman: *Learned Optimism: How to Change Your Mind and Your Life*, 1998, Free Press

R. M. Shansky, C. Glavis-Bloom, D. Lerman, P. McRae, C. Benson, K. Miller, L. Cosand, T. L. Horvath und A. F. T Arnsten: »Estrogen mediates sex differences in stress-induced prefrontal cortex dysfunction«, *Molecular Psychiatry Vol. 9 No. 5*, Mai 2004, S. 531–538

J. Sheer: »So long, Unisex«, *Los Angeles Times*, 17. 02. 2004

A. D. Sherman, F. Petty, »Neurochemical Basis of Antidepressants on Learned Helplessness«, *Behavioral and Neurological Biology*, 30/1982, S. 119–34

SnowSports Industries America: »Ladies Get Into Gear – Women's Winter Equipment Reaches New Levels«, *MountainZone.com*, 05. 02. 2002,http://ski.mountainzone. com/2002/story/html/womens_gear. html

L. Spinney: »Blind to change«, *New Scientist* 2265, 2000

M. Spitzer: *Selbstbestimmen,* 2004, Spektrum Akademischer Verlag

Statistisches Bundesamt: *Frauen in Deutschland,* 2004. Einige Statistiken sind auch online zugänglich: http://www.destatis.de

S. J. Suomi: »Early determinants of behaviour: evidence from primate studies«, *Br Med Bull 53,* 1997, S. 170–184

P. Underhill: *Why we buy – the Science of Shopping,* 2000, Thomson TEXERE

K. van Putten: *Het Verboden Recept,* 2004

S. Weingarten: voraussichtlich in *EMMA* 2/2005, Titel zum Redaktionsschluss des Buches noch unbekannt

J. M. Weiss, P. G. Simson, M. J. Ambrose, A. Webster und L. J. Hoffman, »Neurochemical Basis of Behavioral Depression«, *Advances in Behavioral Medicine,* I/1985, S. 253–75

W. Witherell: *How the racers ski,* 1988, W. W. Norton & Company

Zentralverband der deutschen Werbewirtschaft (ZAW): »Der deutsche Werbemarkt 2003«

o. V.: »Auch Frauen ballern gerne«, *iBusiness,* 23. 05. 2002, http://www.ibusiness.de/members/aktuell/db/1022145409.html?druckansicht=1

o. V.: »Auch psychischer Schmerz tut weh«, *Psychologie heute,* o. D., http://www.psychologie-heute.de/news/dietexte/kommunik/031024z1.php

o. V.: »Der YCC: Ein Volvo von Frauen«, *Netzeitung,* 09. 03. 2004, http://www.netzeitung.de/autoundtechnik/autosalongenf2004/276600.html

o. V.: »Gender And Sex Hormones Affect The Brain's Pain Response And More, According To New Studies« (Pressemitteilung), *Society for Neuroscience,*24.10.2004, http://apu.sfn.org/content/AboutSFN1/ NewsReleases/am2004_gender. html

o. V: »Was Männer und Frauen am Garten lieben«, *homesolute.com,* o. D., http://www. homesolute.com/servlets/sfs?i=1042141391137&b= 1042141391137&s=C64cb3RwrnaZUuoKVn&t=/Default/onStory& ParentID=1043943424445&StoryID=1070568155544&highlight= 1&keys= %22Was+M %e4nner+und+Frauen+am+Garten+lieben %22&l=1

o. V.: »Werbeausgaben steigen weltweit auf 500 Mrd. Dollar«, *extradienst,* 10. 12. 2003, http://www.extradienst.at/jaos/page/main_heute. tmpl?article_id =11700&offset=1660

o. V.: »Wie wir schmecken«, *Technology Review,* 16. 03. 2004. http://www.heise.de/ tr/artikel/print/45551